制导理论与技术

王宏力　胡来红　樊红东　编著

科学出版社
北京

内 容 简 介

本书面向飞行器制导领域发展需求，系统论述导弹制导的相关理论与技术。在简要介绍制导相关定义、制导分类、常用制导方法和制导误差的基础上，对摄动制导和显式制导的基本思想和工作原理进行详细阐述，深入讨论捷联惯性制导和平台惯性制导方案、组成及实现过程，并结合导弹飞行阶段对复合制导、多弹头分导和再入段制导的工作原理及关键技术进行介绍。

本书可以作为高等院校智能测控工程、探测制导与控制技术、飞行器控制与信息工程、飞行器设计与工程、航空航天工程等专业高年级本科生和研究生的教学用书，也可以作为智能无人系统导航与制导、先进飞行器控制系统设计、精确打击技术等相关领域科研人员的参考资料。

图书在版编目（CIP）数据

制导理论与技术 / 王宏力，胡来红，樊红东编著. -- 北京 : 科学出版社，2024. 10. -- ISBN 978-7-03-079785-8

Ⅰ. TJ765.3

中国国家版本馆 CIP 数据核字第 2024T5B856 号

责任编辑：宋无汗　郑小羽 / 责任校对：崔向琳
责任印制：徐晓晨 / 封面设计：陈　敬

科学出版社出版
北京东黄城根北街 16 号
邮政编码：100717
http://www.sciencep.com
北京中石油彩色印刷有限责任公司印刷
科学出版社发行　各地新华书店经销
*
2024 年 10 月第　一　版　开本：720×1000　1/16
2024 年 10 月第一次印刷　印张：12
字数：241 000

定价：135.00 元

（如有印装质量问题，我社负责调换）

前　言

导弹制导是导引和控制导弹按选定规律准确命中目标的过程。制导方法的选择与设计是导弹控制系统的核心问题，也是保证导弹落点精度的根本技术措施。随着导弹在现代战争中的作用日益突显，其使命任务不断拓展。同时，作战环境日趋复杂，对导弹的落点精度和突防能力等都提出了更高要求，进而推动导弹制导系统及其相关理论方法不断发展，涌现出丰硕的成果。

本书围绕导弹制导的基本概念、主要特点、工作原理等展开，覆盖导弹不同飞行阶段的制导理论与技术，注重基础性、知识性和专业性。全书共七章，第一章为概述，主要对导弹制导的基本概念、分类，常用制导方法，制导误差等相关内容进行论述。第二章重点介绍摄动制导的原理，包括摄动制导的基本思想、射程偏差与横向偏差的线性展开式、关机控制泛函、横法向导引、方程和二阶摄动制导等。第三章重点介绍显式制导的相关知识，包括显式制导的基本思想、状态方程与需要速度的解算、地球扁率和再入空气动力的影响及其补偿、导弹的关机与导引、耗尽关机导弹的导引与控制等。第四章主要对惯性制导的相关理论进行论述，重点介绍捷联惯性制导和平台惯性制导的相关原理。第五章主要介绍复合制导的相关知识，先阐述复合制导系统的定义和分类，再重点介绍惯性/星光复合制导和惯性/图像匹配复合制导的工作原理。第六章从多弹头分导的摄动制导和多弹头分导的闭路制导两方面对多弹头分导的原理进行阐述。第七章主要介绍导弹再入段制导的相关问题，包括再入机动的最佳制导和寻的制导。

本书第一、二、五章由王宏力编写，第四、七章由胡来红编写，第三、六章由樊红东编写。全书由王宏力负责策划和统稿。在本书编写过程中，很多老师提供了帮助，提出了许多宝贵的意见和建议，在此表示感谢；同时，本书在编写过程中参考和引用了国内外许多研究人员的教材、著作、论文等文献资料，谨致谢意。

由于作者水平有限，书中难免存在不妥之处，敬请读者批评指正。

作　者

2024 年 4 月

目　录

第一章　概　　述

导弹制导是导引和控制导弹按选定规律准确命中目标的过程。弹道导弹在实际飞行中，由于内、外干扰的作用往往偏离目标，偏离目标的偏差可以分解为射击平面(简称“射面”)内的偏差和偏离射面的横向偏差。因此，对于导弹的落点失准，主要有射面内的射程偏差(或称“纵向偏差”)和偏离射面的射向偏差(或称“横向偏差”)。制导的作用可归结为对导弹运动实行射程控制和横向运动控制。射程控制是实现交会目标的第一条件，追求射程偏差最小；横向运动控制是实现交会目标的第二条件，使横向偏差小于允许值[1]。

本章主要对导弹制导的基本含义及相关内容进行论述，重点介绍制导的定义、弹道导弹的飞行弹道、导弹制导分类、导弹常用制导方法及制导误差等，并结合导弹制导相关知识对后续各章节的主要内容进行介绍。

第一节　弹道导弹的飞行弹道

导弹的飞行弹道是指导弹从起飞至落到预定目标的整个飞行轨迹。

弹道导弹的飞行弹道通常根据发动机工作与否划分为主动段与被动段。主动段中发动机工作，导弹做加速飞行，并受到控制系统控制。主动段又可分为垂直上升段、程序飞行段(又称“程序转弯”)、瞄准飞行段。处于被动段的发动机不工作。被动段又可分为自由飞行段和再入段[2]。弹道导弹的飞行弹道如图 1-1 所示。

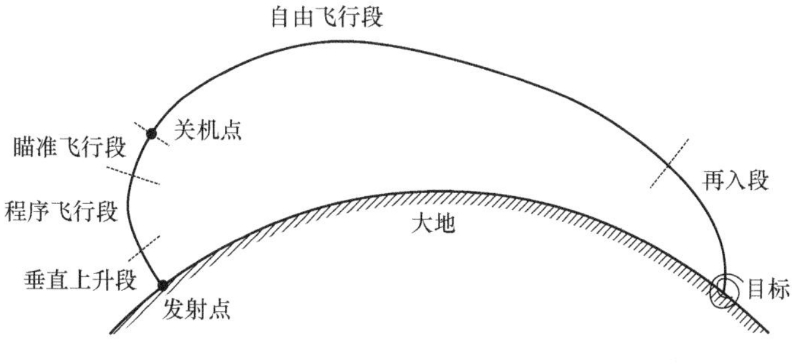

图 1-1　弹道导弹的飞行弹道示意图

(1) 垂直上升段：导弹发射时，当发动机推力超过导弹重力后，导弹离开发射点垂直起飞到程序转弯前的一段称为垂直上升段。导弹设置垂直上升段的原因很多。例如，发动机比冲较小，且发动机推力刚开始尚未达到额定值，导弹的飞行速度小，垂直起飞容易实现对导弹的控制，保证起飞成功；导弹发射时垂直放置，可使发射装置简化(不必用笨重的长滑轨发射装置)；便于导弹瞄准范围在360°内机动；导弹以最短距离冲出稠密大气层，减小空气阻力和能量消耗。但是，垂直上升段不宜过长，否则由重力造成的速度损失太大，通常垂直飞行时间为4～8s。

(2) 程序飞行段：垂直飞行结束，导弹在控制系统的控制下，向目标方向转弯。使导弹按规定实现程序飞行的俯仰角称为飞行程序角。对于某一型号导弹，理论上可以求出保证射程最大、损耗能量最小、射程偏差最小的飞行程序角。飞行程序角随时间的变化曲线称为程序飞行曲线。

(3) 瞄准飞行段：程序飞行结束到发动机关机的一段飞行弹道为瞄准飞行段。在这一段内，导弹做直线飞行。此段又称为发动机关机段或加速飞行段。

瞄准飞行段结束后，当导弹获得射程所需要的飞行速度时，发动机关机，导弹进入被动段飞行。

(4) 自由飞行段：发动机关机后，导弹头体已分离，弹头在空气极稀薄的高空飞行，阻力很小，可以认为它是只受地球引力作用的具有一定初速度的自由抛物体，故称此飞行段为自由飞行段(简称“自由段”)。

(5) 再入段：弹头重新进入稠密大气层直至击中目标的一段弹道为再入段。大气的阻力使弹头冲角逐渐减小，甚至减小到零，弹头不能任意翻转；此时弹头受气动热的作用，表面温度达上千摄氏度。

导弹射程主要由被动段确定，这是因为主动段对应射程很短，通常不足全部射程的10%[3]。过去弹道导弹一般只在主动段进行控制制导，随着对导弹命中精度要求的提高以及制导理论与技术的不断发展，逐步增加了被动段的中制导和末制导[4]。

第二节　导弹制导分类及导弹常用制导方法

一、导弹制导分类

导弹制导有不同的分类方法，通常有[5]：

(1) 按实施制导功能的运动段，分为初制导、中制导、末制导和全程制导等。

(2) 按制导信息所用物理量性质和传输介质，分为惯性制导、有线电制导、无线电制导、毫米波制导、可见光制导、红外制导和激光制导等。

(3) 按形成制导指令的方式，分为自主式制导、遥控式制导、寻的制导和复合制导。自主式制导多用于弹道导弹，其打击主要针对固定目标。非自主式制导主要用于防空导弹、空空导弹、空地导弹、反舰导弹和反坦克导弹等。

二、导弹常用制导方法

弹道导弹主要用于攻击地面或地下静止目标，目标信息一般可事先获得，因此有可能根据射击任务，预选不同形式的标准弹道。实际上，弹道导弹绝大部分行程是在外层空间，关机后可近似认为导弹只受地心引力加速度的作用，处在有心力场中。在制导系统分析与设计时，不像弹道计算要求那么精确，主要希望找到解析解表达式，以便分析和评价制导系统的品质。对于飞行体在有心力场中的运动规律，可以用椭圆弹道理论求出其近似的解析解。依据该理论得出的重要结论：导弹的射程仅仅取决于关机点的运动参数。因此，传统的制导方法是主动段预测制导，即根据所设计的关机方程，对导弹运动进行测量和计算，当预测的射程满足预定要求时，控制关闭发动机，以达到终端受控参数(射程偏差和横向偏差)为零的要求。通常把达到终端受控参数为零的关机点运动状态称为零控无偏状态。

为了获得导弹的零控无偏状态，出现多种类型的主动段预测制导系统。在导弹制导中处于核心地位的惯性制导属于自主式制导，也是应用最普遍的制导系统。随着制导精度要求的提高，因惯性制导系统误差的减小要受到很多限制，发展了复合制导系统。此外，由主动段预测制导发展到被动段初制导、中制导、末制导相配合的全程制导，以适应多弹头分导和再入机动飞行的要求。

(1) 惯性制导。惯性制导系统(简称“惯导系统”)是指利用惯性仪表的测量值来求取导弹的位置、速度和姿态角参数的一种制导系统。惯性制导因其不依赖外部信息、也不向外发射能量，提供的导航数据十分完备，数据更新率高，短期精度高和稳定性好等优点，在导弹制导中使用最为广泛。在惯性制导中，制导方法较常采用摄动制导和显式制导两种。依据惯性器件的安装方式，惯性制导系统又可分为捷联惯性制导系统和平台惯性制导系统[6]。本书第二～四章将对惯性制导的相关理论与方法进行介绍。

(2) 复合制导。对导弹武器而言，惯性制导系统是一种比较理想的制导系统，然而单纯的惯性制导系统由于误差随工作时间积累不能满足日益提高的制导系统精度要求，因此惯性制导系统与其他制导系统相结合的复合制导系统应运而生。复合制导方式很多，典型的复合制导有惯性/星光复合制导、惯性/卫星复合制导、惯性/图像匹配复合制导等[7]。复合制导的工作原理将在第五章进行详细介绍。

(3) 多弹头分导。多弹头分导也是提高导弹武器性能的一种重要技术措施，即在弹头总质量一定的条件下，使几个子弹头投向不同目标，从而使弹头的突防能力大大增强，并显著提高其对目标的摧毁概率。多弹头分导可采用摄动制导或闭路制导等方法[1,3]，相关理论将在第六章进行具体阐述。

(4) 再入段制导。再入段是导弹从大气层外再入地球大气层后的阶段。导弹再入段飞行过程中，具有约束多、大气及气动不确定性高等特点，且会受到诸多因素影响并造成落点偏差[8-9]。随着对命中精度和突防能力要求的不断提高，导弹实施再入段制导是非常有必要的。本书将在第七章对再入段制导的工作原理进行介绍。

目前在导弹上常用的制导方法有摄动制导、显式制导、遥控制导和寻的制导等[10]。

(一) 摄动制导

在导弹制导中，摄动指导弹质心运动参数因受多种因素影响，相对于导弹标准弹道参数所产生的小偏差。摄动理论(又称“小偏差理论”)是弹道导弹摄动制导的理论基础。基于摄动理论提出的摄动制导方法是目前弹道导弹制导中广泛应用的方法之一。

采用摄动制导时，在已知发射点和目标点坐标的情况下，要求在发射前设计一条满足一定性能指标的标准弹道，导引的目的是使导弹在标准弹道附近飞行。导弹落点偏差取决于导弹质心运动参数在关机点的偏差。在小干扰情况下，导弹实际飞行弹道与标准弹道的偏离不会太大，导弹关机点质心运动参数的偏差也是小偏差。因此，导弹的关机方程表达式可以写成标准弹道关机点附近的泰勒级数展开式。

在采用摄动制导方法时，不可能也没必要严格地把导弹导引到标准弹道上，使导弹实际飞行运动参数与标准导弹参数一一相等。只要满足关机方程，导弹就能命中目标。尽管如此，仍然要求导弹不要严重偏离标准弹道飞行，这是因为为了简化计算，往往略去了泰勒级数的高阶项，这在弹道偏差小的情况下是允许的，若弹道偏差大，就会带来显著的误差，使导弹落点偏差过大。通过导引可消除或减小干扰力和干扰力矩的影响，满足摄动制导所需要的“小偏差”前提条件。摄动制导的具体导引方法可以有多种，纵向平面(射面)内常采用预定的飞行程序角信号，使导弹逐渐向目标方向转弯，同时加入法向导引对导弹法向质心运动进行控制；垂直射面方向采用横向导引，使导弹保持在射面内或在其附近飞行。

因此，摄动制导方程可分为关机方程和导引方程。由于射程偏差随时间的变化率远远大于横向偏差随时间的变化率，故摄动制导一般取“射程偏差为零”作为关机条件而导出关机方程，即摄动制导关机方程又称为射程控制方程，射程控制一般是开环控制。导引方程可分为横向导引方程和法向导引方程，横向导引控制和法向导引控制均为闭环控制。

摄动制导具有弹上计算简单、实现容易等优点，但在发射前须进行标准弹道和诸元参数计算，且当干扰大时制导误差增大。

(二) 显式制导

显式制导是不同于摄动制导的另一个制导概念。显式制导的基本思想：利用弹上测量和计算装置，实时地计算出导弹的位置和速度矢量，并以该瞬时速度和位置为起始条件，用解析或数值计算的方法求解运动方程组，实时计算出以这一点为关机点时落点与目标的偏差，以此偏差(包括射程偏差 ΔL 和横向偏差 ΔH)来拟定制导控制指令。这种计算在主动段飞行中一直进行，直到按瞬时位置、速度计算出的落点与目标吻合，并发出关机指令为止。由于这种制导都采用了显式表达式，发射前不必装订标准弹道或关机特征量，而是装订运动方程和控制方程，因此被称为显式制导，这是狭义理解的显式制导。

广义理解的显式制导，是在最佳控制理论指导下发展起来的。其基本思想：根据目标函数的要求，如最小燃料消耗，或最短飞行时间，或最小脱靶量等，以及给定的初始、终端约束条件，应用变分原理或极大值原理，通过求解微分方程的边值问题，获得最佳制导规律。但是，这类满足最佳控制必要条件的常微分方程和制导指令方面的求解十分复杂和困难。不得不在建立制导方程和求解制导指令方面做某些简化，放弃寻求变分问题解析解，转而寻求近似解，把求解过程变为比较容易实现的迭代过程，故这类制导方法被称为迭代制导。

一般来说，显式制导应解决两方面的问题：①导航解算问题，即实时给出导弹飞行中的位置和速度。有些导航系统可以直接测量给出导弹实时飞行位置和速度，如卫星导航系统。对于惯导系统而言，由于无法实时测量给出导弹飞行速度，因此须进行必要的导航计算。导航计算就是根据惯导测量装置测量值(视加速度)求得导弹运动参数：速度和位置。②设计制导方案。根据实时位置和速度，结合终端约束条件和其他约束，给出制导指令，通过相应的控制装置按制导要求控制导弹飞行，确保导弹命中目标。

显式制导与摄动制导相比，前者不需要在发射前计算标准弹道和确定制导参数，有利于机动发射或改变攻击目标，而且制导精度比后者高；但显式制导弹上设备比后者复杂，对弹上计算机的字长、容量和计算速度的要求都比较高。

(三) 遥控制导

遥控制导是由设在导弹以外的制导站控制导弹飞向目标的制导方式。制导站可设在地面、海上(舰艇)或空中(载机)，其主要功能是跟踪目标和导弹，测量它们的运动状态参数，形成制导指令或控制导引波束。制导指令由指令传输装置不断发送给导弹，导引和控制导弹攻击目标。

为满足遥控制导精度的要求，可采取的主要技术途径：①提高对目标和导弹运动状态参数的测量精度。②合理地选择和设计导引律，减小弹道的法向需要过载，从而减小系统的动态误差。③合理地设计控制回路，以减小控制误差。因此，要提高遥控制导系统的综合性能，需要研制新型高精度的测量装置，如红外成像装置、激光雷达等，以及应用现代控制理论优化制导技术和计算机技术等。

按制导原理分类，遥控制导主要包括波束制导、指令制导和指令–寻的(track-via-missile，TVM)制导。

(四) 寻的制导

寻的制导利用目标辐射或反射的能量(如微波、红外线、激光和可见光等的能量)，依靠安装在弹上的测量装置(导引头)测量目标和导弹的相对运动参数，按照确定的关系在弹上直接形成制导指令，操纵导弹飞向目标。寻的制导又称自导引制导，它与自主式制导的区别是导弹与目标间有联系[5]。

第三节 制导误差

由于导弹攻击目标的特性不同，发射基点特性不同，所选择的飞行轨迹和导引规律不同，导弹战斗部和弹体结构、导弹机动性能等也不同，因此就有不同制导体制的制导系统。各种制导系统都有一个共同的主要性能指标，即制导精度。自主式制导系统的制导误差主要包括制导方法误差和制导工具误差等[11]，非自主式制导系统的制导误差主要包括原理误差和测量误差等。

制导系统可以有效地控制导弹落点偏差，使射击精度满足导弹武器系统提出的要求。尽管如此，导弹仍不可避免地存在一定的射击误差。这是因为：

(1) 制导系统采用的各项数学表达式和数值计算公式总是在一定程度上做了某些简化，这会带来一定的射击误差，这种误差称为制导方法误差。随着计算机技术的发展和完善，这项误差可以减小到在总误差中不起显著作用的程度。

(2) 制导系统中为测量导弹运动参数所用的测量仪器(在惯性制导中主要是惯性器件，如陀螺仪、加速度计、稳定平台等)有一定的测量误差，承担导航、导引和关机方程计算的弹上计算机及信号转换设备存在数字量化、计算延迟、信号转换等误差。这种由于测量、计算、信号转换等仪器性能不完善而产生的射击误差称为制导工具误差。在制导工具误差中，惯性器件误差是最主要的。

(3) 存在一些不直接与制导系统工作有关的误差。例如，发射点和目标点的坐标确定误差；导弹起飞前惯性测量基准与发射坐标系的初始对准误差；导弹飞行区实际引力与引力模型给出的值不相等而引起的误差，即引力异常引起的误差；对弹头再入大气层时受大气层升阻力作用及弹头烧蚀等难于精确考虑而产生的再入误差；执行发动机关机指令不理想而产生的后效误差等。对近程或精度要求不过高的导弹，以上某些因素对射击精度的影响可能并不严重，但对于远程、高精度弹道导弹，各项影响落点偏差的因素都应进行细致的研究，并采取相应的措施予以处理。

为了进一步提高弹道导弹的射击精度，现代弹道导弹除改善主动段制导外，已经广泛采用被动段中制导、末制导和全程制导等形式。

思考习题

1. 试述制导的含义，通过例子谈谈你对制导的理解。
2. 简述弹道导弹飞行弹道的划分及导弹在不同飞行段飞行的特点。
3. 按实施制导功能的运动段分类，简述制导的类型。
4. 按制导信息所用物理量性质和传输介质分类，简述制导的类型。
5. 按形成制导指令的方式分类，简述制导的类型。
6. 简述惯性制导在导弹制导中使用广泛的原因。
7. 结合实际例子，谈谈你对“导弹的射程仅仅取决于关机点的运动参数”的理解。
8. 比较摄动制导和显式制导的特点。
9. 分析遥控制导的优缺点。
10. 分析寻的制导的优缺点。
11. 简述导弹出现射击误差的主要原因。

第二章　摄动制导

弹道导弹主动段制导的任务是保证弹头命中地面目标，这就要求把弹头送到一定的自由飞行弹道，这条弹道应以要求的精度命中目标。自由飞行段的弹道取决于主动段关机时弹头的飞行速度和位置，因此弹道导弹制导的任务归结为保证主动段结束时飞行速度和位置坐标值取一定的组合。这个任务只有在主动段期间对导弹的运动进行控制，并适时地控制发动机才能完成。

弹道导弹主动段的飞行特点是垂直起飞，然后按照事先计划好的飞行程序转弯。如果飞行条件，如大气状态、发动机特性、弹体特性等都符合理想情况，则导弹在程序控制信号的作用下，将完全按照理论计算的飞行弹道飞行，在预先计算的标准关机时刻关机，得到预定的关机速度和位置。实际上，诸多干扰因素会使飞行条件显著偏离理想情况，如发动机的秒耗量偏差、比冲偏差、起飞质量偏差、推力偏斜和横移、风干扰等。这些干扰因素相当于作用于导弹上的干扰力和干扰力矩，使主动段实际弹道偏离发射前设计的标准弹道，即实际弹道与标准弹道存在偏差，并最终造成落点偏离目标。通过研究这些偏差引起的落点偏离，并利用制导规律设计消除或减小这些偏差对导弹落点散布的影响，便是摄动制导必须考虑的问题。

本章重点介绍摄动制导的原理，主要包括摄动制导的基本思想、落点偏差线性展开式、摄动制导的关机控制泛函、横向导引和法向导引、摄动制导方程、二阶摄动制导等相关理论及方法。

第一节　摄动制导的基本思想

一、导弹关机点选择

摄动制导的关机控制即射程控制，就是控制导弹实际射程等于标准(预定)射程，使实际射程与标准射程之差 $\Delta L = 0$ 。由于射程是主动段和被动段弹道在地表的轨线，因此控制射程实际是控制飞行轨道。在再入段不进行制导的情况下，被动段弹道取决于弹头进入自由段飞行的初始速度和位置。制导系统的任务则可归结为保证主动段关机点的飞行速度和位置坐标值符合要求。

导弹的关机控制需要将控制函数(关机特征量)根据不同的射程和发射点、目标点参数预先计算出来，并装订在弹上，飞行时根据计算出来的导弹实测速度、位置或其他参数(如加速度计和陀螺仪的输出量)按关机方程计算关机函数，当满足关机条件时，实时发出关机指令。

由于射程偏差 ΔL 是关机点参数偏差的函数，如果导弹实际关机点处各运动参数的实际值分别等于标准值，换言之，如果把偏离了标准弹道的导弹重新拉回到标准弹道上，那么导弹将沿着标准自由飞行弹道命中目标，达到 $\Delta L=0$ 的要求。但是，要保证关机时各运动参数同时满足标准参数是十分困难的，而且不十分必要。事实上，在实际弹道上，总能找到一个合适的关机点，虽然该点的各运动参数并不同时满足与标准参数相等的条件，但是可以使被动段飞行弹道通过目标，达到 $\Delta L=0$ 的要求。图 2-1 所示的 3 条被动段飞行弹道，尽管自由飞行弹道特性和初始运动条件不同，但均能通过目标点，这样就可以用预计射程偏差作为导弹关机的控制泛函。在主动段连续测量导弹的飞行速度、位置，利用这些参数，采用解析或数值计算方法求解制导方程，形成制导指令进行制导，当 $\Delta L=0$ 时发出最后关机指令，结束主动段，进入自由段飞行[12]。

根据制导方法的不同或者制导任务的需要，关机函数也可以是其他参数，如显式制导中的“需要速度”，即将在给定时刻飞行弹道某一点速度达到“需要速度”作为制导约束条件；或者，以空间有效载荷的飞行过载值限额作为目标函数进行制导。

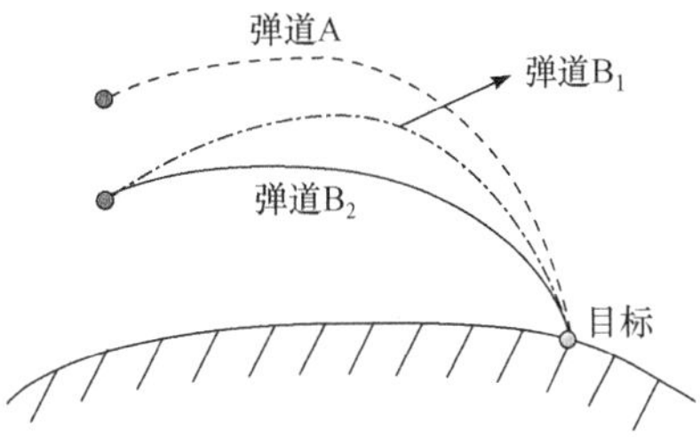

图 2-1　被动段飞行弹道示意图

计算关机点控制函数一般有两种方法：一种是全量计算，即实时计算导弹运动速度、位置的全量，利用计算出的全量值计算射程 L；另一种是增量计算，在测量周期内，根据测量采样值计算出速度增量、位置增量，据此计算出射程增量，并按此递推求得下一计算周期及以后各次射程增量，当各射程增量叠加值等于预先计算射程时，发出关机指令。

二、标准弹道

弹道学介绍了导弹的运动特性，给出了在飞行中导弹的运动方程和弹道计算方法。理论上，如果知道了发射条件，也就是给定了运动方程的一组起始条件，则可以唯一地确定一条弹道。实际上，影响导弹运动的因素很多，如导弹运动时的环境条件、导弹本身的特征参数、发动机和控制系统的特性都会影响导弹的运动特性，因此即使在相同的起始条件下，如果运动时的环境条件(气温、气压、风速等)、导弹本身的特征参数(几何尺寸、质量、外形等)、发动机和控制系统参数不同，则导弹的运动弹道也不相同，主要原因如下：

(1) 环境气象条件在不断地发生变化，且是无法预先确定的。

(2) 由于制造原因，各发导弹的弹体特征参数都是不完全相同的，在允许的公差范围内都有一定的偏差。

(3) 在进行弹道设计时，空气动力系数是利用模型进行吹风试验和理论计算的结果，与实际值存在一定的偏差，这些偏差也是无法预知的。

(4) 发动机推力曲线是根据实验和理论的计算结果，与实际值有偏差，而且在安装发动机时还会产生安装偏差。

(5) 控制系统、程序装置等的参数，一定程度上都会偏离设计值。

(6) 在建立弹道计算方程时，不可避免地要作某些近似假设。

因此，即使给定了发射条件，也无法预先准确地确定导弹的实际运动弹道，只能事先给出运动的某些平均规律，设法使实际运动规律对这些平均运动规律的偏差是微小量，这样就可以在平均运动规律的基础上，利用小偏差理论来研究这些偏差对导弹运动特性的影响，这种方法称为弹道修正理论，有时也称为弹道摄动理论。

为了反映导弹质心运动的“平均”运动情况，需要做出标准条件和标准弹道方程的假设，利用标准弹道方程在标准条件下计算出来的弹道称为标准弹道。标准条件和标准弹道方程随着研究问题的内容和性质不同而有所不同。其目的在于保证实际运动弹道对标准弹道保持小偏差。例如，对于近程导弹的标准弹道计算，通常可以不考虑地球旋转和地球扁率的影响，对于远程导弹来说，则必须加以考虑。

尽管由于导弹类型的不同，标准条件不尽相同，但是大体上标准条件可以概括为下面三个方面[13]。

(1) 地球物理条件。此类条件包括地球形状，地球自转角速度，地球扁率，地面重力加速度，重量和质量换算常数，发射点和目标点高程，以及经度、纬度和瞄准方位角等。

(2) 气象条件。此类条件包括地面标准温度、标准大气压、标准大气密度和标准音速，以及各高度上的标准风速等。

(3) 导弹诸元条件。此类条件包括导弹的几何尺寸、质量、飞行程序角，发动机的推力、比冲、推进剂秒耗量和安装角，以及空气动力系数、压力中心和重心位置、控制系统的放大系数等。

对有些问题，如导弹初步设计，弹体结构参数和控制系统结构参数选择需要提供的运动参数，只需计算出标准弹道。但对另一些问题，不仅要知道标准弹道，而且要比较准确地掌握导弹的实际运动规律。例如，对目标进行射击时，对每发导弹而言，实际飞行条件与标准飞行条件之间总存在偏差，在这些偏差中，有些在发射之前是已知的。如果标准条件和标准弹道方程选择得比较恰当，往往可以使这些偏差是比较小的量，但即使偏差较小，在这些偏差影响下，实际弹道将偏离标准弹道而引起落点偏差。如果落点偏差大于战斗部杀伤半径，则达不到摧毁目标的目的。为此，需要研究由这些偏差引起的射程偏差，并设法在发射之前加以修正或消除。

三、摄动法

导弹制导中把实际弹道飞行条件和标准导弹飞行条件的偏差称为“扰动”。这里的扰动，与在实际飞行中作用在导弹上的干扰是不同的，既包括一些事先无法预知的量，又包括发射条件对所规定标准条件的偏差。对某一发导弹来说，后者是已知的系统偏差。

“实际弹道”是指在实际的飞行条件下，利用所选择的标准弹道方程进行积分所确定的弹道。由于运动方程的建立不可避免地有所简化，因此所确定的弹道相对导弹的实际飞行弹道是有偏差的。

可以用多种方法来研究“扰动”与弹道偏差的关系，这里介绍求差法和摄动法两种方法[14]。

(1) 求差法。建立两组微分方程，一组是在实际条件下建立的，另一组则是在标准条件下建立的，分别对两组方程求解就可获得实际弹道参数和标准弹道参数，用前者减去后者就得到弹道偏差。此方法的优点是不论干扰大小都适用，没有运动稳定性问题。此方法的缺点是，计算工作量大；当扰动比较小时，用求差法计算往往是两个相近的大数相减，因而会带来较大的计算误差，要求计算机有较长的字长；不便于分析“干扰”与弹道偏差之间的关系，在制导问题上不便于应用。

(2) 摄动法，也称微分法。在一般情况下，如果标准条件选择适当，扰动都比较小，可以将实际弹道参数在标准弹道参数附近展开，取到一阶项进行研究。摄动法实际上就是线性化法，因此存在运动稳定性问题。

基于摄动法的摄动制导是 20 世纪 50 年代以来广泛应用的一种制导方法，又称 δ 制导。其基本思想是，根据小扰动理论，建立射程控制简化方程和横法向导引方程，在确定一条自发射点到目标点的标准弹道的同时，计算标准射程控制量和横法向导引量。导弹实际飞行时，根据弹上惯性测量装置直接测量的信息或计算的参数，形成实际射程控制量和实际导引量，并与弹上预先装订的标准量进行实时比较，控制发动机关机和导引导弹沿着标准弹道飞向目标[15]。由于弹道导弹的主动段为固定飞行程序方案，飞行弹道事先可以选定，而且实际飞行弹道偏离预定弹道不大，因此允许将导弹落点偏差(射程偏差 ΔL 和横向偏差 ΔH)按预定弹道摄动，展开成自变量增量的泰勒级数，即落点偏差线性展开式。

第二节　落点偏差线性展开式

导弹落点偏差分为沿射击方向上的射程偏差 ΔL (或称“纵向偏差”)和垂直于射击平面的横向偏差 ΔH (或称“射向偏差”)两部分。因为在讨论落点偏差和摄动制导方法时，常用到落点偏差的线性展开式，所以这里首先加以讨论。

一、射程偏差线性展开式

由弹道学理论得知，导弹在地球上的射程 L 是关机点参数的函数。当用惯性参数值表示时，射程可以写成：

$$L = L(\boldsymbol{V}_K^a, \boldsymbol{r}_K^a, t_K) \tag{2-1}$$

式中，$\boldsymbol{V}_K^a$ 为导弹相对惯性坐标系的关机点绝对速度矢量；$\boldsymbol{r}_K^a$ 为关机点处导弹质心相对地心的矢径；t_K 为主动段飞行时间。

当用相对发射坐标系的运动参数表示射程时，射程可以写为

$$L = L(\boldsymbol{V}_K, \boldsymbol{r}_K) \tag{2-2}$$

式中，$\boldsymbol{r}_K = \boldsymbol{r}_K^a$；$\boldsymbol{V}_K$ 为关机点处导弹质心的相对速度矢量。

由式(2-1)看出，射程 L 与时间 t_K 有显函数关系，而式(2-2)中则没有。这是因为在惯性坐标系内计算射程时需要考虑目标随地球的转动。由于目标随地球转动的角速度是已知的，因此这一旋转运动中的角度取决于导弹在主动段的飞行时间。导弹在被动段上的飞行时间则取决于在惯性坐标系内的关机点运动参数。

在后续讨论中，将根据式(2-1)推导出射程偏差线性展开式。因为用惯性参数值表示的射程和用相对发射坐标系运动参数表示的射程的偏差线性展开式的推导方法和形式基本相似，所以这里仅以式(2-1)为例进行讨论。

若运动参数用发射点惯性坐标系中的分量 x、y、z 及 V_x、V_y、V_z 表示(为书写方便，略去上标“a”)，则式(2-1)改写成：

$$L = L(V_{xK}, V_{yK}, V_{zK}, x_K, y_K, z_K, t_K) \tag{2-3}$$

假设 $x_1 = V_x, x_2 = V_y, x_3 = V_z, x_4 = x, x_5 = y, x_6 = z, x_7 = t$，则式(2-3)又简记为

$$L = L(x_{iK}) \quad (i = 1, 2, \cdots, 7) \tag{2-4}$$

如果标准弹道关机点参数和时间为 $\tilde{x}_{iK}$，标准射程为 $\tilde{L}$，则根据式(2-4)有

$$\tilde{L} = \tilde{L}(\tilde{x}_{iK}) \quad (i = 1, 2, \cdots, 7) \tag{2-5}$$

由于影响导弹运动特性的各种干扰力和干扰力矩均比较小，射程偏差也不大，因此可以将实际射程 L 在标准关机时刻 $\tilde{t}_K$ 附近用泰勒级数展开。当略去二阶以上高阶项后，可得射程偏差：

$$\Delta L = L - \tilde{L} = L(x_{iK}) - \tilde{L}(\tilde{x}_{iK}) = \sum_{i=1}^{7} \frac{\partial L}{\partial x_{iK}} \Delta x_{iK} = \sum_{i=1}^{7} a_i \Delta x_{iK} \tag{2-6}$$

式中，a_i 为射程偏差系数(或射程偏导数)，由标准关机点运动参数确定；Δx_{iK} 为主动段实际关机时刻与标准关机时刻的运动参数偏差，称为关机点参数偏差(或称“全偏差”)。即有

$$\begin{cases} a_i = \dfrac{\partial L}{\partial x_{iK}} \\ \Delta x_{iK} = x_{iK} - \tilde{x}_{iK} \end{cases} \tag{2-7}$$

在一阶近似条件下，关机点实际运动参数 $x_{iK}\,(i=1,2,\cdots,6)$ 可表示为

$$x_{iK} = x_i(\tilde{t}_K) + \dot{x}_{iK}\Delta t_K \approx x_i(\tilde{t}_K) + \dot{\tilde{x}}_{iK}\Delta t_K \tag{2-8}$$

式中，$\dot{x}_{iK}\,(i=1,2,\cdots,6)$ 为实际弹道在标准关机时刻 $\tilde{t}_K$ 的速度分量和加速度分量；$\dot{\tilde{x}}_{iK}\,(i=1,2,\cdots,6)$ 为标准弹道在标准关机时刻 $\tilde{t}_K$ 的速度分量和加速度分量；Δt_K 为导弹实际关机时间与标准关机时间之差。在小干扰情况下，$\dot{x}_{iK} \approx \dot{\tilde{x}}_{iK}$。

将式(2-6)代入式(2-5)，得关机点运动参数的全偏差 Δx_{iK} 为

$$\Delta x_{iK} = x_i(t_K) - \tilde{x}_i(\tilde{t}_K) \approx x_i(\tilde{t}_K) - \tilde{x}_i(\tilde{t}_K) + \dot{\tilde{x}}_{iK}\Delta t_K = \delta x_{iK} + \dot{\tilde{x}}_{iK}\Delta t_K \tag{2-9}$$

式中，$\tilde{x}_i$ 为标准弹道在标准关机时刻的位置分量和速度分量。

全偏差 Δx_{iK} 的含义如图 2-2 所示。

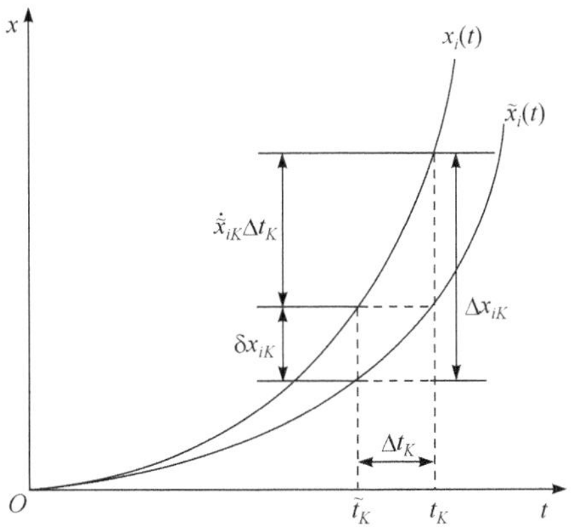

图 2-2　全偏差示意图

将式(2-9)代入式(2-2)，得

$$\begin{aligned} \Delta L &= \sum_{i=1}^{7} a_i \Delta x_{iK} = \sum_{i=1}^{6} a_i \delta x_{iK} \\ &\quad + \left(\sum_{i=1}^{6} a_i \dot{\tilde{x}}_{iK} + \frac{\partial L}{\partial t_K} \right) \Delta t_K \\ &= \delta L + \dot{L}\Delta t_K \end{aligned} \tag{2-10}$$

式中，δx_{iK} 为标准关机时刻实际运动参数与标准运动参数之差，称为等时参数偏差；δL 为等时射程偏差；$\dot{L}$ 为射程对时间的全导数，由标准弹道关机点参数确定。且有

$$\begin{cases} \delta x_{iK} = x_i(\tilde{t}_K) - \tilde{x}_i(\tilde{t}_K) \\ \dot{\tilde{x}}_{iK} = \dfrac{\mathrm{d}\tilde{x}_i}{\mathrm{d}t_K} \\ \Delta t_K = t_K - \tilde{t}_K \\ \delta L = \sum\limits_{i=1}^{6} a_i \delta x_{iK} \\ \dot{L} = \dfrac{\mathrm{d}L}{\mathrm{d}t_K} = \sum\limits_{i=1}^{6} a_i \dot{\tilde{x}}_{iK} + \dfrac{\partial L}{\partial t_K} \end{cases} \tag{2-11}$$

二、横向偏差线性展开式

采用与射程偏差线性展开式相类似的推导方法，可得一阶近似条件下的落点横向偏差线性展开式：

$$\Delta H = \sum_{i=1}^{7} \frac{\partial H}{\partial x_{iK}} \Delta x_{iK} = \sum_{i=1}^{7} b_i \Delta x_{iK} = \delta H + \dot{H} \Delta t_K \tag{2-12}$$

$$\begin{cases} b_i = \dfrac{\partial H}{\partial x_{iK}} \\ \delta H = \sum\limits_{i=1}^{6} b_i \delta x_{iK} \\ \dot{H} = \dfrac{\mathrm{d}H}{\mathrm{d}t_K} = \sum\limits_{i=1}^{6} b_i \dot{\tilde{x}}_{iK} + \dfrac{\partial H}{\partial t_K} \end{cases} \tag{2-13}$$

式中，b_i 为横向误差系数(或横向偏导数)；$\dot{H}$ 为横向偏差对时间的全微分，b_i 和 $\dot{H}$ 均由标准弹道关机点参数确定；δH 为等时横向偏差。

第三节　摄动制导的关机控制泛函

摄动制导的基本特点在于将控制泛函 ΔL (或其他量)展开成自变量增量的泰勒级数。原则上，展开点应当选择沿标准弹道的所有点，这样展开式的系数是时变的，过多的展开点会提高对弹上计算机的存储容量要求。但是，由于对射程起主要作用的是关机时刻的运动参数，实际上只有在关机点附近才需要非常精确的展开，这样可以减小弹上计算机容量和计算量。因此，对于任意制导段，只需一个或几个展开点。因为标准关机点最可能出现，所以通常就选它为展开点。

由式(2-6)可知，关机时刻t_K的预计射程偏差ΔL围绕标准关机点参数的一阶线性展开式为

$$\begin{aligned}\Delta L=&\frac{\partial L}{\partial V_x}\left[V_x(t_K)-\tilde{V}_x(\tilde{t}_K)\right]+\frac{\partial L}{\partial V_y}\left[V_y(t_K)-\tilde{V}_y(\tilde{t}_K)\right]\\&+\frac{\partial L}{\partial V_z}\left[V_z(t_K)-\tilde{V}_z(\tilde{t}_K)\right]+\frac{\partial L}{\partial x}\left[x(t_K)-\tilde{x}(\tilde{t}_K)\right]\\&+\frac{\partial L}{\partial y}\left[y(t_K)-\tilde{y}(\tilde{t}_K)\right]+\frac{\partial L}{\partial z}\left[z(t_K)-\tilde{z}(\tilde{t}_K)\right]+\frac{\partial L}{\partial t}\left(t_K-\tilde{t}_K\right)\end{aligned} \tag{2-14}$$

为便于直观理解，区别于式(2-6)中的a_i，这里用$K_{\dot{x}}^L,K_{\dot{y}}^L,\cdots,K_z^L,K_t^L$分别表示$\partial L/\partial V_x,\partial L/\partial V_y,\cdots,\partial L/\partial z,\partial L/\partial t$，它们都是由标准关机点参数计算出来的常数。

将式(2-14)中有关实际弹道参数与标准弹道参数诸项分别合并，得到：

$$\begin{aligned}\Delta L=&K_{\dot{x}}^L V_x(t_K)+K_{\dot{y}}^L V_z(t_K)+K_{\dot{z}}^L V_z(t_K)+K_x^L x(t_K)\\&+K_y^L y(t_K)+K_z^L z(t_K)+K_t^L t_K-[K_{\dot{x}}^L\tilde{V}_x(\tilde{t}_K)+K_{\dot{y}}^L\tilde{V}_y(\tilde{t}_K)\\&+K_{\dot{z}}^L\tilde{V}_z(\tilde{t}_K)+K_x^L\tilde{x}(\tilde{t}_K)+K_y^L\tilde{y}(\tilde{t}_K)+K_z^L\tilde{z}(\tilde{t}_K)+K_t^L\tilde{t}_K]\\=&J(t_K)-\tilde{J}(\tilde{t}_K)\end{aligned} \tag{2-15}$$

式(2-15)说明，即使关机点七个运动参数与标准值不同，但只要其组合值满足和标准射程相等的条件，即

$$J(t_K)=\tilde{J}(\tilde{t}_K) \tag{2-16}$$

ΔL就可以为零，因此可以定义一个新的关机控制泛函(又称“关机特征量”)：

$$J(t)=\sum_{i=1}^{7}K_i^L x_i(t) \tag{2-17}$$

式中，$x_1(t),x_2(t),\cdots,x_6(t),x_7(t)$分别表示$V_x(t),V_y(t),\cdots,z(t),t$；$J(t)$表示实际弹道参数的函数。

对确定的弹道来说，$J(t)$是时间的函数，而且是单调递增的，如图2-3所示。这样，射程控制问题就归结为对关机时间t_K的控制，在飞行中不断地根据测得的运动参数$V_x(t),V_y(t),\cdots,z(t),t$计算关机控制泛函$J(t)$，并与$\tilde{J}(\tilde{t}_K)$比较，当$J(t)$递

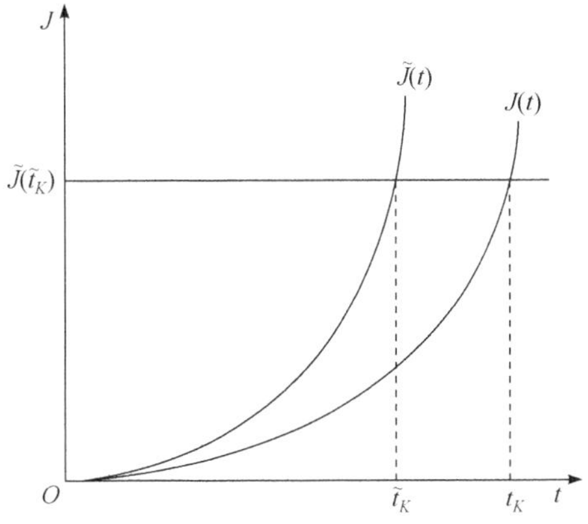

图2-3 关机控制泛函$J(t)$

增到和 $\tilde{J}(\tilde{t}_K)$ 相等时即可发出关机指令。

摄动制导关机控制框图如图 2-4 所示。

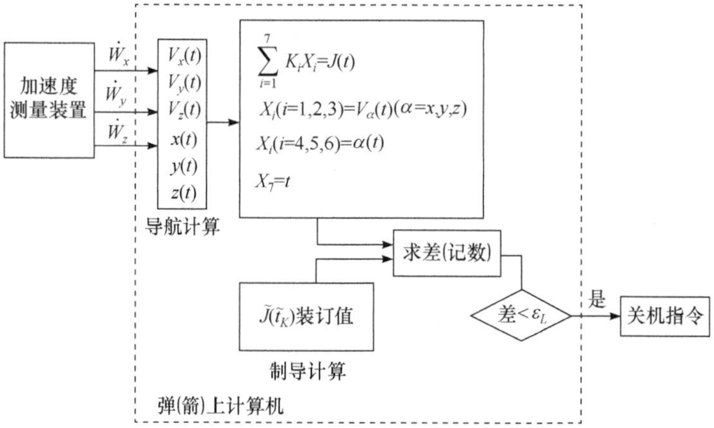

图 2-4　摄动制导关机控制框图

图 2-4 中，$\dot{W}_x$、$\dot{W}_y$、$\dot{W}_z$ 为视加速度分量；ε_L 为发射前设定好的偏差门限值，当飞行过程中实时计算的关机特征量与事先装订的关机特征量之差小于该门限值时，发出关机指令。

第四节　横向导引和法向导引

一、横向导引

导弹实际飞行中在干扰作用下会偏出射面。为了保证导弹落点横向偏差小于允许值，需要采取横向控制，将导弹导引回射面内飞行。横向导引实质上是对导弹质心横向运动的控制。导引通过姿态控制回路来完成，即通过推力矢量控制实现质心横向运动的控制。

横向运动控制的目标是使关机时刻运动参数偏差满足横向偏差 $\Delta H(t_K)=0$。由横向偏差线性展开式(2-12)可得

$$\begin{aligned}\Delta H=\sum_{i=1}^{7} b_i \Delta x_{iK} &= \frac{\partial H}{\partial V_{xK}}\Delta V_{xK}+\frac{\partial H}{\partial V_{yK}}\Delta V_{yK}+\frac{\partial H}{\partial V_{zK}}\Delta V_{zK} \\ &+\frac{\partial H}{\partial x_K}\Delta x_K+\frac{\partial H}{\partial y_K}\Delta y_K+\frac{\partial H}{\partial z_K}\Delta z_K+\frac{\partial H}{\partial t_K}\Delta t_K\end{aligned} \tag{2-18}$$

由式(2-18)可知，落点横向偏差 ΔH 不仅与关机点横向运动参数偏差 ΔV_{zK}、Δz_K 有关，而且与关机点纵向运动参数偏差 ΔV_{xK}、ΔV_{yK}、Δx_K、Δy_K 有密

切关系。这是因为，纵向运动参数偏差改变了导弹被动段飞行时间，致使目标点并不恰好位于初始射击平面内，而是向左或者向右偏离，引起横向偏差。另外，地球扁率的存在使纵向运动参数偏差发生变化，从而产生附加的横向偏差。

为了使横向运动在主动段关机时刻得到控制，以满足 $\Delta H=0$ 的条件，必须从标准关机时刻 $\tilde{t}_K$ 的前一段时间 $(\tilde{t}_K-T)$ 就开始对导弹横向运动实施控制，直至实际关机时刻 t_K 始终满足：

$$\Delta H=0 \quad (\tilde{t}_K-T\leqslant t\leqslant t_K) \tag{2-19}$$

因此，导弹落点控制是先满足横向运动的控制要求，然后按射程控制关机时间的。这样，虽然燃料消耗上不是最优，但实现起来比较简单。这就是导弹横向导引的基本概念和实现方法。

根据式(2-10)，当 $\Delta L=0$ 时，有

$$\Delta t_K=-\frac{\delta L}{\dot{L}} \tag{2-20}$$

将式(2-20)代入式(2-12)，得横向偏差为

$$\Delta H=\delta H-\frac{\dot{H}}{\dot{L}}\delta L=\sum_{i=1}^{6}\left(\frac{\partial H}{\partial x_{iK}}-\frac{\dot{H}}{\dot{L}}\frac{\partial L}{\partial x_{iK}}\right)\delta x_{iK} \tag{2-21}$$

横向导引是导弹运动偏离射面的归零控制。因此，需要连续控制质心横向运动，按反馈控制原理构成横向导引系统。此外，横向导引是闭路控制。横向导引系统利用位置、速度信息，经过横向导引计算，算出横向控制函数，并产生与之成比例的导引信号。此信号连续送入姿态控制系统偏航通道，通过推力矢量控制环节的控制力改变偏航角，实现对质心运动的控制。实现横向导引的控制系统原理框图如图 2-5 所示。

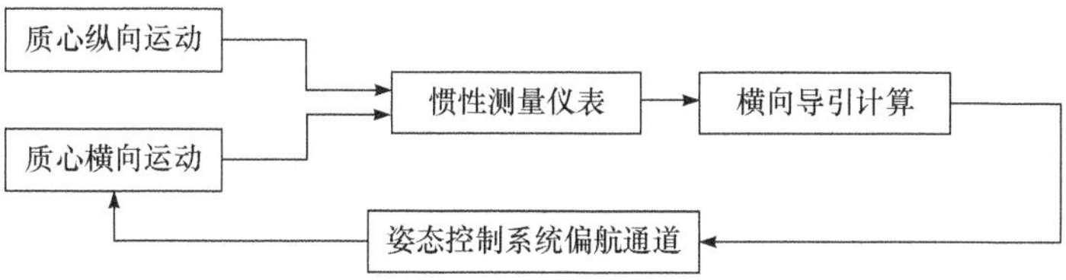

图 2-5 实现横向导引的控制系统原理框图

二、法向导引

摄动制导的射程关机控制一般是开路控制，不利用飞行运动状态量进行反馈控制，不调节运动参数。因此，在大干扰、远射程的情况下，关机点关机时刻附近，实际弹道偏离标准弹道可能较大，不利于摄动制导线性化，并使制导方案实现困难。为了实现关机特征量方程线性化，实际弹道需要靠拢标准弹

道。计算和分析射程偏差系数的影响发现，在二阶射程偏差系数中，偏导数 $\partial^2 L/\partial\theta_H^2$、$\partial^2 L/(\partial V\partial\theta_H)$ 对落点偏差的影响最大(弹道倾角 θ_H 是导弹速度矢量与当地水平面的夹角)。因此，控制弹道倾角偏差 $\Delta\theta_H$ 小于允许值是保证一阶摄动制导方程实现较高射程控制精度的前提。另外，控制速度倾角偏差 $\Delta\theta_K$ 还可以减小纵向运动参数偏差对横向偏差的影响，这是因为这一影响主要是由地球旋转导致被动段飞行时间变化产生的，而 $\Delta\theta_K$ 又是被动段飞行时间变化的主要原因。

法向导引是指对导弹质心速度方向的控制，其目的在于使关机点速度倾角偏差 $\Delta\theta_K$ 小于某一允许值。与横向偏差方程类似，在一阶近似条件下，关机点速度倾角偏差线性展开式为

$$\Delta\theta_K=\sum_{i=1}^{7}C_i\Delta x_{iK}=\delta\theta_K+\dot{\theta}_K\Delta t_K=\delta\theta_K-\frac{\dot{\theta}_K}{\dot{L}}\delta L=\sum_{i=1}^{6}\left(\frac{\partial\theta_K}{\partial x_{iK}}-\frac{\dot{\theta}_K}{\dot{L}}\frac{\partial L}{\partial x_{iK}}\right)\delta x_{iK} \tag{2-22}$$

式中，

$$\begin{cases}C_i=\dfrac{\partial\theta_K}{\partial x_{iK}}\\ \delta\theta_K=\displaystyle\sum_{i=1}^{6}C_i\delta x_{iK}\\ \dot{\theta}_K=\displaystyle\sum_{i=1}^{6}C_i\dot{x}_{iK}+\dfrac{\partial\theta_K}{\partial t_K}\end{cases} \tag{2-23}$$

法向导引与横向导引的实现方法基本类似，也是闭路控制，不同仅在于法向导引信号送入俯仰姿态控制通道，对导弹质心运动参数进行控制，以达到控制 $\Delta\theta_K$ 的目的。

横法向导引是控制质心在横向平面和射面(法向)两个平面内运动，因而一般按两个独立控制通道来分析。

第五节　摄动制导方程

制导理论的研究对象是弹(箭)的受控质心运动，其数学模型可以用下面的非线性微分方程描述：

$$\begin{cases}\dot{\boldsymbol{x}}=\boldsymbol{f}(\boldsymbol{x},\boldsymbol{u},t)\\ \boldsymbol{x}(t_0)=\boldsymbol{x}_0\\ \boldsymbol{x}(t)=[x_1(t),x_2(t),\cdots,x_n(t)]^{\mathrm{T}}\\ \boldsymbol{u}(t)=[u_1(t),u_2(t),\cdots,u_r(t)]^{\mathrm{T}}\end{cases} \tag{2-24}$$

式中，$\boldsymbol{x}(t)$ 是由弹(箭)位置 $\boldsymbol{a}$ 和速度 $\boldsymbol{V}_\alpha$ 在给定坐标轴投影组成的状态矢量(相轨迹)，每个分量 $x_i(t)$ 称为状态变量或者相坐标；$\boldsymbol{u}(t)$ 是系统所受外界的强制作用，如发动机推力和空气动力产生的视加速度；$\boldsymbol{f}(\boldsymbol{x},\boldsymbol{u},t)$ 是 n 维矢量函数，对 $t\in[0,t_K],\boldsymbol{x}\in\boldsymbol{X},\boldsymbol{u}\in\boldsymbol{U}$，它是所有变量的连续或者分段连续函数。

在制导系统分析中往往需要确定初始状态偏差与扰动作用对任意时刻状态偏差的影响，这个问题可以用求差法或摄动法解决。求差法基于不同的初始状态或扰动作用直接求解非线性方程(2-24)的初值，精度较高，但计算量大，又不便于分析。在摄动法以标准初始条件和无扰动作用下方程(2-24)的解为标准解，假定方程(2-24)在实际条件下(有扰动作用或初始条件偏差)的解相对标准解的偏差足够小，则状态偏差能够用线性摄动方程近似描述。

设方程(2-24)存在标准解 $\tilde{\boldsymbol{x}}(t)$，它相当于制导问题中的标准弹道，其方程为

$$\begin{cases}\dot{\tilde{\boldsymbol{x}}}=\boldsymbol{f}(\tilde{\boldsymbol{x}},\tilde{\boldsymbol{u}},t)\\ \tilde{\boldsymbol{x}}(t_0)=\tilde{\boldsymbol{x}}_0\end{cases} \tag{2-25}$$

由于初始条件改变及存在扰动作用，有

$$\begin{cases}\boldsymbol{x}(t_0)=\tilde{\boldsymbol{x}}(t_0)+\delta\boldsymbol{x}(t_0)\\ \boldsymbol{u}(t)=\tilde{\boldsymbol{u}}(t)+\delta\boldsymbol{u}(t)\end{cases} \tag{2-26}$$

实际的相轨迹 $\boldsymbol{x}(t)$ 满足方程(2-24)。将方程(2-24)以 $\tilde{\boldsymbol{x}}(t)$、$\tilde{\boldsymbol{u}}(t)$ 为基准进行泰勒级数展开，有

$$\dot{\boldsymbol{x}}=\boldsymbol{f}\left(\tilde{\boldsymbol{x}},\tilde{\boldsymbol{u}},t\right)+\frac{\partial\boldsymbol{f}}{\partial\boldsymbol{x}}\Big|_{\tilde{\boldsymbol{x}},\tilde{\boldsymbol{u}}}\left(\boldsymbol{x}-\tilde{\boldsymbol{x}}\right)+\frac{\partial\boldsymbol{f}}{\partial\boldsymbol{u}}\Big|_{\tilde{\boldsymbol{x}},\tilde{\boldsymbol{u}}}\left(\boldsymbol{u}-\tilde{\boldsymbol{u}}\right)+\text{高阶项} \tag{2-27}$$

用 $\delta\boldsymbol{x}(t)=\boldsymbol{x}(t)-\tilde{\boldsymbol{x}}(t)$ 表示相轨迹的等时变分，如果 $\delta\boldsymbol{x}(t)$、$\delta\boldsymbol{u}(t)$ 足够小，则可以略去泰勒展开式中二阶以上高阶项，状态偏差就可以用下面的线性摄动方程近似描述：

$$\begin{cases}\delta\dot{\boldsymbol{x}}\approx\boldsymbol{F}_0\left(t\right)\delta\boldsymbol{x}\left(t\right)+\boldsymbol{B}_0\left(t\right)\delta\boldsymbol{u}\left(t\right)\\ \delta\boldsymbol{x}\left(t_0\right)=\delta\boldsymbol{x}_0\end{cases} \tag{2-28}$$

式中，

$$\begin{cases}\boldsymbol{F}_0\left(t\right)=\dfrac{\partial\boldsymbol{f}}{\partial\boldsymbol{x}}\Big|_{\tilde{\boldsymbol{x}},\tilde{\boldsymbol{u}}}=\left[\dfrac{\partial f_i}{\partial x_j}\right]=\left[\boldsymbol{F}_{ij}\right] \quad (i,j=1,2,\cdots,n)\\ \boldsymbol{B}_0\left(t\right)=\dfrac{\partial\boldsymbol{f}}{\partial\boldsymbol{u}}\Big|_{\tilde{\boldsymbol{x}},\tilde{\boldsymbol{u}}}=\left[\dfrac{\partial f_i}{\partial u_j}\right]=\left[\boldsymbol{B}_{ij}\right] \quad (i=1,2,\cdots,n;j=1,2,\cdots,r)\end{cases} \tag{2-29}$$

$\boldsymbol{F}_0(t)$、$\boldsymbol{B}_0(t)$ 是按标准相轨迹 $\tilde{\boldsymbol{x}}(t)$、$\tilde{\boldsymbol{u}}(t)$ 计算的系数矩阵。由于标准相轨迹

$\tilde{\boldsymbol{x}}(t)$ 、 $\tilde{\boldsymbol{u}}(t)$ 是已知的时间函数，矩阵 $\boldsymbol{F}_0(t)$ 和 $\boldsymbol{B}_0(t)$ 的各元素都是已知的时间 t 的函数，因此方程(2-28)是变系数线性方程组。

举例： 在发射点惯性坐标系内导弹质心运动方程(球形引力场模型)为

$$\begin{cases} \dot{V}_x = -GM\dfrac{x}{r^3} + \dot{W}_x \\ \dot{V}_y = -GM\dfrac{y+R_0}{r^3} + \dot{W}_y \\ \dot{V}_z = -GM\dfrac{z}{r^3} + \dot{W}_z \\ \dot{x} = V_x \\ \dot{y} = V_y \\ \dot{z} = V_z \end{cases} \tag{2-30}$$

式中，G 为万有引力常数；M 为地球质量；r 为导弹到地心的距离；R_0 为地球半径。

设视加速度分量 $\dot{W}_x$ 、$\dot{W}_y$ 、$\dot{W}_z$ 与弹(箭)的位置和速度分量无关，不难求得方程(2-30)的线性摄动方程组为

$$\begin{bmatrix} \delta\dot{V}_x \\ \delta\dot{V}_y \\ \delta\dot{V}_z \\ \delta\dot{x} \\ \delta\dot{y} \\ \delta\dot{z} \end{bmatrix} = \begin{bmatrix} 0 & 0 & 0 & f_{14} & f_{15} & f_{16} \\ 0 & 0 & 0 & f_{24} & f_{25} & f_{26} \\ 0 & 0 & 0 & f_{34} & f_{35} & f_{36} \\ 1 & 0 & 0 & 0 & 0 & 0 \\ 0 & 1 & 0 & 0 & 0 & 0 \\ 0 & 0 & 1 & 0 & 0 & 0 \end{bmatrix} \begin{bmatrix} \delta V_x \\ \delta V_y \\ \delta V_z \\ \delta x \\ \delta y \\ \delta z \end{bmatrix} + \begin{bmatrix} \delta\dot{W}_x \\ \delta\dot{W}_y \\ \delta\dot{W}_z \\ 0 \\ 0 \\ 0 \end{bmatrix} \tag{2-31}$$

式中，

$$f_{14} = \frac{\partial g_x}{\partial x} = -\frac{GM}{r^3}\left(1 - 3\frac{x^2}{r^2}\right); \quad f_{15} = \frac{\partial g_x}{\partial y} = 3\frac{GM}{r^3}\frac{x(y+R_0)}{r^2}$$

$$f_{16} = \frac{\partial g_x}{\partial z} = 3\frac{GM}{r^3}\frac{xz}{r^2}; \quad f_{24} = \frac{\partial g_y}{\partial x} = \frac{\partial g_x}{\partial y} = f_{15}$$

$$f_{25} = \frac{\partial g_y}{\partial y} = -\frac{GM}{r^3}\left[1 - 3\frac{(R_0+y)^2}{r^2}\right]; \quad f_{26} = \frac{\partial g_y}{\partial z} = 3\frac{GM}{r^3}\left[\frac{(R_0+y)z}{r^2}\right]$$

$$f_{34} = \frac{\partial g_z}{\partial x} = \frac{\partial g_x}{\partial z} = f_{16}; \quad f_{35} = \frac{\partial g_z}{\partial y} = \frac{\partial g_y}{\partial z} = f_{26}$$

$$f_{36}=\frac{\partial g_z}{\partial z}=-\frac{GM}{r^3}\left(1-3\frac{z^2}{r^2}\right),\quad r=\sqrt{x^2+(y+R_0)^2+z^2}$$

系数中的相坐标取标准弹道数据。由系数的表达式可以看出，对球形引力场来说，引力加速度的位置摄动系数组成的矩阵是对称的。

通过摄动方程，已经把非线性系统的分析问题转化为线性系统的分析问题。事实上，由于标准相轨迹 $\tilde{\boldsymbol{x}}(t)$ 是已知的，利用摄动方程求出状态偏差 $\delta\boldsymbol{x}(t)$ 也就得到了实际值 $\boldsymbol{x}(t)$。因此，要进一步讨论的只是线性系统的分析问题。为了书写简化，把摄动方程(2-28)写成如下形式：

$$\begin{cases}\dot{\boldsymbol{x}}(t)=\boldsymbol{F}_0(t)\boldsymbol{x}(t)+\boldsymbol{B}_0(t)\boldsymbol{u}(t)\\ \boldsymbol{x}(t_0)=\boldsymbol{x}_0\end{cases}\tag{2-32}$$

根据微分方程理论，方程(2-32)的通解由齐次微分方程通解和特解组成。

首先考虑齐次微分方程：

$$\begin{cases}\dot{\boldsymbol{x}}(t)=\boldsymbol{F}_0(t)\boldsymbol{x}(t)\\ \boldsymbol{x}(t_0)=\boldsymbol{x}_0\end{cases}\tag{2-33}$$

则解为

$$\boldsymbol{x}(t)=\boldsymbol{\Phi}_0(t,t_0)\boldsymbol{x}(t_0)\tag{2-34}$$

式中，$\boldsymbol{\Phi}_0(t,t_0)$ 为基本解矩阵(对应 $\boldsymbol{\Phi}_0(t_0,t_0)=\boldsymbol{I}_{n_0}$ 为单位矩阵)，又称状态转移矩阵。

将式(2-34)代入式(2-33)，得

$$\frac{\mathrm{d}}{\mathrm{d}t}\boldsymbol{\Phi}_0(t,t_0)=\boldsymbol{F}_0(t)\boldsymbol{\Phi}_0(t,t_0)\tag{2-35}$$

状态转移矩阵的基本性质：

$$\boldsymbol{\Phi}_0(t_2,t_1)=\boldsymbol{\Phi}_0^{-1}(t_1,t_2)\tag{2-36}$$

$$\boldsymbol{\Phi}_0(t_2,t_1)\boldsymbol{\Phi}_0(t_1,t_0)=\boldsymbol{\Phi}_0(t_2,t_0)\tag{2-37}$$

状态转移矩阵和系数矩阵 $\boldsymbol{F}_0(t)$ 的一般关系式为

$$\boldsymbol{\Phi}_0(t,t_0)=\exp\left(\int_{t_0}^{t}\boldsymbol{F}_0(\tau)\mathrm{d}\tau\right)\tag{2-38}$$

对变参数系统而言，若 $t-t_0$ 很小，则

$$\begin{aligned}\boldsymbol{\Phi}_0(t,t_0)&=\boldsymbol{\Phi}_0(t_0,t_0)+\frac{\mathrm{d}\boldsymbol{\Phi}_0(t,t_0)}{\mathrm{d}t}\Big|_{t=t_0}(t-t_0)\\&\quad+\frac{1}{2}\frac{\mathrm{d}^2\boldsymbol{\Phi}_0(t,t_0)}{\mathrm{d}t^2}\Big|_{t=t_0}(t-t_0)^2+\cdots\\&=\boldsymbol{I}_{n_0}+\boldsymbol{F}_0(t_0)(t-t_0)+\frac{1}{2}\left[\dot{\boldsymbol{F}}_0(t_0)+\boldsymbol{F}_0^2(t_0)\right](t-t_0)^2+\cdots\end{aligned}\tag{2-39}$$

为了用计算机计算，将方程离散化成离散时间的线性状态矢量方程，令

$$\boldsymbol{x}(t)=\boldsymbol{\Phi}_0(t,t_0)\boldsymbol{\eta}(t)\tag{2-40}$$

式中，$\boldsymbol{\eta}(t)$ 为非齐次微分方程(2-32)的解。

将式(2-40)代入方程(2-33)第 1 个等式的左端，有

$$\frac{\mathrm{d}\boldsymbol{x}(t)}{\mathrm{d}t}=\frac{\mathrm{d}}{\mathrm{d}t}\left[\boldsymbol{\Phi}_0(t,t_0)\boldsymbol{\eta}(t)\right]=\dot{\boldsymbol{\Phi}}_0(t,t_0)\boldsymbol{\eta}(t)+\boldsymbol{\Phi}_0(t,t_0)\dot{\boldsymbol{\eta}}(t)\tag{2-41}$$

又因为有

$$\dot{\boldsymbol{\Phi}}_0(t,t_0)=\boldsymbol{F}_0(t)\boldsymbol{\Phi}_0(t,t_0)\tag{2-42}$$

所以

$$\begin{aligned}\frac{\mathrm{d}\boldsymbol{x}(t)}{\mathrm{d}t}&=\boldsymbol{F}_0(t)\boldsymbol{\Phi}_0(t,t_0)\boldsymbol{\eta}(t)+\boldsymbol{\Phi}_0(t,t_0)\dot{\boldsymbol{\eta}}(t)\\&=\boldsymbol{F}_0(t)\boldsymbol{x}(t)+\boldsymbol{\Phi}_0(t,t_0)\dot{\boldsymbol{\eta}}(t)\\&=\boldsymbol{F}_0(t)\boldsymbol{x}(t)+\boldsymbol{B}_0(t)\boldsymbol{u}(t)\end{aligned}\tag{2-43}$$

由此得

$$\dot{\boldsymbol{\eta}}(t)=\boldsymbol{\Phi}_0^{-1}(t,t_0)\boldsymbol{B}_0(t)\boldsymbol{u}(t)\tag{2-44}$$

积分得

$$\boldsymbol{\eta}(t)=\boldsymbol{\eta}(t_0)+\int_{t_0}^{t}\boldsymbol{\Phi}_0^{-1}(\tau,t_0)\boldsymbol{B}_0(\tau)\boldsymbol{u}(\tau)\mathrm{d}\tau\tag{2-45}$$

式中，τ为时间微分。

根据式(2-40)，当 $t=t_0$ 时，有

$$\boldsymbol{\eta}(t_0)=\boldsymbol{\Phi}_0^{-1}(t_0,t_0)\boldsymbol{x}(t_0)=\boldsymbol{x}(t_0)\tag{2-46}$$

将式(2-45)、式(2-46)代入式(2-40)，得

$$\boldsymbol{x}(t)=\boldsymbol{\Phi}_0(t,t_0)\boldsymbol{x}(t_0)+\boldsymbol{\Phi}_0(t,t_0)\int_{t_0}^{t}\boldsymbol{\Phi}_0^{-1}(\tau,t_0)\boldsymbol{B}_0(\tau)\boldsymbol{u}(\tau)\mathrm{d}\tau\tag{2-47}$$

因 $\boldsymbol{\Phi}_0(t,t_0)$ 与 τ 无关，故将 $\boldsymbol{\Phi}_0(t,t_0)$ 移入积分号内，有

$$\boldsymbol{x}(t)=\boldsymbol{\Phi}_0(t,t_0)\boldsymbol{x}(t_0)+\int_{t_0}^{t}\boldsymbol{\Phi}_0(t,t_0)\boldsymbol{\Phi}_0^{-1}(\tau,t_0)\boldsymbol{B}_0(\tau)\boldsymbol{u}(\tau)\mathrm{d}\tau \tag{2-48}$$

根据状态转移矩阵的基本性质式(2-36)、式(2-37)得

$$\boldsymbol{x}(t)=\boldsymbol{\Phi}_0(t,t_0)\boldsymbol{x}(t_0)+\int_{t_0}^{t}\boldsymbol{\Phi}_0(t,\tau)\boldsymbol{B}_0(\tau)\boldsymbol{u}(\tau)\mathrm{d}\tau \tag{2-49}$$

式中，等号右端第一项代表系统在给定起始条件下的响应；等号右端第二项代表系统对外加作用 $\boldsymbol{u}(t)$ 的响应。

令 $t=t_K$ ， $t_0=t_{K-1}$ ，假定 $\boldsymbol{u}(\tau)$ 在 $t_{K-1}\leqslant\tau<t_K$ 时为常数，式(2-49)可改写为差分方程：

$$\boldsymbol{x}(t_K)=\boldsymbol{\Phi}_0(t_K,t_{K-1})\boldsymbol{x}(t_{K-1})+\boldsymbol{\Gamma}_0(t_K,t_{K-1})\boldsymbol{u}(t_{K-1}) \tag{2-50}$$

式中，

$$\boldsymbol{\Gamma}_0(t_K,t_{K-1})=\int_{t_{K-1}}^{t_K}\boldsymbol{\Phi}_0(t_K,\tau)\boldsymbol{B}_0(\tau)\mathrm{d}\tau \tag{2-51}$$

式(2-50)写成一般形式为

$$\boldsymbol{x}_K=\boldsymbol{\Phi}_{(K,K-1)0}\boldsymbol{x}_{K-1}+\boldsymbol{\Gamma}_{(K,K-1)0}\boldsymbol{u}_{K-1} \tag{2-52}$$

系统输出为

$$\boldsymbol{y}_{K-1}=\boldsymbol{C}_{(K,K-1)0}\boldsymbol{x}_{K-1}+\boldsymbol{D}_{(K,K-1)0}\boldsymbol{u}_{K-1} \tag{2-53}$$

式中， $\boldsymbol{C}_{(K,K-1)0}$ 为输出矩阵； $\boldsymbol{D}_{(K,K-1)0}$ 为传递矩阵。

上述推导方法实际就是最优控制理论中所应用的状态空间方法。这种使问题简化的变换在预测制导分析计算中很有用。

为了理解式(2-49)的含义，考虑单输入单输出系统，得

$$\begin{cases}\dot{x}(t)=a(t)x(t)+u(t)\\ x(t_0)=x_0\end{cases} \tag{2-54}$$

式中，$a(t)$ 为状态系数。

不难求得

$$\begin{aligned}\boldsymbol{x}(t)&=x_0\exp\left(\int_{t_0}^{t}a(\lambda)\mathrm{d}\lambda\right)+\int_{t_0}^{t}\exp\left(\int_{t_0}^{t}a(\lambda)\mathrm{d}\lambda\right)\boldsymbol{u}(\tau)\mathrm{d}\tau\\ &\approx\varphi(t,t_0)x_0+\int_{t_0}^{t}\varphi(t,\tau)u(\tau)\mathrm{d}\tau\end{aligned} \tag{2-55}$$

设 $x_0=0$, $u(t)=\delta(t-t_0)$, $\delta(t-t_0)$ 是狄拉克(Dirac)函数，由式(2-55)得

$$x(t)=\int_{t_0}^{t}\varphi(t,\tau)\delta(\tau-t_0)\mathrm{d}\tau=\varphi(t,t_0) \tag{2-56}$$

式中，$\varphi(t,t_0)$为式(2-54)所示单输入单输出系统的脉冲过渡函数；t_0为脉冲加入时刻；t为响应观察时刻。t_0为参变量，t为自变量，当$x_0=0,t=t_\mathrm{f}$时(t_f为关机时间)，对任意$u(\tau)$，由式(2-55)求得

$$x(t_\mathrm{f})=\int_{t_0}^{t_\mathrm{f}}\varphi(t_\mathrm{f},\tau)u(\tau)\mathrm{d}\tau \tag{2-57}$$

在式(2-57)中，$\varphi(t_\mathrm{f},\tau)$是$\tau$时刻输入函数对$t_\mathrm{f}$时刻系统状态$x(t_\mathrm{f})$的影响函数或权函数。这时，$t_\mathrm{f}$是参变量，$\tau$是自变量。对于任意$t$、$\tau$，规定$\varphi(t,\tau)$中的$t$表示响应观察时刻，$\tau$表示输入作用时刻。对实际工程系统，当$t<\tau$时，$\varphi(t,\tau)\equiv 0$。

需要强调的是，$\varphi(t,\tau)$以t为自变量或以τ为自变量，其特性是不同的，这从它们满足不同的微分方程就可以体现：

$$\begin{cases}\dfrac{\mathrm{d}\varphi(t,\tau)}{\mathrm{d}t}=\dfrac{\mathrm{d}}{\mathrm{d}t}\left(\exp\displaystyle\int_{\tau}^{t}a(\lambda)\mathrm{d}\lambda\right)=a(t)\varphi(t,\tau),\quad \varphi(\tau,\tau)=1\\ \dfrac{\mathrm{d}\varphi(t,\tau)}{\mathrm{d}\tau}=\dfrac{\mathrm{d}}{\mathrm{d}\tau}\left(\exp\displaystyle\int_{\tau}^{t}a(\lambda)\mathrm{d}\lambda\right)=-a(\tau)\varphi(t,\tau),\quad \varphi(t,t)=1\end{cases} \tag{2-58}$$

由于系统参数是时变的，不同时刻加入单位脉冲信号，系统的响应也不同，因此脉冲过渡函数是t、τ两个变量的函数，其特性须用三维空间曲面表示，如图 2-6 所示。

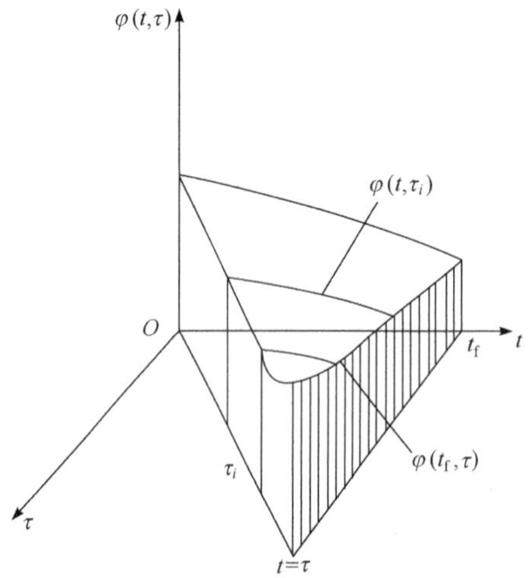

图 2-6　脉冲过渡函数曲面

把以上讨论推广到多维情况，不难理解$[\boldsymbol{\Phi}_0(t,\tau)]$是系统

$$\dot{\boldsymbol{x}}(t)=[\boldsymbol{F}_0(t)]\boldsymbol{x}(t)+\boldsymbol{u}(t) \tag{2-59}$$

的脉冲过渡函数矩阵。当$\tau=t_0$为参变量时，它的任意元素$\varphi_{ij}(t,\tau)$表示第j通道($\boldsymbol{u}(t)$的第j个分量)在τ时刻加入δ函数引起系统第i通道状态在t时刻的响应。当$t=t_\mathrm{f}$为参变量时，$\varphi_{ij}(t_\mathrm{f},\tau)$表示第$j$通道输入对第$i$通道状态在$t_\mathrm{f}$时刻数值的影响系数。显然，如果$\varphi_{ij}(t_\mathrm{f},\tau)=0,\tau\in[0,t_\mathrm{f}]$，则在第$j$通道施加的

输入将不影响第 i 通道的状态。

状态转移矩阵 $\boldsymbol{\Phi}_0(t,\tau)$ 的计算可以通过对式(2-33)所示齐次微分方程数值积分求得。当 $\tau=t_0$，t 为自变量时，令 $\boldsymbol{x}(t_0)=\boldsymbol{e}_i$（$\boldsymbol{e}_i=[0,0,\cdots,1,0,0]^{\mathrm{T}}$，是第 i 个分量为 1，其余分量为 0 的 n 维矢量，$i=1,2,\cdots,n$），对方程(2-38)积分 n 次即可求得 $\boldsymbol{\Phi}_0(t,t_0)$。但当 $t=t_{\mathrm{f}}$，τ 为自变量时，需要在 $\tau\in[t_0,t_{\mathrm{f}}]$ 中选定 m 个 $\tau_j(j=1,2,\cdots,m)$，就与求 $\boldsymbol{\Phi}_0(t,t_0)$ 相似，对每个 τ_j 求出 $\boldsymbol{\Phi}_0(t_{\mathrm{f}},\tau_j)$，再用矩阵系列 $\left(\boldsymbol{\Phi}_0(t_{\mathrm{f}},\tau_j),j=1,2,\cdots,m\right)$ 近似表示 $\boldsymbol{\Phi}_0(t_{\mathrm{f}},\tau)$，一共需要对方程(2-33)积分 $m\times n$ 次，这显然是很不方便的。但是，如果利用伴随系统的特性，就与求 $\boldsymbol{\Phi}_0(t,t_0)$ 相似，用 n 次数值积分就可求出 $\boldsymbol{\Phi}_0(t_{\mathrm{f}},\tau)$。

第六节　二阶摄动制导

采用一阶摄动制导的原则是干扰的小偏差假设，即认为导弹的实际飞行弹道相对标准弹道偏离不大，因而命中偏差可按泰勒公式线性展开，以确定关机方程。这样做的好处是制导常数少，飞行中弹上计算简单，易于实现。但是，在某些情况下，干扰会出现大偏差。例如，按质量加注燃料，在发射阵地需要称量，既麻烦又费时，为此在某些型号中改用定容加注，这样做简化了加注燃料称量的麻烦，但由于同体积燃料的质量随温度发生变化，起飞质量的偏差可达 3t；再如，发动机燃料秒耗量的偏差一般为 3%～4%，但某些挤压式发动机燃料秒耗量的偏差一般为 7%～10%[1]。这样，导弹的实际飞行弹道偏离标准弹道较大，采用一阶摄动制导关机方程将引起较大的射程偏差。

关机方程二阶项引起的射程偏差公式为

$$\begin{aligned}\Delta L^{(2)}=&\frac{1}{2!}\sum_{\alpha,\beta=x,y}\left(\frac{\partial^2 L}{\partial V_\alpha\partial V_\beta}\Delta V_\alpha\Delta V_\beta+2\frac{\partial^2 L}{\partial V_\alpha\partial\beta}\Delta V_\alpha\Delta\beta+\frac{\partial^2 L}{\partial\alpha\partial\beta}\Delta\alpha\Delta\beta\right)\\&+\sum_{\alpha=x,y}\left(\frac{\partial^2 L}{\partial t_K\partial V_\alpha}\Delta t_K\Delta V_\alpha+\frac{\partial^2 L}{\partial t_K\partial\alpha}\Delta t_K\Delta\alpha\right)+\frac{1}{2!}\frac{\partial^2 L}{\partial t_K^2}\Delta t_K^2\end{aligned}\tag{2-60}$$

计算式(2-60)这样一个庞大的公式，无疑会增加弹上计算机的负担，而且失去了摄动制导的简捷形式。在实际工程中，可只考虑影响较大的速度项，忽略其他的次要项。

设关机特征量取如下形式：

$$J(t_K)=K_{\dot{x}}^L V_x+K_{\dot{y}}^L V_y+K_{\dot{z}}^L V_z+K_x^L x+K_y^L y+K_z^L z+K_t^L t+\lambda\left(V-\bar{V}_K\right)^2\tag{2-61}$$

式中，λ 为根据弹道和干扰特性选取的一个常数；$\bar{V}_K$ 为标准弹道在标准关机时间下的导弹速度。

计算结果表明，引入二阶项补偿后，对于一定量的较大干扰有较好的补偿效果。

思考习题

1. 简述你对标准弹道和标准条件的理解。
2. 简述求差法和摄动法的基本思想，比较两者的优缺点。
3. 简述摄动制导的基本原理。
4. 简述等时偏差(等时参数偏差、等时射程偏差)的含义。
5. 推导射程偏差线性展开式和横向偏差线性展开式，解释各符号含义。
6. 推导摄动制导的关机控制泛函，并解释其含义。
7. 用图示解释摄动制导关机控制的工作过程。
8. 简述横向导引的作用和实现过程。
9. 简述法向导引的作用和实现过程。
10. 结合实例简述二阶摄动制导的意义。

第三章 显 式 制 导

根据目标数据和导弹的实时运动参数，按控制泛函的显函数表达式进行实时计算的制导方法称为显式制导(又称“闭路制导”)。在大干扰情况下，摄动制导的线性基础就不成立了，如仍采用摄动制导将造成不能允许的方法误差。此外，在航天飞行、多弹头分导的情况下，需要知道飞行器的实时速度和位置；在飞行试验的精度分析中，也希望能够知道导弹的实时状态参数。在这些情况下，显式制导具有较大的优势。显式制导的唯一缺点是对弹上计算机的速度和容量提出较高要求，但随着弹上计算机性能的不断提高，目前已经完全能满足显式制导的计算要求[16]。由于基于“需要速度”的显式制导是应用最广泛的显式制导技术之一，因此本章主要以其为代表进行显式制导原理介绍。

本章主要介绍显式制导的相关知识，包括显式制导的基本思想、状态方程的实时解、需要速度的确定、地球扁率和再入空气动力的影响及其补偿、导弹的关机与导引、耗尽关机导弹的导引与控制等方面的内容。

第一节 显式制导的基本思想

由于过去弹上计算装置受生产技术水平的限制，不能在弹上利用测量信息实时地计算出导弹的位置矢量 $\boldsymbol{r}$ 和速度矢量 $\boldsymbol{v}$，故往往采用摄动制导方法。该制导方法将大量的装订诸元放在设计阶段和发射之前进行计算，而且依据摄动制导理论推导出的制导方程简单，大大减小了弹上计算装置的计算工作量，从而降低了对弹上计算装置的内存和计算能力的要求。

摄动制导依赖于标准弹道，实际上是把实际弹道对标准弹道落点的射程偏差逼近成关机点运动参数偏差的线性函数，即

$$\Delta L \approx \frac{\partial L}{\partial \boldsymbol{v}_{\alpha K}}(\boldsymbol{v}_{\alpha K}-\tilde{\boldsymbol{v}}_{\alpha K})+\frac{\partial L}{\partial \boldsymbol{r}_{\alpha K}}(\boldsymbol{r}_{\alpha K}-\tilde{\boldsymbol{r}}_{\alpha K})+\frac{\partial L}{\partial t_K}(t_K-\tilde{t}_K) \tag{3-1}$$

式(3-1)略去了射程偏差的高阶项 $\Delta L^{(R)}$。在小偏差情况下，此种近似是可以的，但是当射程增大，在考虑地球扁率和地球自转等因素的影响下，会产生较大的制导误差。例如，对某一远程导弹来说，对 6 条干扰弹道进行计算，其射程偏差高阶项 $\Delta L^{(R)}$ 分别为–499.67m、490.94m、668.84m、714.11m、1079.08m、

–407.64m，可以看出方法误差为 490～1080m[17]。这样大的方法误差，对于高精度的制导要求是不允许的。总体来说，摄动制导存在如下几个问题。

(1) 由于关机方程没有考虑射程偏差展开式二阶以上各项，只有当实际弹道比较接近标准弹道时，才能有比较小的方法误差。如果作用在导弹上的干扰较大，实际弹道偏离标准弹道也较大，主动段飞行超过 200s，此方法造成关机点参数偏差较大，将会产生较大的方法误差。

(2) 摄动制导方法依赖于所选择的标准弹道，对于完成多种任务的运载火箭、机动导弹和多弹头导弹而言，是很不方便的。

(3) 发射前要进行大量的装订诸元计算，限制了武器系统的机动性能和战斗性能。

随着武器装备的发展，对地地导弹射击精度的要求越来越高，为了克服摄动制导方法的缺点，进一步提高制导精度，提出了显式制导的思想。

显式制导是在弹上测量装置测量信息的基础上，通过弹上计算装置实时计算导弹当前状态的位置和速度，并利用“需要速度”将其与目标位置联系起来的一种制导方法。其基本思想是，根据弹上测量装置的测量信息，由弹上计算机实时计算出导弹当前状态的真速度矢量和真位置矢量，以此为初始条件，按照椭圆弹道理论计算导弹的实际落点位置参数和标准目标点参数的偏差，且形成制导指令，以消除落点与目标点的偏差。

在弹上实时解算出导弹位置矢量和速度矢量：

$$\begin{cases}\bar{\boldsymbol{r}}(t)=\left[x(t),y(t),z(t)\right]^{\mathrm{T}}\\ \bar{\boldsymbol{v}}(t)=\left[v_x(t),v_y(t),v_z(t)\right]^{\mathrm{T}}\end{cases}\tag{3-2}$$

然后利用 $\bar{\boldsymbol{r}}(t)$ 、$\bar{\boldsymbol{v}}(t)$ 作为初始条件，实时计算出对所要求的终端条件

$$\begin{cases}\bar{\boldsymbol{r}}(T)=\left[x(T),y(T),z(T)\right]^{\mathrm{T}}\\ \bar{\boldsymbol{v}}(T)=\left[v_x(T),v_y(T),v_z(T)\right]^{\mathrm{T}}\end{cases}\tag{3-3}$$

的偏差 $\Delta\bar{\boldsymbol{r}}$、$\Delta\bar{\boldsymbol{v}}$ ，并以此来形成制导指令，对导弹进行控制，以消除对终端条件的偏差。

当终端偏差满足制导任务要求时，发出指令关闭发动机。由此可以看出，从最一般的意义上来讲，显式制导可以看成多维的、非线性的两点边值问题。如果不做某些简化和近似，解起来是非常复杂的，这样对弹上计算机的速度和存储容量的要求都非常高，实现起来很困难，为此必须根据任务的性质和精度要求做某些简化。

根据飞行任务不同，显式制导可以分成以下四种情况。

1. 远程导弹的制导问题

远程导弹的制导任务在于能准确命中地面固定目标，故终端条件只对落点坐标 $\boldsymbol{c}$ 有要求，对终端时间 T 和落点速度 $\overline{\boldsymbol{v}}_c$ 均无严格要求。

2. 人造卫星和导弹的拦截问题

由于拦截的目标是人造卫星或导弹，在实现拦截时导弹必须与目标同时到达空间某一点，故终端条件要求的是拦截时间 T 和拦截点坐标 $\overline{\boldsymbol{r}}(T)$，对拦截点速度 $\overline{\boldsymbol{v}}(T)$ 无严格要求。

3. 人造卫星入轨问题

控制人造卫星从一个轨道进入另一个轨道时，终端条件要求的是入轨点坐标 $\overline{\boldsymbol{r}}_c=(x_c,y_c,z_c)$ 和入轨点速度 $\overline{\boldsymbol{v}}_c=(v_{xc},v_{yc},v_{zc})$，对入轨时间无严格要求。

4. 交会问题

对于空间两飞行器交会问题，其终端条件要求的是 $\overline{\boldsymbol{r}}(T)$、$\overline{\boldsymbol{v}}(T)$。

显式制导用于导弹非固定程序飞行的主动段或中制导段。在导弹飞出大气层前，按固定的飞行俯仰程序角进行控制，在导弹飞出大气层后，则转入显式制导方式，因为此时导弹飞行已不再受结构强度的限制，所以可以控制导弹进行较大的机动。显式制导段导弹没有固定的飞行程序角，按照实时计算的俯仰、偏航信号进行控制，滚动控制一般假设滚动角为零。

摄动制导是控制导弹在预先设计的标准弹道附近飞行，它的控制泛函是以 ΔL、ΔH 和 $\Delta\theta_H$ 为零作基础的；显式制导是以“需要速度”为控制泛函的。“需要速度”是指假定导弹在当前状态位置上关机，经自由段飞行和再入段飞行，最终能够击中目标时所应具有的速度，即保证导弹能够击中目标所需要的速度。

设导弹在时刻 t 的位置为 $\boldsymbol{r}_{\mathrm{M}}$，导弹击中目标所应具有的速度，即“需要速度”，记为 $\boldsymbol{V}_{\mathrm{R}}$。图 3-1 为导弹在主动段飞行中任一点的实际速度 $\boldsymbol{V}_{\mathrm{M}}$ 和需要速度 $\boldsymbol{V}_{\mathrm{R}}$ 的几何关系。$\boldsymbol{V}_g$ 为需要速度与实际速度之差，即 $\boldsymbol{V}_g=\boldsymbol{V}_{\mathrm{R}}-\boldsymbol{V}_{\mathrm{M}}$，称之为控制速度(或“待增速度”)。飞行中只需控制导弹的推力方向，不断消除 $\boldsymbol{V}_g$，当 $\boldsymbol{V}_g=0$，即 $\boldsymbol{V}_{\mathrm{R}}=\boldsymbol{V}_{\mathrm{M}}$ 时关机，按照 $\boldsymbol{V}_{\mathrm{R}}$ 的定义，此时关机导弹将能够命中目标。

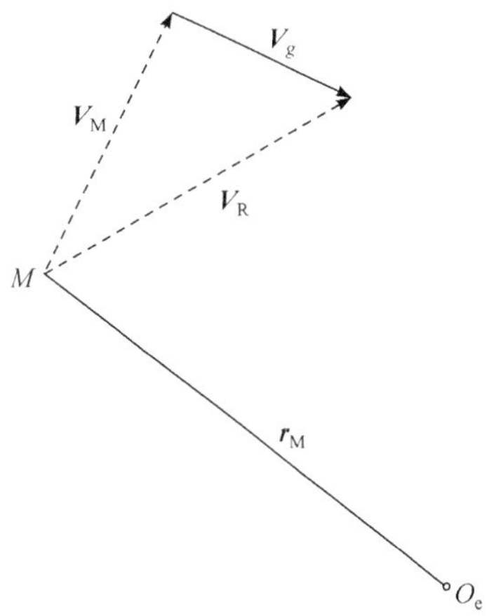

图 3-1　实际速度与需要速度的几何关系

M 为导弹实时位置；O_{e} 为地心

第二节　状态方程的实时解

导弹导航系统的任务就是解出导弹的状态参数$\boldsymbol{V}$、$\boldsymbol{r}$，以便导引导弹的运动。

一、考虑地球扁率的引力计算

在考虑导弹制导方程时，有时为了简化制导方程的复杂性，往往将地球看成一个质量均匀分布的球体。地球引力的势函数写成：

$$U = \frac{GM}{r} \tag{3-4}$$

式中，G为万有引力常数；M为地球的质量；r为地心到导弹质心的距离。

利用力函数的性质，就可以确定单位质量的质点所受的引力在某一坐标系$Oxyz$的坐标轴上的投影：

$$g_x = \frac{\partial U}{\partial x},\quad g_y = \frac{\partial U}{\partial y},\quad g_z = \frac{\partial U}{\partial z} \tag{3-5}$$

引力在矢径$\boldsymbol{r}$上的投影表示为

$$g_r = \frac{\partial U}{\partial r} = -\frac{GM}{r^2} \tag{3-6}$$

$$g_x = g_r\frac{x}{r},\quad g_y = g_r\frac{R_0 + y}{r},\quad g_z = g_r\frac{z}{r} \tag{3-7}$$

式中，R_0为地球平均半径，且有

$$r = \left[x^2 + \left(R_0 + y\right)^2 + z^2\right]^{\frac{1}{2}}$$

因为将地球看为一个匀质的圆球体，将式(3-7)代入导弹的状态方程，解出的$\boldsymbol{V}$、$\boldsymbol{r}$并不代表导弹的真实状态参数。

用一般形式来确定具有复杂形状且质量不均匀分布的实际地球的势函数U是极为困难的。一般情况下，引力势的球谐函数展开式如下[13]：

$$U\left(r\right) = GM\left[\frac{1}{r} + \frac{J_{\mathrm{e}}}{3}\frac{a_{\mathrm{e}}^2}{r^3}\left(1 - 3\sin^2\varphi_{\mathrm{e}}\right) - \frac{K}{30}\frac{a_{\mathrm{e}}^4}{r^4}\left(3 - 30\sin^2\varphi_{\mathrm{e}} + 35\sin^4\varphi_{\mathrm{e}}\right) + \cdots\right] \tag{3-8}$$

式中，$GM = 3.986005\times10^{14}\,\mathrm{m^3/s^2}$；$a_{\mathrm{e}} \approx 6378140\mathrm{m}$（地球赤道半径）；$J_{\mathrm{e}} = 1.623\times10^{-3}$；$K = 6.23\times10^{-6}$；$\varphi_{\mathrm{e}}$为地心纬度。

通常取

$$U(r)=GM\left[\frac{1}{r}+\frac{J_{\mathrm{e}}}{3}\frac{a_{\mathrm{e}}^{2}}{r^{3}}\left(1-3\sin^{2}\varphi_{\mathrm{e}}\right)\right] \tag{3-9}$$

式(3-9)造成的相对误差比较小(不超过3×10^{-5})，对于与飞行弹道计算以及准备射击瞄准诸元有关的大多数弹道学问题而言，这一误差是完全允许的。

由式(3-9)可见，地球引力仅与地心到导弹质心的距离 r 和地心纬度 φ_{e} 有关。将 $\boldsymbol{g}$ 分解到 $\boldsymbol{r}$ 和 $\boldsymbol{\omega}_{\mathrm{e}}$ (地球自转角速度矢量)方向，得

$$\boldsymbol{g}=g_{\omega_{\mathrm{e}}}\boldsymbol{\omega}_{\mathrm{e}}^{0}+g_{r}\boldsymbol{r}^{0} \tag{3-10}$$

式中，$\boldsymbol{\omega}_{\mathrm{e}}^{0}$、$\boldsymbol{r}^{0}$ 为单位矢量，且

$$g_{r}=-\frac{GM}{r^{2}}\left[1+J_{\mathrm{e}}\frac{a_{\mathrm{e}}^{2}}{r^{2}}\left(1-5\sin^{2}\varphi_{\mathrm{e}}\right)\right] \tag{3-11}$$

$$g_{\omega_{\mathrm{e}}}=-2J_{\mathrm{e}}GM\frac{a_{\mathrm{e}}^{2}}{r^{4}}\sin\varphi_{\mathrm{e}} \tag{3-12}$$

因为导弹的状态方程是以发射点惯性坐标系为基准建立的，所以必须将引力分解到发射点惯性坐标系上，如图 3-2 所示。

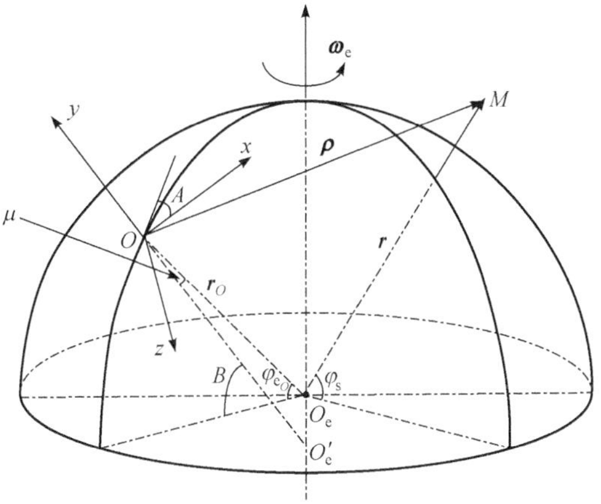

图 3-2　引力在发射点惯性坐标系上的分解

图 3-2 中，$Oxyz$ 为发射点惯性坐标系，O 点为导弹发射点，Oy 为当地铅垂线向上，Ox 指向目标方向，Oz 按右手定则确定(常用坐标系及其变换的有关知识见附录 A)，M 为导弹实时位置，A 为发射点方位角，B 为发射点地理纬度，φ_{e_O} 为发射点地心纬度，φ_{s} 为导弹实时位置 M 的地心纬度，$\boldsymbol{r}$ 为地心 O_{e} 至 M 的矢径，$\boldsymbol{r}_O$ 为地心 O_{e} 至发射点 O 的矢径，$\boldsymbol{\rho}$ 为发射点 O 至导弹实时位置 M 的矢径，μ 为发射点、地心连线与当地铅垂线的夹角。因为有

$$B=\varphi_{\mathrm{e}_O}+\mu$$

$$\boldsymbol{r}=\boldsymbol{r}_O+\boldsymbol{\rho}$$

$$\boldsymbol{\rho}=x\mathbf{i}+y\mathbf{j}+z\mathbf{k}$$

$$\boldsymbol{r}_O=r_{O_x}\mathbf{i}+r_{O_y}\mathbf{j}+r_{O_z}\mathbf{k}$$

$$\boldsymbol{r}=r_x\mathbf{i}+r_y\mathbf{j}+r_z\mathbf{k}$$

式中，$\mathbf{i}$、$\mathbf{j}$、$\mathbf{k}$ 分别表示发射点惯性坐标系 Ox 轴、Oy 轴、Oz 轴上的单位矢量。所以有

$$r_x=r_{O_x}+x \tag{3-13}$$

$$r_y=r_{O_y}+y \tag{3-14}$$

$$r_z=r_{O_z}+z \tag{3-15}$$

$$\boldsymbol{\omega}_{\mathrm{e}}=\omega_{\mathrm{e}_x}\mathbf{i}+\omega_{\mathrm{e}_y}\mathbf{j}+\omega_{\mathrm{e}_z}\mathbf{k} \tag{3-16}$$

$$\omega_{\mathrm{e}_x}=\omega_{\mathrm{e}}\cos B\cos A \tag{3-17}$$

$$\omega_{\mathrm{e}_y}=\omega_{\mathrm{e}}\sin B \tag{3-18}$$

$$\omega_{\mathrm{e}_z}=-\omega_{\mathrm{e}}\cos B\sin A \tag{3-19}$$

因此 $\boldsymbol{\omega}_{\mathrm{e}}^0$ 在发射点惯性坐标系 $Oxyz$ 三个坐标轴上的投影为

$$\omega_{\mathrm{e}_x}^0=\cos B\cos A \tag{3-20}$$

$$\omega_{\mathrm{e}_y}^0=\sin B \tag{3-21}$$

$$\omega_{\mathrm{e}_z}^0=-\cos B\sin A \tag{3-22}$$

又因为有

$$\boldsymbol{\omega}_{\mathrm{e}}\cdot\boldsymbol{r}=\omega_{\mathrm{e}}r\cos\left(90^\circ-\varphi_{\mathrm{s}}\right) \tag{3-23}$$

所以有

$$\sin\varphi_{\mathrm{s}}=\frac{\boldsymbol{\omega}_{\mathrm{e}}\cdot\boldsymbol{r}}{\omega_{\mathrm{e}}r}=\boldsymbol{\omega}_{\mathrm{e}}^0\cdot\boldsymbol{r}^0=\omega_{\mathrm{e}_x}^0r_x^0+\omega_{\mathrm{e}_y}^0r_y^0+\omega_{\mathrm{e}_z}^0r_z^0 \tag{3-24}$$

将以上各值代入引力分量计算式中，有

$$g_x=g_rr_x^0+g_{\omega_{\mathrm{e}}}\omega_{\mathrm{e}_x}^0 \tag{3-25}$$

$$g_y=g_rr_y^0+g_{\omega_{\mathrm{e}}}\omega_{\mathrm{e}_y}^0 \tag{3-26}$$

$$g_z = g_r r_z^0 + g_{\omega_e} \omega_{e_z}^0 \tag{3-27}$$

经整理得

$$g_x = g_r \frac{r_{o_x} + x}{r} + g_{\omega_e} \omega_{e_x}^0 \tag{3-28}$$

$$g_y = g_r \frac{r_{o_y} + y}{r} + g_{\omega_e} \omega_{e_y}^0 \tag{3-29}$$

$$g_z = g_r \frac{r_{o_z} + z}{r} + g_{\omega_e} \omega_{e_z}^0 \tag{3-30}$$

二、状态方程的递推解算

导弹的运动微分方程组为

$$\begin{cases} \dot{V}_x = \dot{W}_x + g_x \\ \dot{V}_y = \dot{W}_y + g_y \\ \dot{V}_z = \dot{W}_z + g_z \\ \dot{x} = V_x \\ \dot{y} = V_y \\ \dot{z} = V_z \end{cases} \tag{3-31}$$

式中，$\dot{W}_x$、$\dot{W}_y$、$\dot{W}_z$ 为视加速度分量。

运用现代控制理论可以求解微分方程组(3-31)，但其推导是非常冗繁的，而利用数值积分的方法求其递推解，得到的结果是完全相同的。

先研究：

$$\dot{V}_x = \dot{W}_x + g_x \tag{3-32}$$

取微小时间间隔 $T_0 = t_n - t_{n-1}$ 的积分：

$$\int_{t_{n-1}}^{t_n} \dot{V}_x \mathrm{d}t = \int_{t_{n-1}}^{t_n} \dot{W}_x \mathrm{d}t + \int_{t_{n-1}}^{t_n} g_x \mathrm{d}t \tag{3-33}$$

近似得

$$V_{x_n} - V_{x_{n-1}} \approx \Delta W_{x_n} + \frac{g_{x_{n-1}} + g_{x_n}}{2} T_0 \tag{3-34}$$

式中，ΔW_{x_n} 为加速度计在 T_0 时间间隔内的增量输出，且满足：

$$\Delta W_{x_n} = W_{x_n} - W_{x_{n-1}} \tag{3-35}$$

故

$$V_{x_n} = V_{x_{n-1}} + \Delta W_{x_n} + \frac{T_0}{2}\left(g_{x_{n-1}} + g_{x_n}\right) \tag{3-36}$$

同理可得

$$V_{y_n} = V_{y_{n-1}} + \Delta W_{y_n} + \frac{T_0}{2}\left(g_{y_{n-1}} + g_{y_n}\right) \tag{3-37}$$

$$V_{z_n} = V_{z_{n-1}} + \Delta W_{z_n} + \frac{T_0}{2}\left(g_{z_{n-1}} + g_{z_n}\right) \tag{3-38}$$

再来研究：

$$\dot{x} = V_x \tag{3-39}$$

取 T_0 时间间隔的积分：

$$\int_{t_{n-1}}^{t_n} \dot{x}\mathrm{d}t = \int_{t_{n-1}}^{t_n} V_x \mathrm{d}t \tag{3-40}$$

取近似值，得

$$x_n - x_{n-1} \approx T_0\left(V_{x_{n-1}} + \frac{1}{2}\Delta V_{x_n}\right) \tag{3-41}$$

式中，

$$\Delta V_{x_n} \approx \Delta W_{x_n} + g_{x_{n-1}} T_0 \tag{3-42}$$

将式(3-42)代入式(3-41)，有

$$x_n - x_{n-1} = V_{x_{n-1}} T_0 + \frac{T_0}{2}\left(\Delta W_{x_n} + g_{x_{n-1}} T_0\right) = \left(V_{x_{n-1}} + \frac{1}{2}\Delta W_{x_n} + \frac{g_{x_{n-1}} T_0}{2}\right) T_0 \tag{3-43}$$

则 x_n 的递推公式为

$$x_n = x_{n-1} + \left(V_{x_{n-1}} + \frac{1}{2}\Delta W_{x_n} + \frac{T_0}{2} g_{x_{n-1}}\right) T_0 \tag{3-44}$$

同理，可得 y_n、z_n 的递推公式为

$$y_n = y_{n-1} + \left(V_{y_{n-1}} + \frac{1}{2}\Delta W_{y_n} + \frac{T_0}{2} g_{y_{n-1}}\right) T_0 \tag{3-45}$$

$$z_n = z_{n-1} + \left(V_{z_{n-1}} + \frac{1}{2}\Delta W_{z_n} + \frac{T_0}{2} g_{z_{n-1}} \right) T_0 \tag{3-46}$$

将以上结果进行整理，可得在t_n时刻导弹速度、位置的递推公式为

$$\begin{cases} V_{x_n} = V_{x_{n-1}} + \Delta W_{x_n} + \dfrac{T_0}{2}\left(g_{x_{n-1}} + g_{x_n}\right) \\ V_{y_n} = V_{y_{n-1}} + \Delta W_{y_n} + \dfrac{T_0}{2}\left(g_{y_{n-1}} + g_{y_n}\right) \\ V_{z_n} = V_{z_{n-1}} + \Delta W_{z_n} + \dfrac{T_0}{2}\left(g_{z_{n-1}} + g_{z_n}\right) \\ x_n = x_{n-1} + \left(V_{x_{n-1}} + \dfrac{1}{2}\Delta W_{x_n} + \dfrac{T_0}{2} g_{x_{n-1}} \right) T_0 \\ y_n = y_{n-1} + \left(V_{y_{n-1}} + \dfrac{1}{2}\Delta W_{y_n} + \dfrac{T_0}{2} g_{y_{n-1}} \right) T_0 \\ z_n = z_{n-1} + \left(V_{z_{n-1}} + \dfrac{1}{2}\Delta W_{z_n} + \dfrac{T_0}{2} g_{z_{n-1}} \right) T_0 \end{cases} \tag{3-47}$$

以远程导弹的弹道为例进行大量的计算，采用该递推解算方法计算至关机点时，速度计算的累积误差不超过 0.001m/s，位置计算的累积误差不超过0.5m，完全满足制导控制的要求[1]。

第三节　需要速度的确定

一、需要速度的物理含义

设地球为一平面，在忽略再入大气影响的情况下，认为导弹于主动段关机后在常值地球引力g的作用下运动，则导弹运动方程简化为

$$\begin{cases} x = x_{\mathrm{f}} + \dot{x}_{\mathrm{f}} t_{\mathrm{ff}} \\ y = y_{\mathrm{f}} + \dot{y}_{\mathrm{f}} t_{\mathrm{ff}} - \dfrac{1}{2} g t_{\mathrm{ff}}^2 \end{cases} \tag{3-48}$$

式中，$x_{\mathrm{f}}, y_{\mathrm{f}}$和$\dot{x}_{\mathrm{f}}, \dot{y}_{\mathrm{f}}$分别是导弹主动段关机点的位置和速度；$t_{\mathrm{ff}} = T_{\mathrm{M}} - t_{\mathrm{f}}$，是导弹自由飞行时间，其中$T_{\mathrm{M}}$是导弹飞行至目标点的时间，$t_{\mathrm{f}}$是关机时间。

主动段关机点、自由飞行段与目标点之间的关系如图 3-3 所示。

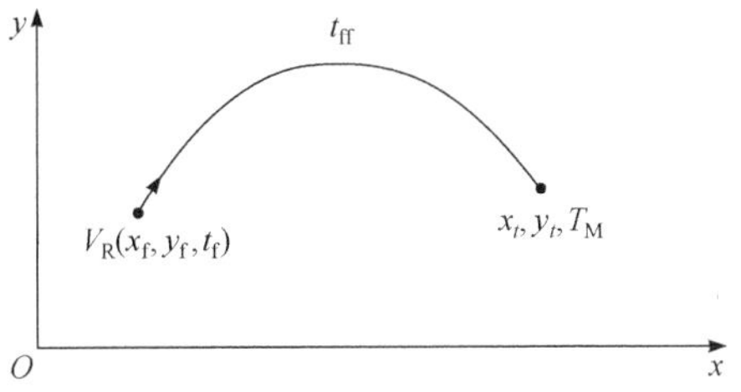

图 3-3　主动段关机点、自由飞行段与目标点之间的关系示意图

如果总的飞行时间设为T_{M}，则需要速度的分量为

$$\begin{cases} V_{\mathrm{R}_x} = \dfrac{x_t - x_{\mathrm{f}}}{T_{\mathrm{M}} - t_{\mathrm{f}}} \\ V_{\mathrm{R}_y} = \dfrac{y_t - y_{\mathrm{f}}}{T_{\mathrm{M}} - t_{\mathrm{f}}} + \dfrac{1}{2} g\left(T_{\mathrm{M}} - t_{\mathrm{f}}\right) \end{cases} \tag{3-49}$$

式中，

$$t_{\mathrm{ff}} = T_{\mathrm{M}} - t_{\mathrm{f}} \tag{3-50}$$

控制速度为

$$\begin{cases} V_{g_x} = V_{\mathrm{R}_x} - \dot{x}_{\mathrm{f}} \\ V_{g_y} = V_{\mathrm{R}_y} - \dot{y}_{\mathrm{f}} \end{cases} \tag{3-51}$$

因此，闭路制导的目的是控制导弹的飞行，使控制速度$\boldsymbol{V}_g$在最短时间内降为零；控制导弹的俯仰角，使

$$V_x = V_{\mathrm{R}_x} \tag{3-52}$$

$$V_y = V_{\mathrm{R}_y} \tag{3-53}$$

则导弹在时间$t = T_{\mathrm{M}}$时，将通过目标点$\left(x_t, y_t\right)$。

根据式(3-48)有

$$t_{\mathrm{ff}} = \frac{\dot{y}_{\mathrm{f}} + \sqrt{\dot{y}_{\mathrm{f}}^2 - 2g\left(y_t - y_{\mathrm{f}}\right)}}{g} \tag{3-54}$$

将式(3-54)代入式(3-49)得

$$V_{\mathrm{R}_x} = \frac{g\left(x_t - x_{\mathrm{f}}\right)}{\dot{y}_{\mathrm{f}} + \sqrt{\dot{y}_{\mathrm{f}}^2 - 2g\left(y_t - y_{\mathrm{f}}\right)}} \tag{3-55}$$

对于近程导弹，如果横向控制较精确，导弹总在射面内飞行，则通过俯仰姿态控制通道改变导弹的俯仰角，使$V_x = V_{\mathrm{R}_x}$，即能命中目标。

二、需要速度求解

下面考虑地球为圆球体的情况，空气阻力与地球扁率对干扰弹道和标准弹道的影响变化是较小的，可以在射表中统一考虑。

设坐标系取地心坐标系，导弹在中心引力场的作用下运动，根据牛顿第二定

律得

$$\ddot{r}=r\dot{\theta}^2-\frac{GM}{r^2} \tag{3-56}$$

式中，等号右边第一项为离心力产生的加速度，第二项为地球引力产生的加速度；$\dot{\theta}$ 为矢量 $\boldsymbol{r}$ 的转动角速率。由式(3-56)可得

$$\ddot{r}-r\dot{\theta}^2+\frac{GM}{r^2}=0 \tag{3-57}$$

又知：

$$\frac{\mathrm{d}}{\mathrm{d}t}(r^2\dot{\theta})=0 \tag{3-58}$$

得

$$r^2\dot{\theta}=h_{\mathrm{e}} \quad （h_{\mathrm{e}}\text{为常值}） \tag{3-59}$$

又设：

$$P_{\mathrm{e}}=\dot{r} \tag{3-60}$$

则

$$\ddot{r}=\frac{\mathrm{d}P_{\mathrm{e}}}{\mathrm{d}t}=\frac{\mathrm{d}r}{\mathrm{d}t}\frac{\mathrm{d}P_{\mathrm{e}}}{\mathrm{d}r}=P_{\mathrm{e}}\frac{\mathrm{d}P_{\mathrm{e}}}{\mathrm{d}r} \tag{3-61}$$

将式(3-59)和式(3-61)代入式(3-57)得

$$P_{\mathrm{e}}\frac{\mathrm{d}P_{\mathrm{e}}}{\mathrm{d}r}-\frac{h_{\mathrm{e}}^2}{r^3}+\frac{GM}{r^2}=0 \tag{3-62}$$

式(3-62)积分得

$$\frac{P_{\mathrm{e}}^2}{2}+\frac{h_{\mathrm{e}}^2}{2r^2}-\frac{GM}{r}=C \tag{3-63}$$

式中，C 是导弹的总能量与质量 m 之数值比。

按式(3-63)解 P_{e} 得

$$P_{\mathrm{e}}=\sqrt{2C+\frac{2GM}{r}-\frac{h_{\mathrm{e}}^2}{r^2}} \tag{3-64}$$

又因为：

$$P_{\mathrm{e}}=\dot{r}=\frac{\mathrm{d}r}{\mathrm{d}\theta}\frac{\mathrm{d}\theta}{\mathrm{d}t}=\frac{\mathrm{d}r}{\mathrm{d}\theta}\frac{h_{\mathrm{e}}}{r^2} \tag{3-65}$$

所以方程(3-64)变为

$$\mathrm{d}\theta = \frac{\mathrm{d}r}{r\sqrt{\frac{2Cr^2}{h_e^2} + \frac{2GMr}{h_e^2} - 1}} \tag{3-66}$$

积分式(3-66)得

$$\theta - \theta_0 = \sin^{-1}\left[\frac{1 - \frac{h_e^2}{GMr}}{\sqrt{1 + \frac{2h_e^2 C}{(GM)^2}}}\right] \tag{3-67}$$

因为θ_0是任意的，所以令$\theta_0 = 0$，由式(3-67)解r得

$$r = \frac{h_e^2/(GM)}{1 - \sin\theta\sqrt{1 + \frac{2h_e^2 C}{(GM)^2}}} \tag{3-68}$$

方程(3-68)与原点在一个焦点的椭圆方程是一致的，即

$$r = \frac{a(1 - e^2)}{1 - e\sin\theta} \tag{3-69}$$

式中，a为半长轴长度；e为偏心率。

比较式(3-68)和式(3-69)可得

$$h_e = \sqrt{GMa(1 - e^2)} \tag{3-70}$$

$$C = -\frac{GM}{2a} \tag{3-71}$$

将方程(3-63)转化为

$$\dot{r}^2 + (\dot{\theta}r)^2 = V^2 = GM\left(\frac{2}{r} - \frac{1}{a}\right) \tag{3-72}$$

方程(3-72)表明，真空段导弹的速度只与其至地心的矢径有关。现在，要想求得命中目标的需要速度，只需求得连接导弹和目标的自由飞行椭圆弹道的半长轴长度a。

为了推导半长轴长度a的计算公式，需要利用椭圆的两个特性：椭圆上任意一个点至两个焦点的距离之和等于椭圆的长轴；在椭圆上任一点的法线等分该点与两个焦点连线形成的角。

自由飞行椭圆弹道的半长轴几何关系如图 3-4 所示。其中，r、r_t分别为地

心与导弹、目标的距离；Φ_L 为射程角；ζ 为导弹速度矢量与地心到导弹矢径的夹角；E_e 为 O_1B 的长度；F_e 为 TB 的长度。

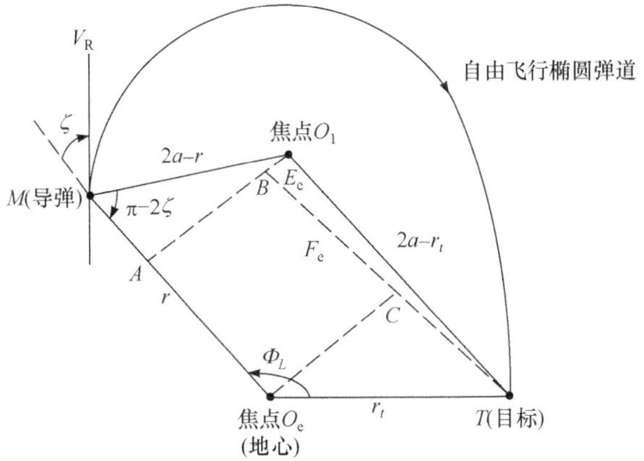

图 3-4 自由飞行椭圆弹道的半长轴几何关系

由图 3-4 可知：

$$E_e^2 + F_e^2 = \left(2a - r_t\right)^2 \tag{3-73}$$

$$E_e = \left(2a - r\right)\sin\left(2\zeta\right) - r_t \sin\Phi_L \tag{3-74}$$

$$F_e = r + \left(2a - r\right)\cos\left(2\zeta\right) - r_t \cos\Phi_L \tag{3-75}$$

方程(3-73)～方程(3-75)这三个方程联立解得

$$a = \frac{r}{2}\left[1 + \frac{r_t\left(1 - \cos\Phi_L\right)}{r - r_t - r\cos\left(2\zeta\right) + r_t\cos\left(2\zeta - \Phi_L\right)}\right] \tag{3-76}$$

将式(3-76)代入式(3-72)得

$$V_R^2 = \frac{2GM}{r}\frac{1 - \cos\Phi_L}{\dfrac{r}{r_t}\left(1 - \cos\left(2\zeta\right)\right) - \cos\Phi_L + \cos\left(2\zeta - \Phi_L\right)} \tag{3-77}$$

三、飞行时间计算

对于弹道导弹，目标一般为地球表面某一点，该点随地球一起在惯性空间运动，则其在地心惯性坐标系中的坐标为

$$\begin{cases} x_t = r_t \cos\varphi_t \cos\left(\lambda_t + \omega_e t_{ff}\right) \\ y_t = r_t \sin\varphi_t \\ z_t = r_t \cos\varphi_t \sin\left(\lambda_t + \omega_e t_{ff}\right) \end{cases} \tag{3-78}$$

式中，φ_t 和 λ_t 分别为目标的纬度和经度；ω_e 为地球自转角速度；t_{ff} 为自由飞行

时间。

为了预估目标的落点位置，必须知道自由飞行时间。但是，自由飞行时间依赖于V_R，是落点位置的函数。因此，要用迭代程序求解需要速度和自由飞行时间，即

(1) 假设目标的未来位置；

(2) 计算相应的需要速度；

(3) 计算所形成的椭圆要素；

(4) 计算飞行时间；

(5) 计算目标新的未来位置；

(6) 重复迭代程序。

一般迭代 2～3 次，就能很快收敛，获得满意的结果。

下面推导自由飞行时间t_{ff}的计算公式。

对式(3-70)等号两边求平方并与式(3-72)的结果组合，得

$$\dot{r}^2+\frac{GMa\left(1-e^2\right)}{r^2}=GM\left(\frac{2}{r}-\frac{1}{a}\right) \tag{3-79}$$

式(3-79)等号两边同时乘以r^2/a，整理得

$$\frac{(r\dot{r})^2}{a}=GM\left[e^2-\left(1-\frac{r}{a}\right)^2\right] \tag{3-80}$$

为了推导t_{ff}，引入另一个轨道参数——偏近点角E，如图 3-5 所示。

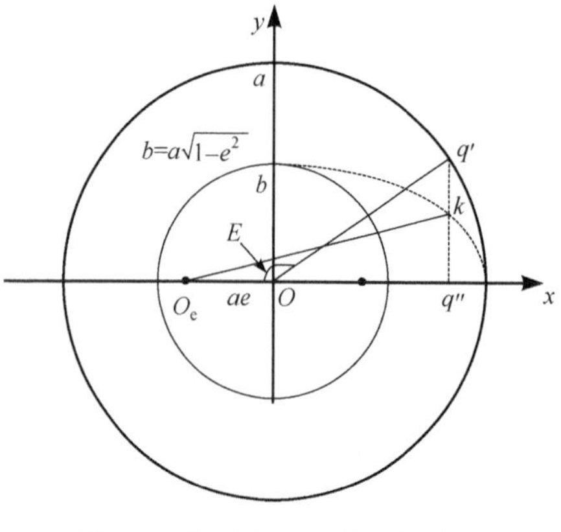

图 3-5　偏近点角E的几何关系

k为导弹位置

由图 3-5 可知

$$r=a\left(1-e\cos E\right) \tag{3-81}$$

或

$$e\cos E=1-\frac{r}{a} \tag{3-82}$$

对式(3-80)等号两边同时开方得

$$\frac{r\dot{r}}{\sqrt{a}}=\sqrt{GM}\,e\sin E \tag{3-83}$$

对式(3-81)求导得

$$\dot{r}=ae\dot{E}\sin E \tag{3-84}$$

先将式(3-84)代入式(3-81)，整理得

$$r\dot{r} = a^2 e\dot{E}(1 - e\cos E)\sin E \tag{3-85}$$

再与方程(3-83)组合，得

$$\sqrt{GM}\,a^{-3/2} = \dot{E}(1 - e\cos E) \tag{3-86}$$

对式(3-86)求积分，得出开普勒方程：

$$a^{3/2}(E - e\sin E) = \sqrt{GM}\,t + C_1 \tag{3-87}$$

式中，C_1 为积分常数。

由式(3-87)可得从导弹所在位置自由飞行至目标的时间为

$$t_{\text{ff}} = (GM)^{-1/2} a^{3/2}[(E_t - E) - e(\sin E_t - \sin E)] \tag{3-88}$$

式中，E_t 对应 t 时刻的偏近点角 $E(t)$。

有了式(3-88)，即可在弹上计算机上进行迭代计算，求出 t 时刻导弹在位置 $\boldsymbol{r}_{\text{M}}$ 处的需要速度 $\boldsymbol{V}_{\text{R}}$。

第四节 地球扁率和再入空气动力的影响及其补偿

在求需要速度时，由于没有考虑地球扁率、再入空气动力及其他干扰因素的影响，必然产生较大的落点偏差，因此需要对落点进行修正[9,18]。下面讨论“虚拟目标”的确定方法。

一、地球扁率的影响

地球扁率对落点坐标的影响包括两个方面：一是因考虑地球为椭球体时的引力场为非有心力场而产生落点的射程偏差和横向偏差的动力学影响，二是几何学对落点的影响，这里仅讨论动力学的影响。

为研究问题方便，将落点的射程偏差和横向偏差分开进行讨论。在图 3-6 中，K 为计算瞬间导弹在不动球壳上的投影点；C^* 为命中瞬间目标在不动球壳上的投影点；C 为命中瞬间实际落点在不动球壳上的投影点；实际落点的投影点 C 相对目标投影点 C^* 的位置偏差在射击方向的投影为 ΔL，在横向的投影为 ΔZ_C。

当地球为一质量分布均匀的正常椭球体时，地球外任一点的引力加速度矢量在 $\boldsymbol{r}$ 和 $\boldsymbol{\omega}_{\text{e}}$ 方向的分量如式(3-11)和式(3-12)所示。$g_r \boldsymbol{r}^0$ 沿地心矢径，且始终在弹道平面内，与圆地球体时比较，扁率项的存在会引起射程偏差 ΔL，$g_{\omega_{\text{e}}} \boldsymbol{\omega}_{\text{e}}^0$ 则会产生横向偏差 ΔZ_{e}。

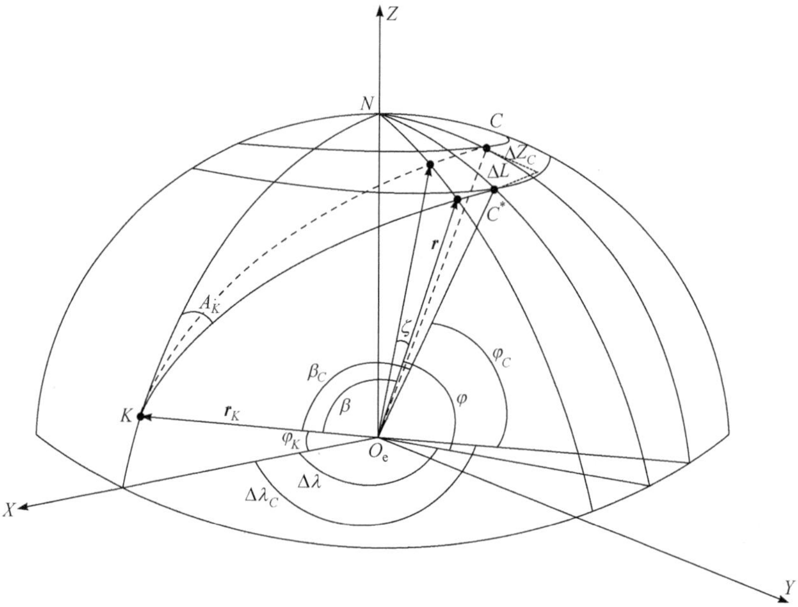

图 3-6　落点偏差示意图

(一) 扁率对射程的影响

导弹在 g_r 作用下的被动段飞行仍为在有心力场内的运动，故在 g_r 作用下建立的简化运动微分方程为

$$\frac{d^2u}{d\beta^2}+u=\frac{GM}{h^2}+J_2\frac{GMa_e^2}{h^2}\left[3u^2(\beta)F(\beta)-u\frac{du}{d\beta}\frac{dF}{d\beta}-\frac{2GM}{h^2}\int_0^\beta u(\beta)\frac{dF}{d\beta}d\beta\right] \tag{3-89}$$

式中，$u=1/r$；J_2 为二阶主球谐函数系数(或地球形状动力学系数)。

令式(3-89)的解为

$$u(\beta)=u_1(\beta)+J_2u_2(\beta)+O(J_2) \tag{3-90}$$

式中，$u_1(\beta)$ 为对应方程

$$\frac{d^2u}{d\beta^2}+u=\frac{GM}{h^2}=\frac{1}{v_Kr_K\cos^2\theta_K} \tag{3-91}$$

的解，解之得

$$u_1(\beta)=\frac{1-\cos\beta}{v_Kr_K\cos^2\theta_K}+\frac{\cos(\theta_K+\beta)}{r_K\cos\theta_K} \tag{3-92}$$

令

$$\begin{cases} a = \dfrac{1}{v_K \cos^2 \theta_K} \\ b = 1 - a \\ c = -\tan \theta_K \end{cases} \tag{3-93}$$

则

$$u_1(\beta) = \frac{1}{r_K}(a + b\cos\beta + c\sin\beta) \tag{3-94}$$

这就是对球形地球引力按平方反比规律计算时的解，即椭圆弹道。

$J_2 u_2(\beta)$ 为对应方程

$$\frac{\mathrm{d}^2 u}{\mathrm{d}\beta^2} + u = J_2 \frac{GMa_\mathrm{e}^2}{h^2}\left[3u^2(\beta)F(\beta) - u\frac{\mathrm{d}u}{\mathrm{d}\beta}\frac{\mathrm{d}F}{\mathrm{d}\beta} - \frac{2GM}{h^2}\int_0^\beta u(\beta)\frac{\mathrm{d}F}{\mathrm{d}\beta}\mathrm{d}\beta\right] \tag{3-95}$$

在起始条件 $t = 0$ 时

$$\beta = 0, \quad u(0) = \frac{1}{r_K}, \quad \left.\frac{\mathrm{d}u}{\mathrm{d}\beta}\right|_{\beta=0} = \frac{1}{r_K}\tan\theta_K \tag{3-96}$$

的解。也就是，假设在 K 点导弹处于椭圆弹道上，$J_2 u_2(\beta)$ 表示由扁率影响的运动方程。将式(3-95)进行推导变换，其解为

$$\begin{aligned} u_2(\beta) = \frac{GMa_\mathrm{e}^2}{h^2}\Bigg[& m_0(1-\cos\beta) + \frac{m_1}{2}\beta\sin\beta - \frac{m_2}{2}\beta\cos\beta + \frac{m_3}{3}(\cos\beta - \cos 2\beta) \\ & + \frac{2m_4}{3}\left(\sin\beta - \frac{\sin 2\beta}{2}\right) + \frac{m_5}{8}(\cos\beta - \cos 3\beta) + \frac{3m_6}{8}\left(\sin\beta - \frac{\sin 3\beta}{3}\right) \\ & + \frac{m_7}{15}(\cos\beta - \cos 4\beta) + \frac{4m_8}{15}\left(\sin\beta - \frac{\sin 4\beta}{4}\right) - \frac{2m_{10} + m_{11}}{9}\cos\beta \\ & - \frac{1}{2}\left(\frac{4m_{12} + m_9}{9} - m_9\right)\sin\beta + \frac{2m_{10} + m_{11}}{3}\frac{\beta}{2}\sin\beta - \left(\frac{4m_{12} + m_9}{6} - \frac{m_9}{2}\right)\frac{\beta}{2}\cos\beta \\ & + \frac{2m_{10} + m_{11}}{9}\cos 2\beta - \frac{1}{2}\left(\frac{4m_{12} + m_9}{9} - m_9\right)\frac{\sin 2\beta}{2}\Bigg] \end{aligned} \tag{3-97}$$

式中，

$$\begin{aligned} m_0 = \frac{3}{r_K^2}\Bigg[& \left(a^2 + \frac{b^2 + c^2}{2}\right)\left(\frac{1}{3} - \frac{c_1^2 + c_2^2}{2}\right) - \frac{(b^2 - c^2)(c_1^2 - c_2^2)}{8} - \frac{bcc_1c_2}{2}\Bigg] \\ & + \frac{2}{r_K^2}\frac{4bcc_1c_2 + (c^2 - b^2)(c_2^2 - c_1^2)}{8} - \frac{2GM}{h^2 r_K}\left[\frac{a(c_1^2 - c_2^2)}{2} + \frac{2b(c_1^2 - c_2^2) - cc_1c_2}{3}\right] \end{aligned}$$

$$m_1=\frac{6ab}{r_K^2}\left(\frac{1}{3}-\frac{c_1^2+c_2^2}{2}\right)+\frac{2GM}{h^2 r_K}\left[\frac{b(c_1^2-c_2^2)}{2}+cc_1c_2\right]$$

$$m_2=\frac{6ab}{r_K^2}\left(\frac{1}{3}-\frac{c_1^2+c_2^2}{2}\right)-\frac{2GM}{h^2 r_K}\left[\frac{c(c_1^2-c_2^2)}{2}-bc_1c_2\right]$$

$$m_3=\frac{3}{r_K^2}\left[\left(\frac{b^2-c^2}{2}\right)\left(\frac{1}{3}-\frac{c_1^2+c_2^2}{2}\right)-\left(a^2+\frac{b^2+c^2}{2}\right)\left(\frac{c_1^2-c_2^2}{2}\right)\right]+\frac{GMa(c_1^2-c_2^2)}{h^2 r_K}$$

$$m_4=\frac{3}{r_K^2}\left[bc\left(\frac{1}{3}-\frac{c_1^2+c_2^2}{2}\right)-c_1c_2\left(a^2+\frac{b^2+c^2}{2}\right)\right]+\frac{2GM}{h^2 r_K}ac_1c_2$$

$$m_5=\frac{2GM}{h^2 r_K}\left[\frac{b(c_1^2-c_2^2)-2cc_1c_2}{6}\right]$$

$$m_6=\frac{2GM}{h^2 r_K}\left[\frac{c(c_1^2-c_2^2)+2bc_1c_2}{6}\right]$$

$$m_7=\frac{3}{r_K^2}\left[\frac{bcc_1c_2}{2}-\frac{(b^2-c^2)(c_1^2-c_2^2)}{8}\right]+\frac{1}{r_K^2}\frac{4bcc_1c_2-(c^2-b^2)(c_2^2-c_1^2)}{4}$$

$$m_8=-\frac{3}{r_K^2}\left[\frac{bc(c_1^2-c_2^2)+c_1c_2(b^2-c^2)}{4}\right]+\frac{1}{r_K^2}\frac{c_1c_2(c^2-b^2)+bc(c_2^2-c_1^2)}{2}$$

$$m_9=-\frac{3ab(c_1^2-c_2^2)}{r_K^2}+\frac{2}{r_K^2}acc_1c_2$$

$$m_{10}=\frac{ac(c_2^2-c_1^2)}{r_K^2}-\frac{6}{r_K^2}abc_1c_2$$

$$m_{11}=-\frac{3ac(c_1^2-c_2^2)}{r_K^2}-\frac{2}{r_K^2}abc_1c_2$$

$$m_{12}=-\frac{ab(c_2^2-c_1^2)}{r_K^2}-\frac{6}{r_K^2}acc_1c_2$$

式中，c_1、c_2为由关机点参数确定的积分常数。

当式(3-90)略去$O(J_2)$时，则得

$$u(\beta)=u_1(\beta)+J_2u_2(\beta) \tag{3-98}$$

将式(3-94)和式(3-97)代入式(3-98)，即可求出$u(\beta)$。

如果在有心力场假设下确定的射程为$\tilde{\beta}$，由地球扁率引起的射程偏差为$\Delta\beta$，则

$$\beta = \tilde{\beta} + \Delta\beta \tag{3-99}$$

为了命中目标，在命中点应使：

$$\frac{1}{r_{ca}} = u_1(\tilde{\beta}_C + \Delta\beta_C) + J_2 u_2(\tilde{\beta}_C + \Delta\beta_C) \tag{3-100}$$

(二) 扁率对横向运动的影响

由图 3-6 看出，ζ 表示横向偏差角，如果认为横向运动和射面内的运动互相独立，则可得横向运动微分方程为

$$\frac{\mathrm{d}^2\zeta}{\mathrm{d}\beta^2} + \zeta = \frac{2J_2 GMa_{\mathrm{e}}^2}{h^2 r}\cos\varphi_K \sin A_K (c_1\cos\beta + c_2\sin\beta)(a + b\cos\beta + c\sin\beta) \tag{3-101}$$

令

$$K_0 = \frac{2J_2 GMa_{\mathrm{e}}^2}{h^2 r}\cos\varphi_K \sin A_K \tag{3-102}$$

则式(3-101)变为

$$\frac{\mathrm{d}^2\zeta}{\mathrm{d}\beta^2} + \zeta = K_0(c_1\cos\beta + c_2\sin\beta)(a + b\cos\beta + c\sin\beta) \tag{3-103}$$

设起始条件为

$$\zeta(0) = \left.\frac{\mathrm{d}\zeta}{\mathrm{d}\beta}\right|_{\beta=0} = 0 \tag{3-104}$$

利用拉普拉斯变换可得

$$\begin{aligned}\zeta(\beta) = K_0\Bigg[&\frac{1}{2}(bc_1 + cc_2) - \frac{1}{2}(bc_1 + cc_2)\cos\beta + \frac{ac_1}{2}\beta\sin\beta - \frac{ac_2}{2}\beta\cos\beta \\ &+ \frac{1}{6}(bc_1 - cc_2)\cos\beta - \frac{1}{6}(bc_1 - cc_2)\cos(2\beta) \\ &+ \frac{1}{6}(bc_2 + cc_1)\sin\beta - \frac{1}{12}(bc_2 + cc_1)\sin(2\beta)\Bigg]\end{aligned} \tag{3-105}$$

如果在式(3-101)中近似认为 $a_{\mathrm{e}} / r = 1$，令

$$\varPhi(\beta) = \cos(2\varphi_K)\sin A_K \cos\beta + \cos^2\varphi_K \sin(2A_K)\sin\beta \tag{3-106}$$

则

$$\zeta = \frac{J_2 GMa_{\mathrm{e}}}{h^2}\int_0^{\beta}\sin(\beta - \zeta)\varPhi(\zeta)\mathrm{d}\zeta \tag{3-107}$$

将式(3-107)积分至 $\tilde{\beta}_c$ 得

$$\zeta=\frac{J_2GMa_{\mathrm{e}}}{h^2}[\tilde{\beta}_c\sin\tilde{\beta}_c\sin(2\varphi_K)\sin(2A_K)+(\sin\tilde{\beta}_C-\tilde{\beta}_C\cos\tilde{\beta}_C)\cos^2\varphi_K\sin A_K] \tag{3-108}$$

(三) 扁率对飞行时间的影响

采用前述类似方法，可推导出地球扁率影响下被动段飞行的时间微分方程为

$$\frac{\mathrm{d}^2t_{OB}}{\mathrm{d}\beta^2}=\frac{K_1(c_1\cos\beta+c_2\sin\beta)(-c_1\sin\beta+c_2\cos\beta)}{a+b\cos\beta+c\sin\beta} \tag{3-109}$$

式中，t_{OB} 表示导弹从关机点到当前位置的飞行时间；且有

$$K_1=\frac{2J_2GMa_{\mathrm{e}}^2r_K}{h^3} \tag{3-110}$$

设起始条件为

$$t_{OB}(0)=\left.\frac{\mathrm{d}t_{OB}}{\mathrm{d}\beta}\right|_{\beta=0}=0$$

利用拉普拉斯变换可得

$$t_{OB}=\frac{K_1}{a}\left\{A_1+A_0\beta+h_1\left(\frac{h_0}{h_1}+1\right)^{\frac{1}{2}}\sin(\beta+p_3)+\frac{m_1}{p_2}\left[\left(\frac{m_0}{m_1}-p_1\right)^2+p_2^2\right]^{\frac{1}{2}}\mathrm{e}^{-p_1\beta}\sin(p_2\beta+p_4)\right\} \tag{3-111}$$

式中，

$$A_0=\frac{n_0}{g_0};\ \ A_1=\frac{n_1-A_0g_1}{g_0}$$

$$p_1=\frac{b}{2a};\ \ p_2=\left(\frac{c}{a}+1-\frac{b^2}{4a^2}\right)^{\frac{1}{2}};\ \ p_3=\arctan\left(\frac{h_1}{h_0}\right);\ \ p_4=\arctan\left(\frac{p_2}{-p_1+m_0/m_1}\right)$$

$$h_0=\frac{c(f_0-f_2)+b(f_1-f_3)}{a\varDelta};\ \ \varDelta=\frac{b^2+c^2}{a^2}$$

$$h_1=\frac{a}{b}\left\{f_2-f_0+\frac{c}{b^2+c^2}[c(f_0-f_2)+b(f_1-f_3)]\right\}$$

$$m_0=f_0-\left(\frac{c}{a}+1\right)\frac{c(f_0-f_2)+b(f_1-f_3)}{a\Delta}$$

$$m_1=-\frac{a}{b}\left\{f_2-f_0-\frac{b}{a}f_3+\frac{c}{b^2+c^2}[c(f_0-f_2)+b(f_1-f_3)]\right\}$$

$$f_0=n_2-A_0g_2-A_1g_1;\ f_1=n_3-A_0g_3-A_1g_2;\ f_2=-A_0g_4-A_1g_3;\ f_3=-A_1g_4$$

$$n_0=-c_1c_2;\ n_1=c_2^2-c_1^2;\ n_2=c_1c_2$$

$$g_0=\frac{c}{a}+1;\ g_1=\frac{b}{a};\ g_2=\frac{c}{a}+2;\ g_3=\frac{b}{a};\ g_4=1$$

在命中点，有

$$t_{\mathrm{OBC}}=\frac{2J_2GMa_{\mathrm{e}}^2r_K}{ah^3}\left\{A_1+A_0\tilde{\beta}_C+h_1\left(\frac{h_0}{h_1}+1\right)^{\frac{1}{2}}\sin(\tilde{\beta}_C+p_3)\right.$$
$$\left.+\frac{m_1}{p_2}\left[\left(\frac{m_0}{m_1}-p_1\right)^2+p_2^2\right]^{\frac{1}{2}}\mathrm{e}^{-p_1\tilde{\beta}_C}\sin(p_2\tilde{\beta}_C+p_4)\right\} \tag{3-112}$$

式中，t_{OBC} 表示导弹从关机点到命中点的飞行时间。

二、再入空气动力的影响

当导弹再入大气层后，会受到空气动力的作用，假定弹头是静稳定的，弹头烧蚀是均匀的，即是轴对称的，则可认为再入段导弹的攻角为零。空气动力有三个影响，即延长命中目标的时间、减小导弹射程、引起落点散布。

当再入点高度固定时，再入气动阻力的影响是再入点速度、弹道倾角和弹头阻重比的函数。若导弹型号已定，则再入气动阻力影响只是再入点速度和弹道倾角的函数。通过大量计算可以得出如图 3-7 所示的函数关系。

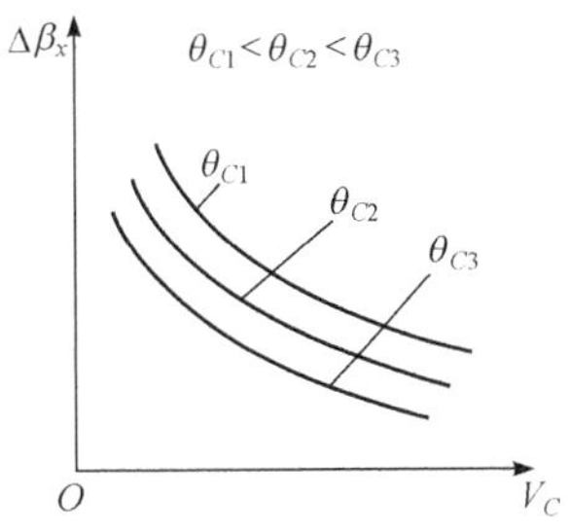

图 3-7 $\Delta\beta_x(V_C)$ 曲线

图 3-7 中 V_C 和 θ_{Ci} 分别为再入点的速度和弹道倾角。由气动阻力引起的射程角偏差为

$$\Delta\beta_x=\frac{\Delta L}{r_0} \tag{3-113}$$

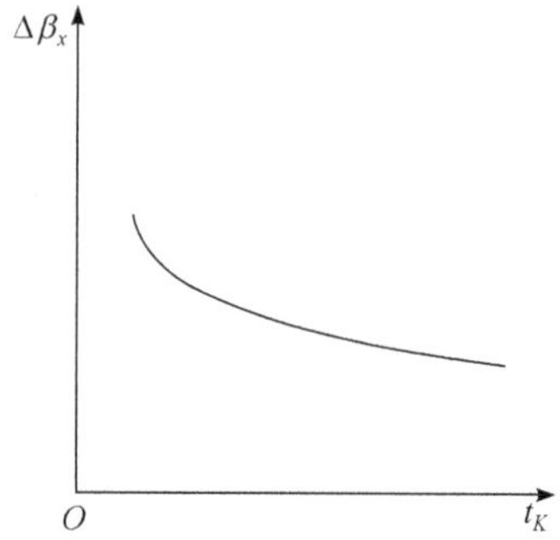

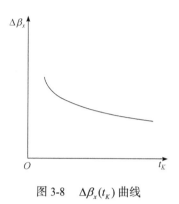

图 3-8　$\Delta\beta_x(t_K)$ 曲线

式中，ΔL 为再入气动阻力使射程减小的数值。

对于主动段按固定程序飞行的弹道导弹来说，在不同的射击条件下，即在不同纬度的发射点和不同的射击方位角下射击，在同一时刻关机，其落点的再入气动阻力影响的差别甚小，通常只有几米的数量级，因此可近似将 $\Delta\beta_x$ 逼近为 t_K 的单变量函数，如图 3-8 所示。

因为再入时间是再入速度 V_C 和再入高度 h_C 的函数，所以通常可将空气动力对射程角和飞行时间的影响拟合成 V_C、h_C 的函数：

$$\begin{cases}\Delta\beta_x = k_0 + k_1V_C + k_2V_C^2 + k_3V_C^3 + k_4V_C^4 \\ \qquad + (k_5 + k_6V_C + k_7V_C^2)h_C + (k_8 + k_9V_C + k_{10}V_C^2)h_C^2 \\ \Delta t_x = k_{11} + k_{12}h_C + k_{13}V_C\end{cases} \tag{3-114}$$

式中，$k_i(i = 0,1,\cdots,13)$ 为拟合系数。

三、落点偏差的修正

在求得由地球扁率和再入空气动力引起的落点坐标和命中时间偏差的基础上，可以进一步对落点进行修正来求虚拟目标坐标，进而获得需要速度修正式。首先根据计算的命中时间偏差修正目标在不动球壳上的投影和根据椭圆弹道理论确定的需要速度，然后利用以下方法修正落点偏差。

(一) 利用计算的落点偏差修正落点坐标

当按椭圆弹道理论来确定需要速度时，对目标投影点 C^* 产生的射程偏差 ΔL 和横向偏差 ΔZ_C 如图 3-9 所示。

因此，有

$$\begin{cases}\Delta L = r_{Ca}\Delta\beta_C \\ \Delta Z_C = r_{Ca}\zeta\end{cases} \tag{3-115}$$

式中，r_{Ca} 为目标点到地心的距离。

与 $C_1^*(\Delta L,\Delta Z)$ 相对应的 $C_2^*(-\Delta L,-\Delta Z)$ 即为虚拟目标。对虚拟目标进行瞄准，此时有

$$\boldsymbol{r}_{C_2a}^* = \boldsymbol{r}_{Ca}^* + \Delta\boldsymbol{r} \tag{3-116}$$

$$\Delta\boldsymbol{r} = -\Delta L\cos\tilde{\beta}_C\boldsymbol{x}_a^0 + \Delta L\sin\tilde{\beta}_C\boldsymbol{y}_a^0 - \Delta z_C\boldsymbol{z}_a^0 \tag{3-117}$$

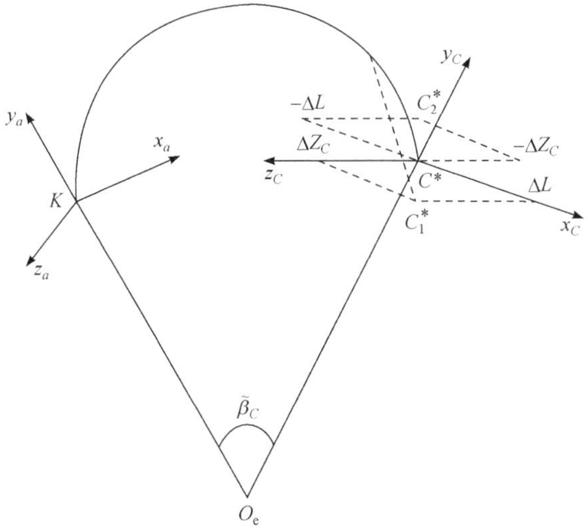

图 3-9 落点偏差 ΔL 、ΔZ_C 示意图

式中，$\boldsymbol{x}_a^0$、$\boldsymbol{y}_a^0$、$\boldsymbol{z}_a^0$ 分别为坐标轴 Ox_a、Oy_a、Oz_a 上的单位矢量。
故有

$$\boldsymbol{r}_{C_2a}^* = (x_{Ca} - \Delta L\cos\tilde{\beta}_C)\boldsymbol{x}_a^0 + (y_{Ca} + \Delta L\sin\tilde{\beta}_C)\boldsymbol{y}_a^0 + (z_{Ca} - \Delta z_C)\boldsymbol{z}_a^0 \tag{3-118}$$

利用 $\boldsymbol{r}_{C_2a}^*$ 代替 $\boldsymbol{r}_{Ca}^*$ 求需要速度即可。

(二) 利用落点偏差修正关机点速度

由于在惯性坐标系内进行计算，因此可以不考虑地球旋转的影响，直接引用误差系数公式：

$$\begin{cases} \dfrac{\partial\beta_C}{\partial V_K} = \dfrac{4(1+\tan^2\theta_K)\sin^2\dfrac{\beta_C}{2}}{V_K v_K \tan\theta_K} \\ \dfrac{\partial\zeta_C}{\partial V_{zK}} = \dfrac{\sin\beta_C}{V_K\cos\theta_K} \end{cases} \tag{3-119}$$

则

$$\begin{cases} \delta V_K = \dfrac{\gamma_K V_K \tan\theta_K}{4(1+\tan^2\theta_K)\sin^2\dfrac{\beta_C}{2}}\delta\beta_C \\ \delta V_{zK} = \dfrac{V_K\cos\theta_K}{\sin\beta_C}\delta\zeta_C \end{cases} \tag{3-120}$$

如果令修正速度为 $\Delta\boldsymbol{V}_K$ ，则

$$\Delta \boldsymbol{V}_K = (\delta V_K \cos\theta_K, \delta V_K \sin\theta_K, \delta V_{zK})^{\mathrm{T}} \tag{3-121}$$

可得修正后需要速度为

$$\boldsymbol{V}_{1\mathrm{R}} = \boldsymbol{V}_{\mathrm{R}} - \Delta \boldsymbol{V}_K \tag{3-122}$$

第五节　导弹的关机与导引

将弹道导弹的制导与控制分为两段，在飞出大气层前的主动段，仍采用固定飞行程序角控制方式；在真空飞行段，则采用闭路制导方案。在闭路制导段，由于忽略了空气动力的作用，法向过载和轴向过载较小，弹体结构设计和弹道设计不再受很严格的限制，因此导弹机动飞行范围较大。另外，在闭路制导段，导弹不受固定飞行程序的控制，而是按照实际计算的俯仰角信号和偏航角信号进行导引，其滚动角的控制则仍与主动段，即固定飞行程序段一样，取滚动角等于零。

一、待增速度及其满足的微分方程

在讨论关机控制与导引信号确定之前，首先讨论“待增速度”的概念。待增速度定义为导弹当前位置 K 点的需要速度矢量$\boldsymbol{V}_{\mathrm{R}}$与该点的实际速度矢量$\boldsymbol{V}_{\mathrm{M}}$之差(图 3-1)，用$\boldsymbol{V}_g$表示：

$$\boldsymbol{V}_g = \boldsymbol{V}_{\mathrm{R}} - \boldsymbol{V}_{\mathrm{M}} \tag{3-123}$$

$\boldsymbol{V}_g$的物理意义是由导弹的当前状态$(\boldsymbol{r}_K, \boldsymbol{V})$给其瞬时增加的速度增量，之后导弹做惯性飞行便可击中目标。显然，关机条件应满足方程：

$$\boldsymbol{V}_g = \boldsymbol{0} \tag{3-124}$$

事实上，导弹实际飞行过程中，当前状态的待增速度$\boldsymbol{V}_g$不可能是瞬时增加的，而是通过安装在其上的控制发动机逐渐改变推力大小和方向来实现的，即导引导弹实际飞行姿态，使推力产生的绝对加速度矢量$\dot{\boldsymbol{V}}_{\mathrm{M}}$与需要速度矢量$\boldsymbol{V}_{\mathrm{R}}$方向一致，且准确地控制发动机关机，使推进剂消耗最少，因此必须考虑导引过程中$\boldsymbol{V}_g$应满足的微分方程。

对式(3-123)求导：

$$\frac{\mathrm{d}\boldsymbol{V}_g}{\mathrm{d}t} = \frac{\mathrm{d}\boldsymbol{V}_{\mathrm{R}}}{\mathrm{d}t} - \frac{\mathrm{d}\boldsymbol{V}_{\mathrm{M}}}{\mathrm{d}t} \tag{3-125}$$

因为$\boldsymbol{V}_{\mathrm{R}}$是$\boldsymbol{r}$和$t$的函数，所以

$$\frac{\mathrm{d}\boldsymbol{V}_{\mathrm{R}}}{\mathrm{d}t} = \frac{\partial \boldsymbol{V}_{\mathrm{R}}}{\partial \boldsymbol{r}^{\mathrm{T}}}\frac{\partial \boldsymbol{r}}{\partial t} + \frac{\partial \boldsymbol{V}_{\mathrm{R}}}{\partial t} = \frac{\partial \boldsymbol{V}_{\mathrm{R}}}{\partial \boldsymbol{r}^{\mathrm{T}}}\boldsymbol{V}_{\mathrm{M}} + \frac{\partial \boldsymbol{V}_{\mathrm{R}}}{\partial t} \tag{3-126}$$

又

$$\frac{\mathrm{d}\boldsymbol{V}_{\mathrm{M}}}{\mathrm{d}t}=\dot{\boldsymbol{W}}+\boldsymbol{g} \tag{3-127}$$

式中，$\dot{\boldsymbol{W}}$ 为导弹的视加速度；$\boldsymbol{g}$ 为导弹当前位置的重力加速度。

将式(3-126)、式(3-127)代入式(3-125)，得

$$\frac{\mathrm{d}\boldsymbol{V}_g}{\mathrm{d}t}=\frac{\partial \boldsymbol{V}_{\mathrm{R}}}{\partial \boldsymbol{r}^{\mathrm{T}}}\boldsymbol{V}+\frac{\partial \boldsymbol{V}_{\mathrm{R}}}{\partial t}-\dot{\boldsymbol{W}}-\boldsymbol{g} \tag{3-128}$$

导弹以 $\boldsymbol{V}_{\mathrm{R}}$ 为初始速度沿椭圆弹道做惯性飞行时，只受地球引力作用，即 $\mathrm{d}\boldsymbol{V}_{\mathrm{R}}/\mathrm{d}t=\boldsymbol{g}$，故

$$\frac{\mathrm{d}\boldsymbol{V}_{\mathrm{R}}}{\mathrm{d}t}=\frac{\partial \boldsymbol{V}_{\mathrm{R}}}{\partial \boldsymbol{r}^{\mathrm{T}}}\boldsymbol{V}_{\mathrm{R}}+\frac{\partial \boldsymbol{V}_{\mathrm{R}}}{\partial t}=\boldsymbol{g} \tag{3-129}$$

将式(3-123)、式(3-129)代入式(3-125)，于是得

$$\frac{\mathrm{d}\boldsymbol{V}_g}{\mathrm{d}t}=-\frac{\partial \boldsymbol{V}_{\mathrm{R}}}{\partial \boldsymbol{r}^{\mathrm{T}}}\boldsymbol{V}_g-\dot{\boldsymbol{W}} \tag{3-130}$$

令

$$\begin{cases}\boldsymbol{V}_g=\left[V_{gx},V_{gy},V_{gz}\right]^{\mathrm{T}}\\ \dot{\boldsymbol{V}}_g=\left[\dot{V}_{gx},\dot{V}_{gy},\dot{V}_{gz}\right]^{\mathrm{T}}\\ \dot{\boldsymbol{W}}=\left[\dot{W}_x,\dot{W}_y,\dot{W}_z\right]^{\mathrm{T}}\end{cases} \tag{3-131}$$

$$\boldsymbol{Q}=\frac{\partial \boldsymbol{V}_{\mathrm{R}}}{\partial \boldsymbol{r}^{\mathrm{T}}}=\begin{bmatrix}\dfrac{\partial V_{\mathrm{R}x}}{\partial x} & \dfrac{\partial V_{\mathrm{R}x}}{\partial y} & \dfrac{\partial V_{\mathrm{R}x}}{\partial z}\\ \dfrac{\partial V_{\mathrm{R}y}}{\partial x} & \dfrac{\partial V_{\mathrm{R}y}}{\partial y} & \dfrac{\partial V_{\mathrm{R}y}}{\partial z}\\ \dfrac{\partial V_{\mathrm{R}z}}{\partial x} & \dfrac{\partial V_{\mathrm{R}z}}{\partial y} & \dfrac{\partial V_{\mathrm{R}z}}{\partial z}\end{bmatrix} \tag{3-132}$$

则式(3-130)的矩阵形式为

$$\begin{bmatrix}\dot{V}_{gx}\\ \dot{V}_{gy}\\ \dot{V}_{gz}\end{bmatrix}=-\begin{bmatrix}\dfrac{\partial V_{\mathrm{R}x}}{\partial x} & \dfrac{\partial V_{\mathrm{R}x}}{\partial y} & \dfrac{\partial V_{\mathrm{R}x}}{\partial z}\\ \dfrac{\partial V_{\mathrm{R}y}}{\partial x} & \dfrac{\partial V_{\mathrm{R}y}}{\partial y} & \dfrac{\partial V_{\mathrm{R}y}}{\partial z}\\ \dfrac{\partial V_{\mathrm{R}z}}{\partial x} & \dfrac{\partial V_{\mathrm{R}z}}{\partial y} & \dfrac{\partial V_{\mathrm{R}z}}{\partial z}\end{bmatrix}\begin{bmatrix}V_{gx}\\ V_{gy}\\ V_{gz}\end{bmatrix}-\begin{bmatrix}\dot{W}_x\\ \dot{W}_y\\ \dot{W}_z\end{bmatrix} \tag{3-133}$$

由式(3-133)看出，$\dot{\boldsymbol{V}}_g$ 仅与 $\dot{\boldsymbol{W}}$ 和 $\partial \boldsymbol{V}_{\mathrm{R}} / \partial \boldsymbol{r}^{\mathrm{T}}$ 有关。因为矩阵 $\boldsymbol{Q}$ 各元素变化较缓慢，可预先求出其随时间变化的曲线，且装订于弹上计算机，所以弹上计算机不再进行导航计算，只需求解式(3-133)。当矢量 $\boldsymbol{V}_{\mathrm{R}}$ 各分量中的大者满足关机条件要求时，实时关机即可。对于中近程导弹，矩阵 $\boldsymbol{Q}$ 各元素取常值也能满足制导精度要求，因此 $\boldsymbol{V}_{\mathrm{R}}$ 的实时计算就变得非常简单。该制导方法称为 Q 制导法。

二、导引信号的确定

为满足关机条件式(3-124)，当前状态导弹的实际绝对加速度矢量与待增速度矢量方向必须达到一致。因为绝对加速度矢量由发动机推力产生，所以只有通过控制导弹飞行姿态才能达到改变绝对加速度矢量 $\dot{\boldsymbol{V}}$ 方向的目的。这种控制导弹姿态的导引称为闭路制导的导引。

导弹姿态控制指令角速度矢量与待增速度矢量的关系式为

$$\boldsymbol{\omega}_g = K\frac{\dot{\boldsymbol{V}}_g \times \boldsymbol{V}_g}{\left|\dot{\boldsymbol{V}}_g \boldsymbol{V}_g\right|} \tag{3-134}$$

式中，K 为常数。

为了实现使 $\dot{\boldsymbol{V}}$ 与 $\boldsymbol{V}_g$ 方向一致的导引准则，必须求出两矢量间的夹角。若 $\boldsymbol{V}_g$ 方向用俯仰角 φ_g、偏航角 ψ_g 表示，则矢量空间表示如图 3-10 所示。

由图 3-10 可得俯仰角 φ_g 和偏航角 ψ_g 的表达式：

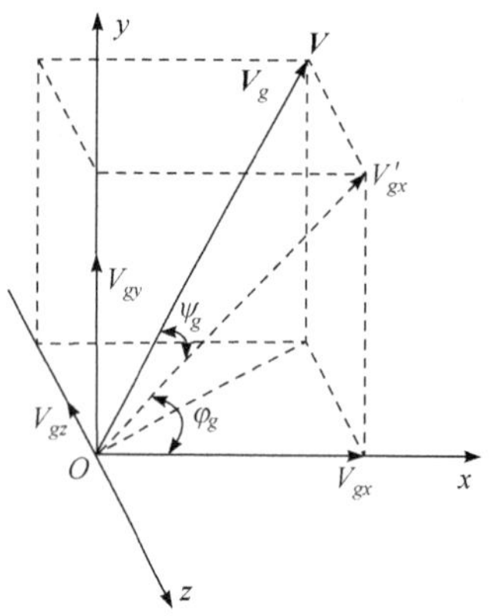

图 3-10　矢量空间表示

$$\begin{cases} \tan\varphi_g = \dfrac{V_{gy}}{V_{gx}} \\ \tan\psi_g = -\dfrac{V_{gz}}{\sqrt{V_{gx}^2 + V_{gy}^2}} \end{cases} \tag{3-135}$$

同理，绝对加速度矢量 $\dot{\boldsymbol{V}}$ 的方向用欧拉角 φ_a 和 ψ_a 定义，则

$$\begin{cases} \tan\varphi_a = \dfrac{\dot{V}_y}{\dot{V}_x} = \dfrac{\Delta V_y}{\Delta V_x} \\ \tan\psi_a = -\dfrac{\dot{V}_z}{\dot{V}'_x} = -\dfrac{\Delta V_z}{\sqrt{\Delta V_x^2 + \Delta V_y^2}} \end{cases} \tag{3-136}$$

将式(3-135)和式(3-136)代入三角函数公式，得

$$\tan(\varphi_g - \varphi_a) = \frac{\tan\varphi_g - \tan\varphi_a}{1 + \tan\varphi_g \tan\varphi_a} \tag{3-137}$$

当$\Delta\varphi=\varphi_g-\varphi_a$、$\Delta\psi=\psi_g-\psi_a$均为小值时，经整理可得

$$\Delta\varphi=\frac{V_{gy}\Delta V_x-V_{gx}\Delta V_y}{V_{gx}\Delta V_x+V_{gy}\Delta V_y} \tag{3-138}$$

$$\Delta\psi=\frac{V'_{gx}\Delta V_z-V_{gz}\Delta V'_x}{V'_{gx}\Delta V'_x+V_{gy}\Delta V_z} \tag{3-139}$$

显然，当$\Delta\varphi=\Delta\psi=0$时，$\dot{\boldsymbol{V}}$与$\boldsymbol{V}_g$方向一致。

(一) 高加速度推力的导引信号确定

对于具有推力终止能力的固体导弹，关机前发动机推力较大，由此产生的绝对加速度$\dot{\boldsymbol{V}}$也将远大于地球引力加速度$\boldsymbol{g}$，主动段飞行时间较长的固体导弹的绝对加速度$\dot{\boldsymbol{V}}$是$\boldsymbol{g}$的十几倍，因此可将式(3-127)近似表示成：

$$\dot{\boldsymbol{V}}=\dot{\boldsymbol{W}} \tag{3-140}$$

将速度增量$\Delta\boldsymbol{V}=\Delta\boldsymbol{W}=\begin{bmatrix}\Delta W_x & \Delta W_y & \Delta W_z\end{bmatrix}^{\mathrm{T}}$分别代入式(3-138)和式(3-139)，则姿态导引信号方程为

$$\begin{cases}\Delta\varphi=\dfrac{V_{gy}\Delta W_x-V_{gx}\Delta W_x}{V_{gx}\Delta W_x+V_{gy}\Delta W_y}\\[2ex] \Delta\psi=\dfrac{V'_{gx}\Delta W_z-V_{gz}\Delta W'_x}{V'_{gx}\Delta W'_x+V_{gz}\Delta W_z}\end{cases} \tag{3-141}$$

采用姿态导引信号方程(3-141)实施导引，一般可以获得满意的结果。但必须着重指出，在临近关机时，$\boldsymbol{V}_g$接近于$\boldsymbol{0}$，$\boldsymbol{V}_{\mathrm{R}}$的微小变化将会使$\boldsymbol{V}_g$的方向有较大的改变，即导弹转动角速度很大。为避免此种情况的发生，在临近关机的一小段时间间隔内取姿态角信号$\Delta\varphi=\Delta\psi=0$。

(二) 低加速度推力的导引信号确定

对于采用末速修正系统的固体导弹，末修发动机推力都比较小，由此产生的绝对加速度$\dot{\boldsymbol{V}}$比重力加速度$\boldsymbol{g}$小很多，一般只有$\boldsymbol{g}$的几分之一。在这种情况下，如果仍采用最佳能量弹道对应的速度倾角或给定的速度倾角来确定需要速度$\boldsymbol{V}_{\mathrm{R}}$，则会出现$\left|\dot{\boldsymbol{W}}\right|<\left|(\partial\boldsymbol{V}_{\mathrm{R}}/\partial\boldsymbol{r}^{\mathrm{T}})\boldsymbol{V}_{\mathrm{R}}\right|$的情况，使得仍通过改变$\dot{\boldsymbol{W}}$的方向来实现改变$\boldsymbol{V}_{\mathrm{R}}$方向变得相当困难，即不能满足$\boldsymbol{V}_g\to\boldsymbol{0}$的关机条件。为此，可以先以绝对加速度矢量$\dot{\boldsymbol{V}}$的弹道倾角作为需要速度矢量$\boldsymbol{V}_{\mathrm{R}}$的弹道倾角来确定需要速度大小和方向，然后采用$\dot{\boldsymbol{W}}$与$\boldsymbol{V}_g$方向一致的导引方法有效地解决低加速度推力的导引问题。

(三) 发动机关机控制

在导弹绝对加速度矢量与 $\boldsymbol{V}_{\mathrm{R}}$ 方向一致的导引过程中，为使关机条件 $\boldsymbol{V}_g = \mathbf{0}$ 得以满足，必须使关机时的实际速度与需要速度大小相等，即待增速度 $\boldsymbol{V}_g$ 在惯性坐标系各轴上的分量满足：

$$V_{gx} = V_{gy} = V_{gz} = 0 \tag{3-142}$$

要使 $\boldsymbol{V}_g$ 在各坐标轴上的分量同时等于零，工程应用中实现起来比较困难，因而采用各分量中变化率较大的一个分量等于零作为控制系统关机的条件，这样处理结果不但易于实现，而且满足控制精度要求。对于单弹头导弹来说，通常情况下，因为 $V_{gx} > V_{gy} > V_{gz}$，所以取 $V_{gx} = 0$ 作为发动机关机条件。对于多弹头分导导弹而言，攻击的多个目标并不都位于同一射击平面内，有时横向目标间隔较大，使得 $V_{gz} > V_{gx}$ 或 $V_{gz} > V_{gy}$，故采用 $V_{gz} = 0$ 作为关机条件；即使攻击目标都位于同一射击平面内，但因各目标的射程远近不同，当导弹采用高弹道飞行程序打击中近程目标时，其待增速度 $V_{gy} > V_{gx}$，故可用 $V_{gy} = 0$ 控制发动机关机。至于采用哪一个分量等于零作为关机条件，可由弹上计算机自行判断。

关机方程是由弹上计算机实时计算的，当满足关机条件要求时，控制系统发出关机指令，控制发动机准确关机，但必须考虑和解决如下问题的存在和影响。

(1) 计算机计算延迟。

当计算机采样周期 $\Delta t = t_{i+1} - t_i$ 时，在 t_i 时刻获得测量数据，只有在 t_{i+1} 时刻才能有计算结果 $V_{gx}(t_i)$，即 t_{i+1} 时刻给出的结果仅是 t_i 时刻之值，这种采集数据与计算的不同步必然引起 V_{gx} 计算误差。

(2) 发动机关机延迟。

当满足关机条件 $V_{gx} = 0$，发出关机指令时，由于关机控制机构的延迟，实际关机时间与发出关机指令时间不同步，这也会影响计算精度。

(3) 关机时间不一定恰好是采样周期 Δt 的整数倍，这也会产生待增速度偏差 ΔV_{gx}。

计算结果表明，射程为 6000km 的固体导弹，采样周期 $\Delta t = 0.125\mathrm{s}$，存在一个采样周期 Δt 的关机误差时，会造成 25km 的射程偏差[9]。为了提高制导精度，显然这一偏差是不能忽略且必须加以修正的。

第六节　耗尽关机导弹的导引与控制

固体火箭发动机推力终止的方法是在发动机的顶部安装几个反向喷管，关机时使反向喷管开启，产生反向推力。当正反推力平衡时总推力为零，即实现推力终止。若发动机壳体采用碳纤维或有机纤维缠绕制造，在顶部开孔安装反向喷管时，生产工艺有一定困难。同时，若不安装反向喷管，可以减小结构质量，增加装药量，从而提高发动机的质量比，增加导弹的有效射程。因此，出现各级主发动机都不采用推力终止机构，而是采用耗尽关机的方案。在发动机总能量固定的条件下，如何进行能量管理来实现射程和横向控制，便是耗尽关机导弹的导引和控制所要解决的问题[3,14]。

一、导弹视速度模量

为了说明问题方便，假定讨论对象是具有末速修正能力的三级固体导弹。导弹第一、二级仍然按照预先选定的固定俯仰程序进行导引和控制。由于第一、二级发动机装药秒耗量偏差、装药量偏差、比冲偏差和其他各种外部干扰作用，因此导弹第二级停火点和第三级点火点处的弹道参数有一定的偏差，即作用在导弹第一、二级飞行中的所有干扰，造成导弹第三级点火点弹道参数的偏差，而导航计算可以实时给出各点弹道参数，于是便以第三级点火点导航参数为初值进行第三级导引。导弹第三级的视速度模量 $\Delta\omega_D$ 定义为

$$\Delta\omega_D = \int_{t_{30}}^{t_{3k}} \dot{\omega}\mathrm{d}t \tag{3-143}$$

可推导出：

$$\Delta\omega_D = \int_{t_{30}}^{t_{3k}} \frac{P}{G}\mathrm{d}t = \int_{t_{30}}^{t_{3k}} \frac{I_{\mathrm{sp}} g_0 \dot{G}}{G}\mathrm{d}t = I_{\mathrm{sp}} g_0 \ln\frac{G_{30}}{G_{3k}} \tag{3-144}$$

式中，g_0 为地面重力加速度；t_{30} 为第三级发动机点火时刻；t_{3k} 为第三级发动机停火时刻；P 为第三级发动机推力；G 为第三级飞行时导弹质量；I_{sp} 为第三级发动机比冲；G_{30} 为第三级点火点导弹质量；G_{3k} 为第三级停火点导弹质量。

视速度模量表征导弹提供视速度的能力，当导弹姿态不变时产生的视速度增量最大，其模等于视速度模量。式(3-144)表明，第三级视速度模量只与发动机比冲 I_{sp}、点火点导弹质量 G_{30}、停火点导弹质量 G_{3k} 有关，与装药秒耗量随时间的变化无关。G_{30}、G_{3k} 可以事先通过称量确定。因此，$\Delta\omega_D$ 只随 I_{sp} 改变而改变。对于同一批发动机来说，各个发动机的比冲都有微小的偏差，且同一发动机的比冲也随其工作时间有微小变化，因此在设计时给出发动机比冲的标准值和偏差范围。每一个发动机的实际比冲是以标准值为均值的随机变量或随机过程。在第三级导引过程中，只能将发动机的标称比冲取为标准值，即认为第三级的视速度模量已知。

整个第三级导引和控制分为闭路导引段、姿态调制段、常姿态导引段三段。因为固体火箭发动机装药秒耗量偏差较大，高达 10%，所以发动机工作时间偏差较大，而 $\Delta\omega_D$ 是已知量，故第三级导引和控制以第三级视速度模量为自变量。可以将 $\Delta\omega_D$ 分成三部分：闭路导引段为 $\Delta\omega_{\mathrm{I}}$ (占 8%～10%)，常姿态导引段为 $\Delta\omega_{\mathrm{III}}$ (占 10%～15%)，其余部分 $\Delta\omega_{\mathrm{II}}$ 留给姿态调制段完成。下面分别介绍各段导引和控制。

二、闭路导引段的导引及待增视速度的确定

当第三级发动机开始工作后便转入闭路导引段，即先根据导弹的位置矢量 $\boldsymbol{r}$ 和目标的位置矢量 $\boldsymbol{r}_{\mathrm{T}}$ 确定需要速度 $\boldsymbol{v}_{\mathrm{R}}$ 和待增速度 $\boldsymbol{v}_{ga}$，并按照 $\dot{\boldsymbol{v}}$ 与 $\boldsymbol{v}_{ga}$ 方向一致的要求进行导引。待导弹的姿态平稳后对装药耗尽时的 $\boldsymbol{v}_{\mathrm{R}}$ 进行预测，将 $\boldsymbol{v}_{\mathrm{R}}$ 在 t_i 时刻展开并取近似，得 $\boldsymbol{v}_{\mathrm{R}}$ 的预估值为

$$\boldsymbol{v}_{\mathrm{R},k} = \boldsymbol{v}_{\mathrm{R}}(t_i) + \dot{\boldsymbol{v}}_{\mathrm{R}}(t_i)[\overline{t}_3 - (t_i - t_{30})] \tag{3-145}$$

式中，$\overline{t}_3$ 为第三级发动机的标准工作时间。

同时，有

$$\boldsymbol{v}_{ga,k} = \boldsymbol{v}_{\mathrm{R},k} - \boldsymbol{v} \tag{3-146}$$

采用 $\dot{\boldsymbol{v}}$ 与 $\boldsymbol{v}_{ga,k}$ 方向一致的导引算法给出制导指令进行导引。

消除 $\boldsymbol{v}_{ga,k}$ 需要的视速度增量称为待增视速度，记为 $\boldsymbol{\omega}_D$。待增视速度 $\boldsymbol{\omega}_D$ 与待增速度 $\boldsymbol{v}_{ga,k}$ 的几何关系如图 3-11 所示。

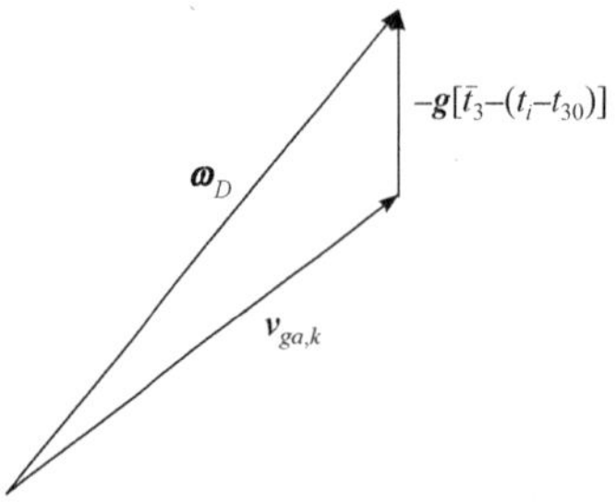

图 3-11　待增视速度与待增速度的几何关系

由图 3-11 可得

$$\boldsymbol{\omega}_D = \boldsymbol{v}_{ga,k} - \boldsymbol{g}[\overline{t}_3 - (t_i - t_{30})] \tag{3-147}$$

式中，$\boldsymbol{g}$ 近似取为 t_i 时刻的地球引力加速度。

当满足式(3-148)时，结束闭路导引段并转入姿态调制段。

$$\int_{t_{30}}^{t} \dot{\omega}\mathrm{d}\tau = \Delta\omega_{\mathrm{I}} \tag{3-148}$$

式中，等号左端的积分可根据加速度计的输出进行计算。

三、姿态调制段的导引与控制

（一）多余视速度模量的确定

在本节第二部分内容“闭路导引段的导引及待增视速度的确定”中求出待增视速度 $\boldsymbol{\omega}_D$。发动机工作至此刻，在比冲为标准值的前提下，其剩余视速度模量为 $\Delta\omega_{\mathrm{II}}+\Delta\omega_{\mathrm{III}}$，因此多余视速度模量为

$$\Delta\omega_{\mathrm{e}}=\Delta\omega_{\mathrm{II}}+\Delta\omega_{\mathrm{III}}-|\boldsymbol{\omega}_D| \tag{3-149}$$

多余视速度模量 $\Delta\omega_{\mathrm{e}}$ 可以实时确定。显然，姿态调制段的任务是通过姿态调制消耗掉多余视速度模量 $\Delta\omega_{\mathrm{e}}$，此段需要视速度增量为 $\boldsymbol{v}_D$，且 $\boldsymbol{v}_D$ 的方向与 $\boldsymbol{\omega}_D$ 方向一致，其大小等于 $|\boldsymbol{\omega}_D|-\Delta\omega_{\mathrm{III}}$，即有

$$|\boldsymbol{v}_D|=|\boldsymbol{\omega}_D|-\Delta\omega_{\mathrm{III}} \tag{3-150}$$

（二）姿态调制概述

如上所述，姿态调制段的需要视速度增量为 $\boldsymbol{v}_D$，此段中视速度模量为 $\Delta\omega_{\mathrm{II}}$，那么要解决的问题是，如何对导弹进行导引和控制，使导弹的视速度模量增加 $\Delta\omega_{\mathrm{II}}$ 时，其视速度增量恰好为 $\boldsymbol{v}_D$。图 3-12 表示了 $\Delta\omega_{\mathrm{II}}$ 与 $\boldsymbol{v}_D$ 的几何关系。

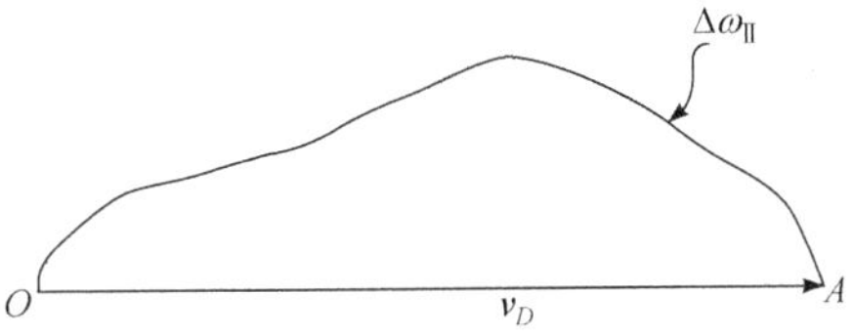

图 3-12 视速度模量与视速度增量的几何关系

图 3-12 中，由 O 点至 A 点的速度矢量为 $\boldsymbol{v}_D$，在 $\overline{OA}$ 之上的曲线长度为 $\Delta\omega_{\mathrm{II}}$，它表示视速度增量的矢端沿该曲线由 O 点移动至 A 点。显然，由 O 点至 A 点，长度为 $\Delta\omega_{\mathrm{II}}$ 的曲线不是唯一的，有无穷多条，因此导引规律也不是唯一的。考虑到导弹姿态控制实现容易、弹上计算量尽量小，因此采用光滑连续的且以 $\overline{OA}$ 的垂直平分线为对称轴的曲线为宜。例如，采用图 3-13 或图 3-14 所示的曲线。

现以图 3-13 所示曲线为例介绍导引和控制设计的一般方法。将 $\Delta\omega_{\mathrm{II}}$ 曲线分成六段，因为曲线的对称特点，所以有

$$\begin{cases}\omega_6-\omega_5=\omega_1-\omega_0\\ \omega_5-\omega_4=\omega_2-\omega_1\\ \omega_4-\omega_3=\omega_3-\omega_2\end{cases}$$

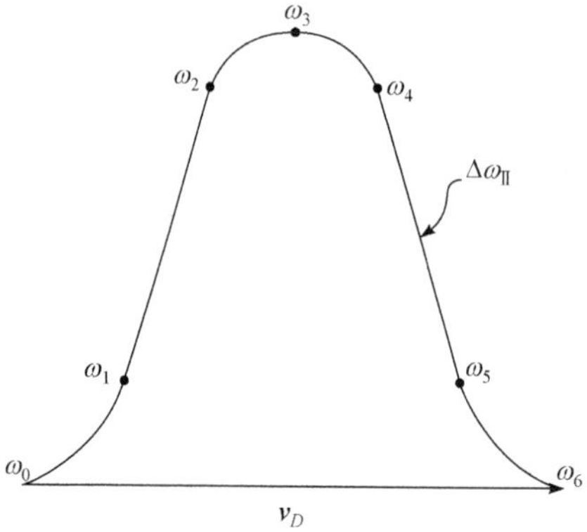

图 3-13　耗尽关机导引方案一的 $\Delta\omega_{\text{II}}\sim \boldsymbol{v}_D$ 关系

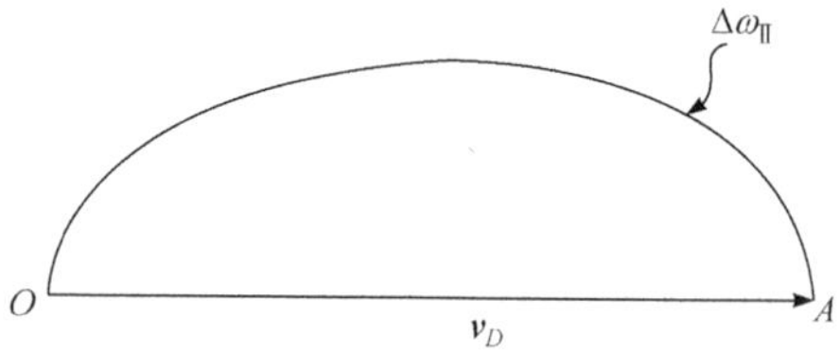

图 3-14　耗尽关机导引方案二的 $\Delta\omega_{\text{II}}\sim \boldsymbol{v}_D$ 关系

因为在闭路导引段已经将导弹的姿态调到 $\boldsymbol{v}_D$ 方向(假定 $\boldsymbol{v}_D$ 的单位矢量为 $\boldsymbol{v}_D^0$，弹体轴相对于 $\boldsymbol{v}_D^0$ 方向的姿态角为 θ)，所以为了实现图 3-13 所示的 $\Delta\omega_{\text{II}}$ 曲线，耗尽关机导引方案一对应的姿态角 θ 随 ω 变化曲线应如图 3-15 所示。

耗尽关机导引方案一对应的 $\mathrm{d}\theta/\mathrm{d}\omega$ 随 ω 变化曲线如图 3-16 所示。

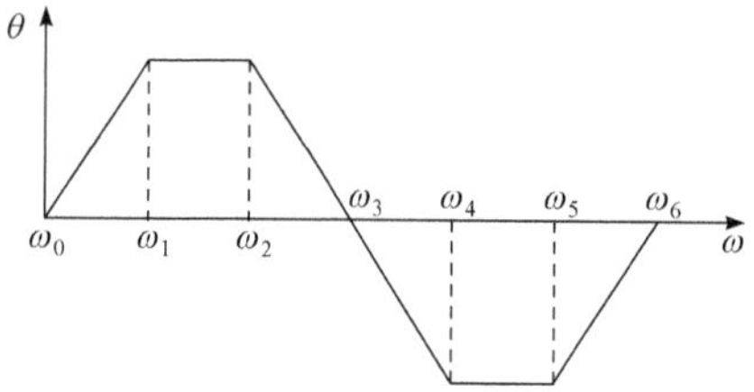

图 3-15　耗尽关机导引方案一对应的姿态角 θ 随 ω 变化曲线

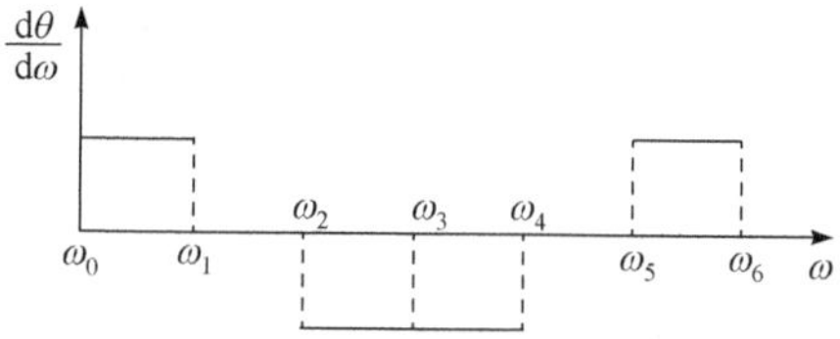

图 3-16　耗尽关机导引方案一对应的 $\mathrm{d}\theta/\mathrm{d}\omega$ 随 ω 变化曲线

图 3-13、图 3-15 和图 3-16 所示曲线是一一对应的，只要给出其一便可求出另外两条曲线。图 3-15 所示姿态变化呈调制波形，因此耗尽关机导引方案一称为姿态调制导引。

(三) 调制姿态的实时确定

首先假定飞行中的视加速度为常值 $\dot{\omega}_{\text{II}}$，在姿态调制段中标准情况下发动机工作时间为 t_{II}，则有

$$\dot{\omega}_{\text{II}} = \Delta\omega_{\text{II}} / t_{\text{II}} \tag{3-151}$$

记视加速度为常值 $\dot{\omega}_{\text{II}}$ 条件下的姿态角为 $\bar{\theta}$，则有

$$\frac{\mathrm{d}\bar{\theta}}{\mathrm{d}t}=\frac{\mathrm{d}\bar{\theta}}{\mathrm{d}\omega}\cdot\frac{\mathrm{d}\omega}{\mathrm{d}t}=\dot{\bar{\omega}}_{\mathrm{II}}\cdot\frac{\mathrm{d}\bar{\theta}}{\mathrm{d}\omega} \tag{3-152}$$

因此，$\mathrm{d}\bar{\theta}/\mathrm{d}t$ 随时间的变化与图 3-16 相似，现将其曲线绘于图 3-17。与图 3-17 相对应的姿态角 $\bar{\theta}$ 随时间变化曲线如图 3-18 所示，图中 $\bar{\theta}_{\mathrm{m}}$ 为 $\bar{\theta}$ 的最大值。

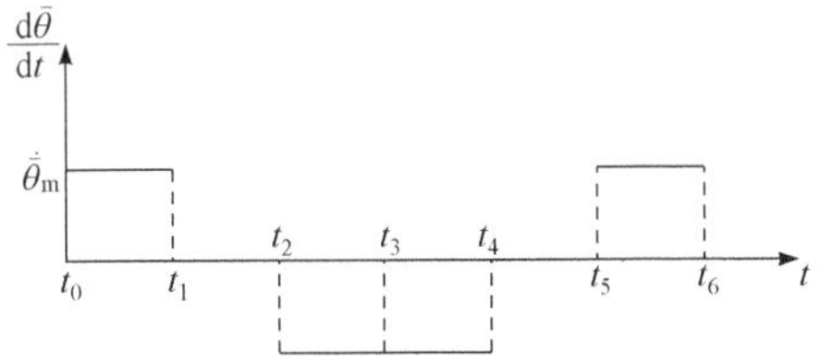

图 3-17　$\mathrm{d}\bar{\theta}/\mathrm{d}t$ 随时间变化曲线

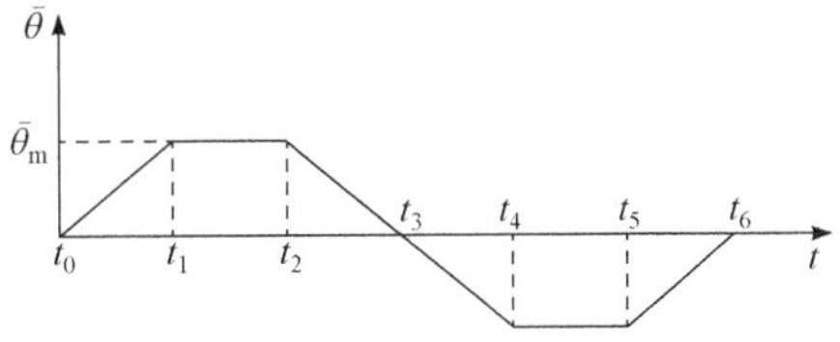

图 3-18　$\bar{\theta}$ 随时间变化曲线

在导弹实际飞行过程中，视加速度 $\dot{\omega}$ 不是常值，为实现图 3-13 所示 ω 变化规律，应求出 θ 随时间 t 的变化。假定实际的视加速度为 $\dot{\omega}_{\mathrm{m}}$，则有

$$\frac{\mathrm{d}\theta}{\mathrm{d}t}=\frac{\mathrm{d}\theta}{\mathrm{d}\omega}\cdot\frac{\mathrm{d}\omega}{\mathrm{d}t}=\dot{\omega}_{\mathrm{m}}\cdot\frac{\mathrm{d}\theta}{\mathrm{d}\omega} \tag{3-153}$$

如前所述，令 θ 、ω 满足：

$$\frac{\mathrm{d}\theta}{\mathrm{d}\omega}=\frac{\mathrm{d}\bar{\theta}}{\mathrm{d}\omega} \tag{3-154}$$

则可保证 ω 的实际变化规律与图 3-13 中 ω 的变化规律一致。于是，有

$$\frac{\mathrm{d}\theta}{\mathrm{d}\omega}=\frac{\mathrm{d}\bar{\theta}}{\mathrm{d}t}\cdot\frac{1}{\dot{\bar{\omega}}_{\mathrm{II}}} \tag{3-155}$$

将式(3-155)代入式(3-154)，可得

$$\frac{\mathrm{d}\theta}{\mathrm{d}t}=\frac{\dot{\omega}_{\mathrm{m}}}{\dot{\bar{\omega}}_{\mathrm{II}}}\cdot\frac{\mathrm{d}\bar{\theta}}{\mathrm{d}t} \tag{3-156}$$

式中，$\dot{\bar{\omega}}_{\mathrm{II}}$ 已由式(3-151)求得；$\mathrm{d}\bar{\theta}/\mathrm{d}t$ 已由图 3-17 给出。

对式(3-156)进行积分，可得

$$\theta=\begin{cases}\dfrac{\dot{\bar{\theta}}_{\mathrm{m}}}{\dot{\bar{\omega}}_{\mathrm{II}}}(\omega-\omega_0) & (\omega_0\leqslant\omega<\omega_1)\\ \bar{\theta}_{\mathrm{m}} & (\omega_1\leqslant\omega<\omega_2)\\ \bar{\theta}_{\mathrm{m}}-\dfrac{\dot{\bar{\theta}}_{\mathrm{m}}}{\dot{\bar{\omega}}_{\mathrm{II}}}(\omega-\omega_2) & (\omega_2\leqslant\omega<\omega_4)\\ -\bar{\theta}_{\mathrm{m}} & (\omega_4\leqslant\omega<\omega_5)\\ -\bar{\theta}_{\mathrm{m}}+\dfrac{\dot{\bar{\theta}}_{\mathrm{m}}}{\dot{\bar{\omega}}_{\mathrm{II}}}(\omega-\omega_5) & (\omega_5\leqslant\omega<\omega_6)\end{cases} \tag{3-157}$$

式中，$\dot{\bar{\theta}}_{\mathrm{m}} = \dot{\bar{\omega}} \cdot \bar{\theta}_{\mathrm{m}} / (\omega_1 - \omega_0)$。

由式(3-157)可知，只要能求出$\bar{\theta}_{\mathrm{m}}$，$\theta$便可实时确定。

(四) 最大调制姿态角的确定

将前述$\Delta\omega_{\mathrm{II}}$分成六段，并约定如式(3-158)所设前提条件，然后在此前提条件下求解最大调制姿态角$\bar{\theta}_{\mathrm{m}}$。

$$\begin{cases} \omega_1 - \omega_0 = \omega_3 - \omega_2 = \omega_4 - \omega_3 = \omega_6 - \omega_5 = \Delta\omega_1 \\ \omega_2 - \omega_1 = \omega_5 - \omega_4 = \Delta\omega_2 \end{cases} \tag{3-158}$$

在$\omega_0 \sim \omega_1$段耗费掉的视速度模量为

$$\int_{t_0}^{t_1} \dot{\omega}_{\mathrm{m}} (1 - \cos\theta) \mathrm{d}t = \frac{\dot{\bar{\omega}}}{\dot{\bar{\theta}}_{\mathrm{m}}} (\bar{\theta}_{\mathrm{m}} - \sin\bar{\theta}_{\mathrm{m}}) \tag{3-159}$$

在$\omega_1 \sim \omega_2$段耗费掉的视速度模量为

$$\int_{t_1}^{t_2} \dot{\omega}_{\mathrm{m}} (1 - \cos\theta) \mathrm{d}t = \Delta\omega_2 (1 - \cos\bar{\theta}_{\mathrm{m}}) \tag{3-160}$$

可得出$\omega_0 \sim \omega_6$整个调制导引段耗费掉的视速度模量为

$$4\frac{\dot{\bar{\omega}}}{\dot{\bar{\theta}}_{\mathrm{m}}} (\bar{\theta}_{\mathrm{m}} - \sin\bar{\theta}_{\mathrm{m}}) + 2\Delta\omega_2 (1 - \cos\bar{\theta}_{\mathrm{m}}) = \Delta\omega_{\mathrm{II}} - |\boldsymbol{v}_D| \tag{3-161}$$

由于$\dot{\bar{\theta}}_{\mathrm{m}} (t_1 - t_0) = \dot{\bar{\theta}}_{\mathrm{m}} \Delta t_1 = \bar{\theta}_{\mathrm{m}}$，故式(3-161)可改写为

$$4\Delta\omega_1 \left(1 - \frac{\sin\bar{\theta}_{\mathrm{m}}}{\bar{\theta}_{\mathrm{m}}}\right) + 2\Delta\omega_2 (1 - \cos\bar{\theta}_{\mathrm{m}}) = \Delta\omega_{\mathrm{II}} - |\boldsymbol{v}_D| \tag{3-162}$$

式(3-162)是关于$\bar{\theta}_{\mathrm{m}}$的超越方程，式中$\Delta\omega_{\mathrm{II}}$、$\Delta\omega_1$、$\Delta\omega_2$在导弹发射前可以预先确定，$\boldsymbol{v}_D$需要实时确定。式(3-162)的精确解需采用迭代方法求解，下面给出近似解。

根据三角函数的泰勒级数，有

$$\begin{cases} \dfrac{\sin\bar{\theta}_{\mathrm{m}}}{\bar{\theta}_{\mathrm{m}}} \approx 1 - \dfrac{1}{6}\bar{\theta}_{\mathrm{m}}^2 + \dfrac{1}{120}\bar{\theta}_{\mathrm{m}}^4 - \cdots \\ \cos\bar{\theta}_{\mathrm{m}} \approx 1 - \dfrac{1}{2}\bar{\theta}_{\mathrm{m}}^2 + \dfrac{1}{24}\bar{\theta}_{\mathrm{m}}^4 - \cdots \end{cases} \tag{3-163}$$

将式(3-163)代入式(3-162)并整理，可得关于$\bar{\theta}_{\mathrm{m}}$的近似方程为

$$A\bar{\theta}_{\mathrm{m}}^4 - B\bar{\theta}_{\mathrm{m}}^2 + \Delta\omega_{\mathrm{II}} - |\boldsymbol{v}_D| = 0 \tag{3-164}$$

式中，A和B满足：

$$\begin{cases} A = \dfrac{\Delta\omega_1}{30} + \dfrac{\Delta\omega_2}{12} \\ B = \dfrac{2}{3}\Delta\omega_1 + \Delta\omega_2 \end{cases} \tag{3-165}$$

式(3-164)的一个有用根为

$$\bar{\theta}_{\mathrm{m}} = \left[\left(B - \sqrt{B^2 - 4A(\Delta\omega_{\mathrm{II}} - v_D)}\right)\Big/(2A)\right]^{1/2} \tag{3-166}$$

通常可以用式(3-166)计算 $\bar{\theta}_{\mathrm{m}}$，该式具有较高的精度。因为在公式推导中忽略了 $\bar{\theta}_{\mathrm{m}}^6$ 以上的高阶项，且展开式(3-163)均是交错级数，所以 $\bar{\theta}_{\mathrm{m}}$ 的计算误差小于 $\bar{\theta}_{\mathrm{m}}^6$。但是当 $\bar{\theta}_{\mathrm{m}}$ 较大(接近于 1rad)时，则需迭代求解式(3-162)。

(五) 最大调制姿态角与多余视速度百分数的关系

首先，定义多余视速度百分数 η 为

$$\eta = \frac{\Delta\omega_{\mathrm{II}} - v_D}{\Delta\omega_{\mathrm{II}}} \times 100 \tag{3-167}$$

然后，给定不同的 η 值，由方程(3-162)解出对应的 $\bar{\theta}_{\mathrm{m}}$ 值，$\bar{\theta}_{\mathrm{m}} \sim \eta$ 的关系可以绘成如图 3-19 所示曲线。从曲线可看出，当 $\eta = 50$ 时，$\bar{\theta}_{\mathrm{m}}$ 接近 60°，因此要求 $\eta \leqslant 50$ 为宜。当导弹向小射程的目标射击时，若第一、二级仍采用标准固定俯仰程序，则导弹第二级关机点速度已经超过该点的需要速度。因此，必须选择高弹道的俯仰程序，在选俯仰程序时应保证 $\eta \leqslant 50$。

另外，也可将 $\bar{\theta}_{\mathrm{m}} \sim \eta$ 关系曲线拟合成 η 的幂级数，从而既简化了 $\bar{\theta}_{\mathrm{m}}$ 的计算，又保证了计算精度。

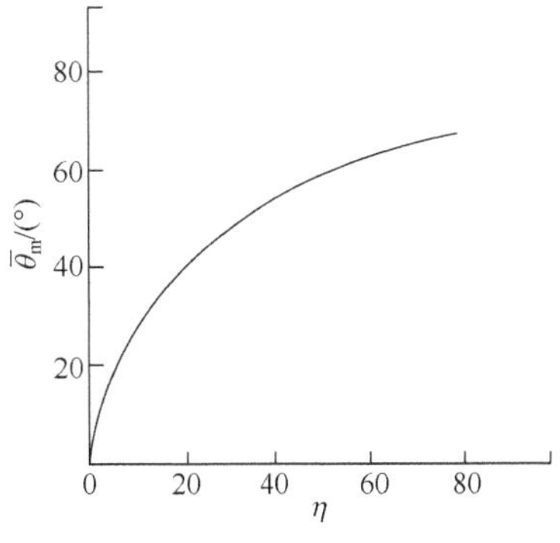

图 3-19 $\bar{\theta}_{\mathrm{m}} \sim \eta$ 关系曲线

(六) 姿态调制过程中俯仰偏航指令的确定

因为姿态调制需在 $\boldsymbol{g}$ 与 $\boldsymbol{v}_D$ 两矢量所构成的平面内进行，所以姿态调制的角速度 $\dot{\theta}$ 应与单位矢量 $\boldsymbol{k}' = (\boldsymbol{g} \times \boldsymbol{v}_D)/|\boldsymbol{g} \times \boldsymbol{v}_D|$ 方向一致。考虑到在转入姿态调制段之前的闭路导引段中，已经使弹体纵轴 ox_1 与 $\boldsymbol{v}_D$ 方向一致，因此 $\dot{\theta}$ 在弹体轴 oz_1 上的投影便是俯仰角速度 $\dot{\varphi}$，在弹体轴 oy_1 上的投影便是偏航角速度 $\dot{\psi}$，则有

$$\begin{cases}\bar{\dot{\varphi}} = \bar{\dot{\theta}}_{\mathrm{m}}(e_{z1} \cdot k') \\ \bar{\dot{\psi}} = \bar{\dot{\theta}}_{\mathrm{m}}(e_{y1} \cdot k')\end{cases} \tag{3-168}$$

$$\begin{cases}e_{y1} = \sin\varphi e_x + \cos\varphi e_y \\ e_{z1} = \cos\varphi\sin\psi e_x + \sin\varphi\sin\psi e_y + \cos\psi e_z\end{cases} \tag{3-169}$$

$$\bar{\dot{\theta}}_{\mathrm{m}} = \frac{\bar{\theta}_{\mathrm{m}}}{t_1 - t_0} \tag{3-170}$$

因此，可得各段的调制指令如下。

(1) $\omega_0 \sim \omega_1$ 段调制指令为

$$\begin{cases}\Delta\varphi_C(t) = \dfrac{\bar{\dot{\varphi}}}{\bar{\bar{\dot{\omega}}}}\displaystyle\int_{t_0}^{t}\dot{\omega}_{\mathrm{m}}\mathrm{d}t \\ \Delta\psi_C(t) = \dfrac{\bar{\dot{\psi}}}{\bar{\bar{\dot{\omega}}}}\displaystyle\int_{t_0}^{t}\dot{\omega}_{\mathrm{m}}\mathrm{d}t\end{cases} \tag{3-171}$$

当满足 $\Delta\omega_1 = \int_{t_0}^{t}\dot{\omega}_{\mathrm{m}}\mathrm{d}t$ 时转入下一段。

(2) $\omega_1 \sim \omega_2$ 段调制指令为

$$\Delta\varphi_C(t) = \Delta\psi_C(t) = 0 \tag{3-172}$$

当满足 $\Delta\omega_2 = \int_{t_1}^{t}\dot{\omega}_{\mathrm{m}}\mathrm{d}t$ 时转入下一段。

(3) $\omega_2 \sim \omega_4$ 段调制指令为

$$\begin{cases}\Delta\varphi_C(t) = -\dfrac{\bar{\dot{\varphi}}}{\bar{\bar{\dot{\omega}}}}\displaystyle\int_{t_2}^{t}\dot{\omega}_{\mathrm{m}}\mathrm{d}t \\ \Delta\psi_C(t) = -\dfrac{\bar{\dot{\psi}}}{\bar{\bar{\dot{\omega}}}}\displaystyle\int_{t_2}^{t}\dot{\omega}_{\mathrm{m}}\mathrm{d}t\end{cases} \tag{3-173}$$

当满足 $2\Delta\omega_1 = \int_{t_2}^{t}\dot{\omega}_{\mathrm{m}}\mathrm{d}t$ 时转入下一段。

(4) $\omega_4 \sim \omega_5$ 段调制指令为

$$\Delta\varphi_C(t) = \Delta\psi_C(t) = 0 \tag{3-174}$$

当满足 $\Delta\omega_2 = \int_{t_4}^{t}\dot{\omega}_{\mathrm{m}}\mathrm{d}t$ 时转入下一段。

(5) $\omega_5 \sim \omega_6$ 段调制指令为

$$\begin{cases}\Delta\varphi_C(t)=\dfrac{\bar{\dot{\varphi}}}{\bar{\dot{\omega}}}\displaystyle\int_{t_5}^{t}\dot{\omega}_{\mathrm{m}}\mathrm{d}t\\ \Delta\psi_C(t)=\dfrac{\bar{\dot{\psi}}}{\bar{\dot{\omega}}}\displaystyle\int_{t_5}^{t}\dot{\omega}_{\mathrm{m}}\mathrm{d}t\end{cases}\tag{3-175}$$

当满足 $\Delta\omega_1=\int_{t_5}^{t}\dot{\omega}_{\mathrm{m}}\mathrm{d}t$ 时，整个姿态调制段结束。

四、常姿态导引段的导引与控制

经过姿态调制段的导引后可以耗费掉多余的视速度模量，然而，由式(3-147)、式(3-150)等可知，$\boldsymbol{v}_D$ 的精度与 $\boldsymbol{v}_{ga,k}$、$\boldsymbol{g}$ 及 $\overline{t}_3$ 的精度有关，其中 $\overline{t}_3$ 是第三级发动机的标准工作时间，发动机装药秒耗量偏差的存在使实际工作时间 t_3 偏离标准值，且 $\boldsymbol{g}$ 是随导弹位置变化的，计算中只取了 t_i 时刻的值，上述诸因素造成 $\boldsymbol{v}_D$ 的计算误差。因此，姿态调制段结束后，若仍按使弹轴 ox_1 与 $\boldsymbol{v}_D$ 方向一致导引，则在增加视速度模量 $\Delta\omega_{\mathrm{III}}$ 耗尽后，$\boldsymbol{v}_{ga}\neq 0$，即必须通过常姿态导引段的导引来消除上述误差的影响，使第三级主发动机关机时 $\boldsymbol{v}_{ga}=0$。图 3-20 所示为姿态调制段结束时导弹速度与需要速度间的几何关系。图中，$\boldsymbol{v}_2$ 为姿态调制段结束时导弹速度，其对应的需要速度为 $\boldsymbol{v}_{\mathrm{R}}$ (根据预先给定弹道倾角 θ_H 确定)；曲线 AB

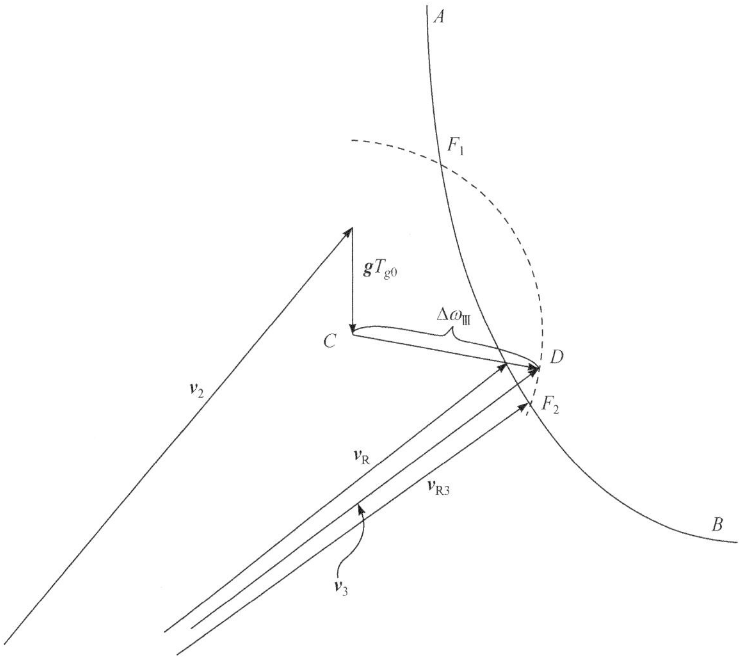

图 3-20 姿态调制段结束时导弹速度与需要速度间的几何关系

为不同θ_H对应的需要速度矢端曲线；T_{g0}为发动机剩余工作时间；若按$\boldsymbol{v}_{\mathrm{R}}$进行导引，装药耗尽时导弹速度为$\boldsymbol{v}_3$，$\boldsymbol{v}_3$的端点为$D$，显然$\boldsymbol{v}_{\mathrm{R}} \neq \boldsymbol{v}_3$。从图 3-20 可见，以$C$点为圆心、以$CD$为半径(其长度等于$\Delta\omega_{\mathrm{III}}$)所画圆弧与曲线$AB$有两个交点，分别为$F_1$和$F_2$，$F_2$点对应需要速度$\boldsymbol{v}_{\mathrm{R3}}$，若根据$\boldsymbol{v}_{\mathrm{R3}}$进行导引，当装药耗尽时便有$\boldsymbol{v}_3 = \boldsymbol{v}_{\mathrm{R3}}$。

上述过程在计算机上实现时，通过改变θ寻找满足式(3-176)的$\boldsymbol{v}_{\mathrm{R},k}$，然后根据$\boldsymbol{v}_{\mathrm{R},k}$进行导引。

$$\Delta\omega_{\mathrm{III}} - \left|\boldsymbol{v}_{\mathrm{R},k} - \boldsymbol{g}T_{g0} - \boldsymbol{v}_2\right| = 0 \tag{3-176}$$

为了保证足够的精度，在每个计算周期内，都要求满足式(3-177)中的$\boldsymbol{v}_{\mathrm{R},k}$，并根据$\boldsymbol{v}_{\mathrm{R},k}$进行导引。

$$\Delta\omega_{\mathrm{III}} - \int_{t_{30}}^{t} |\dot{\omega}|\mathrm{d}t - \left|\boldsymbol{v}_{\mathrm{R},k} - \boldsymbol{g}T_{g0} - \boldsymbol{v}\right| = 0 \tag{3-177}$$

式(3-176)和式(3-177)都含有T_{g0}项。另外，求$\boldsymbol{v}_{\mathrm{R},k}$时也需要知道$T_{g0}$，但对于固体发动机来说$T_{g0}$是比较难确定的。图 3-21 所示为固体火箭发动机装药秒耗量随时间变化曲线。图中，曲线Ⅱ为发动机在标准条件下装药秒耗量变化曲线，曲线Ⅰ和曲线Ⅲ分别为正装药秒耗量偏差和负装药秒耗量偏差的装药秒耗量变化曲线，若装药量一定，则曲线Ⅰ、Ⅱ、Ⅲ与横坐标轴所包含的面积相等。另外，如前所述，导弹第三级导引和控制按视速度模量分成闭路导引、姿态调制和常姿态导引三段，每段对应的视速度模量分别为$\Delta\omega_{\mathrm{I}}$、$\Delta\omega_{\mathrm{II}}$和$\Delta\omega_{\mathrm{III}}$，与其对应的装药秒耗量变化曲线也分为三段，这三段即图 3-21 中第一部分阴影区、第二部分空白区和第三部分阴影区，当装药秒耗量有偏差时各部分面积对应相等。

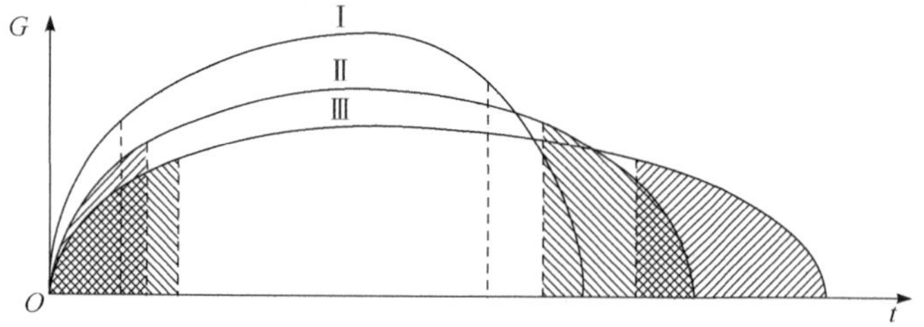

图 3-21　固体火箭发动机装药秒耗量随时间变化曲线

记与各部分对应的发动机工作时间分别为T_1、T_2、T_3，全部工作时间记为t_3，即$t_3 = T_1 + T_2 + T_3$。可以通过拟合的方法将T_3拟合成T_2的函数，如

$$T_3 = k_0 + k_1 T_2 + k_2 T_2^2 \tag{3-178}$$

式中，k_0、k_1和k_2为拟合系数。

于是，姿态调制段结束时可以求出该段工作时间T_2，然后根据式(3-178)预测T_3，发动机剩余工作时间T_{g0}为

$$T_{g0}=t_3-t \tag{3-179}$$

另外，还应注意一点，当接近装药耗尽时推力较低，即$\dot{\omega}$较小时，若仍采用上述导引方法，则导弹姿态变化较大。为避免出现此情况，可取$\Delta\varphi=\Delta\psi=\Delta\gamma=0$，以保持导弹姿态不变。

在前面讨论中假定发动机的比冲I_{sp}为常值，实际上，火药配方的公差、浇铸前搅拌不均匀等造成的火药燃速偏差和发动机喉衬烧蚀误差都会引起比冲误差。对于发动机比冲误差，目前尚不能通过在线辨识确定，只能将其作为随机误差处理，因此在进行耗尽关机的导引和控制时，将比冲取为标准值。因此，耗尽关机导引和控制结束后，实际的关机点参数将存在一定的误差，这项误差可通过末修级进行末速修正。

思考习题

1. 简述显式制导的基本思想。

2. 相比将地球看成一个匀质的球体，考虑地球扁率的引力计算面临的主要困难是什么？

3. 在状态方程的实时解算过程中，分析速度递推与位置递推的先后顺序，并简述原因。

4. 结合实际例子，简述需要速度的物理含义。

5. 将导弹被动段近似视为椭圆弹道的一部分，会忽略哪些影响因素？这些影响因素会引起怎样的落点偏差？

6. 画图描述飞行时间迭代计算的过程。

7. 简述导引信号的作用及其工作过程。

8. 简述弹上计算机实时计算对关机控制精度的影响以及可采取的措施。

9. 简述采用耗尽关机导引与控制方案的优点。

10. 简述耗尽关机导弹导引的基本思想。

第四章 惯 性 制 导

惯性制导是惯性导航与自动控制的结合，其基于惯性测量装置测出的导航参数对导弹运动进行控制，以命中目标或进入预定轨道。惯性制导由于工作不依赖于任何外界信息，具备完全自主、全天候工作能力，抗干扰性强，隐蔽性好。因此，现代各类导弹和运载火箭都采用惯性制导技术。惯性制导系统一般由惯性测量装置、计算机、自动驾驶仪等组成。按照惯性测量装置在载体上的安装方式，惯性制导系统分为捷联惯性制导和平台惯性制导两大类。

本章主要对惯性制导的相关理论进行论述，主要包括捷联惯性制导和平台惯性制导两部分。针对捷联惯性制导，首先介绍外干扰补偿的相关知识，包括其意义、原理、特点和实现过程；其次基于外干扰补偿重点介绍位置捷联惯性制导的关机和横法向导引方案，推导相应关机方程和横法向导引方程；最后针对速率捷联惯性制导，介绍其具体组成、主要任务，推导其状态参数计算公式，并结合导弹发射方式给出了四元数计算的初始条件。针对平台惯性制导，首先介绍平台惯性制导系统的组成、功用、特点及分类，然后对按补偿制导的平台惯性制导的关机方程和导引方程分别进行阐述。

第一节 捷联惯性制导

捷联惯性制导系统的加速度计直接固连在导弹上，因而加速度计的敏感轴方向取决于导弹在空间的姿态。导弹的姿态，可由双自由度陀螺仪测量，也可用双轴或单自由度速率积分陀螺仪测量姿态角速度增量，经过复杂的计算求得。前者为位置捷联惯性制导，后者为速率捷联惯性制导[19]。

一、外干扰补偿原理介绍

在加速度计直接安装于导弹的情况下，如果把制导计算建立在利用导弹瞬时速度和位置的基础上，那么需要把加速度计输出的在导弹坐标系的视加速度通过坐标变换运算转换到惯性坐标系，然后进行引力加速度补偿，从而计算出导弹相对惯性坐标系的瞬时速度和位置。但是，进行这种复杂的坐标变换和导航计算对导弹制导系统并不是必要的，这是因为命中精度只决定于关机时刻导弹的速度和位置的组合。因此，通过捷联补偿制导的途径也可以满足制导要求。全惯性捷联补偿制导(外干扰补偿制导)方案的特点在于用信息补偿代替显式的坐标变换和导航计算，因此不需要弹上计算机，只要一个简单的计算装置就可以根据捷联惯性器件的输出信息得到关机指令和制导指令，满足各种导弹中等制导精度要求。

有些资料中，把外干扰补偿制导作为一种与摄动制导、显式制导方法并列的单独的制导方法讨论。考虑到从具体应用来看，外干扰补偿制导对象仍是基于摄动理论建立的，本书把外干扰补偿制导仍看作摄动制导的一种应用形式[17]。

摄动制导的目的是消除外干扰对导弹飞行的影响，但无法直接测量外干扰本身。正如加速度计不能直接测量引力加速度，但可利用加速度计测量的视加速度，将引力加速度表示为视位置和视位置积分量之间的函数关系，虽然无法直接测量作用在导弹上的外干扰力及力矩，但加速度计及陀螺仪或稳定平台的输出可反映出作用在导弹上的外干扰力及力矩引起的变化。这样，可直接采用测量信息对外干扰影响进行补偿，以此代替飞行状态量的实时计算，从而简化导航计算和制导过程的计算，并将关机控制函数简化为求解加速度计输出量与测角元件输出量积分的线性组合形式。

一般来说，描述导弹动力学的微分方程的参数是随时间变化的，并且相坐标之间的关系是非线性的。这样，控制对象的数学模型是变系数非线性的常微分方程组，解这样的非线性常微分方程组是比较困难的。外干扰补偿原理认为，充分利用弹道导弹的特点，可以在很大程度上简化制导系统的设计并易于技术实现。由于作用在导弹的各种力中起决定作用的是发动机推力，理论计算和飞行实践表明：只要发动机的工作没有出现故障，飞行姿态控制系统工作正常，则在正常公差范围内发动机性能参数和结构参数偏差、大气参数偏差以及位置变化引起的地球引力变化等因素形成的实际弹道相对标准弹道的偏差量不大，可以认为在一阶微量的范围内。因此，虽然弹道方程本身是非线性的，但是弹道参数相对于标准弹道的偏差方程可以做线性化处理。这样，导弹运动的摄动方程就是一组系数的线性常微分方程。对这样的线性控制对象，可以运用变系数线性控制系统的理论来设计[1]。

控制对象的摄动方程为

$$\begin{cases}\dot{x}_i=\sum\limits_{j=1}^{n}a_{ij}x_j+b_iu+f_i \\ x_i(0)=0\end{cases}\quad(i=1,2,\cdots,n)\tag{4-1}$$

式中，x_i 为控制对象的相坐标；a_{ij} 为已知的时间函数，它们反映控制对象的特性随时间变化时各个相坐标在不同时刻存在的相互作用关系；u 为控制器相坐标；b_i 为控制器相坐标对控制对象的作用，一般来说，也是随时间变化的；f_i 为作用在控制对象上的外干扰，是可以按任意规律变化的时间函数，但其模值是有限的，f_i 也可以是任意相关函数 $K_{f_i f_m}(\tau,\xi)$ 描述的零均值随机干扰。

例如，以

$$I(t_K)=\sum_{i=1}^{n}C_i x_i(t_K)+C_{n+1}u(t_K) \tag{4-2}$$

为系统的控制指标，当系统在随机干扰作用下时，指标为

$$D_I(t_K)=E\left[I^2(t_K)\right] \tag{4-3}$$

式中，t_K 为系统所需要控制的时刻；C_i 为事先给定的常数；$E\left[I^2(t_K)\right]$ 为随机变量的数学期望；D_I 为散度。

问题提法：如何选择控制规律，完全补偿外干扰的影响？对摄动方程(4-1)来说，就是要求在任意性质干扰作用下，使式(4-2)或式(4-3)所示指标恒为零。

这样的问题提法和控制指标可以把弹道导弹的几个基本问题都概括在内。弹道导弹的纵向和横向制导精度都取决于发动机关机时刻的弹道参数。制导的任务是消除飞行过程中各种干扰的影响，使导弹准确命中目标。

现在，进行具有对外干扰完全补偿性质的制导系统的设计。选用以下形式的控制规律：

$$\dot{u}=\sum_{j=1}^{n}k_j x_i+eu+\sum_{j=1}^{n}d_j f_i \tag{4-4}$$

式中，d_j 表示外干扰的传递系数。

在控制规律中除偏差信号外加入了干扰补偿信号 $\sum_{j=1}^{n}d_j f_i$。k_j 和 e 一般是时间的函数，它们由控制器的结构参数或系统的稳定性及其他指标决定。

整个系统有以下形式：

$$\begin{cases}\dot{x}_i=\sum_{j=1}^{n}a_{ij}x_i+b_i u+f_i \\ \dot{u}=\sum_{j=1}^{n}k_j x_i+eu+\sum_{j=1}^{n}d_j f_i\end{cases}\quad (i=1,2,\cdots,n) \tag{4-5}$$

变参数线性系统式(4-5)的性质可由脉冲过渡函数矩阵 $\boldsymbol{G}$ 完全确定。变参数线性系统的参数不断随时间变化，因此同样大小的脉冲干扰在不同时刻作用在控制对象上的影响是不一样的。因此，变参数线性系统的脉冲过渡函数不同于常系数线性系统的脉冲过渡函数，需要用二元函数矩阵 $\left[G_{ij}(t,\tau)\right]$ 来描述。其中，$G_{ij}(t,\tau)$ 表示第 j 个通道于 τ 时刻输入单位脉冲引起的第 i 个相坐标于 t 时刻($t>\tau$)的响应。

二元函数矩阵$[G_{ij}(t,\tau)]$描述了变参数线性系统在任意时刻的行为。在控制指标式(4-2)和式(4-3)中，决定系统品质的是t_K时刻的相坐标，因此感兴趣的是在整个控制过程中不同时刻输入的单位脉冲引起的t_K时刻系统响应$\left[G_{ij}(t,\tau)\right]$。

$\left[G_{ij}(t,\tau)\right]$满足式(4-5)所示方程组的伴随方程，以矩阵方程表示，即

$$\frac{\mathrm{d}}{\mathrm{d}\tau}\boldsymbol{G}_0(t_K,\tau)=-\boldsymbol{A}_0^{\mathrm{T}}(\tau)\boldsymbol{G}_0(t_K,\tau) \tag{4-6}$$

边界条件$\boldsymbol{G}_0(t_K,\tau)=\boldsymbol{I}_{n+1}$，$\boldsymbol{I}_{n+1}$为$n+1$阶单位矩阵，$-\boldsymbol{A}_0^{\mathrm{T}}(\tau)$、$\boldsymbol{G}_0(t_K,\tau)$为$n+1$阶方阵，且有

$$\boldsymbol{G}_0(t_K,\tau)=\begin{bmatrix} G_{1,1}(t_K,\tau) & G_{2,1}(t_K,\tau) & \cdots & G_{n+1,1}(t_K,\tau) \\ G_{1,2}(t_K,\tau) & G_{2,2}(t_K,\tau) & \cdots & G_{n+1,2}(t_K,\tau) \\ \vdots & \vdots & & \vdots \\ G_{1,n}(t_K,\tau) & G_{2,n}(t_K,\tau) & \cdots & G_{n+1,n}(t_K,\tau) \\ G_{1,n+1}(t_K,\tau) & G_{2,n+1}(t_K,\tau) & \cdots & G_{n+1,n+1}(t_K,\tau) \end{bmatrix} \tag{4-7}$$

$$-\boldsymbol{A}_0^{\mathrm{T}}(\tau)=\begin{bmatrix} -a_{11}(\tau) & -a_{21}(\tau) & \cdots & -a_{n1}(\tau) & -K_1(\tau) \\ -a_{12}(\tau) & -a_{22}(\tau) & \cdots & -a_{n2}(\tau) & -K_2(\tau) \\ \vdots & \vdots & & \vdots & \vdots \\ -a_{1n}(\tau) & -a_{2n}(\tau) & \cdots & -a_{nn}(\tau) & -K_n(\tau) \\ -b_1(\tau) & -b_2(\tau) & \cdots & -b_n(\tau) & -e(\tau) \end{bmatrix} \tag{4-8}$$

各个通道在不同时刻输入的干扰对某一个相坐标的影响可以通过线性叠加原理求得，即

$$x(t)=\int_0^t \boldsymbol{G}_0^{\mathrm{T}}(t,\tau)\boldsymbol{f}(\tau)\mathrm{d}\tau \tag{4-9}$$

则有

$$\boldsymbol{x}^{\mathrm{T}}=\left[x_1,x_2,\cdots,x_n,u\right]$$

$$\boldsymbol{f}^{\mathrm{T}}(t)=\left[f_1(t),f_2(t),\cdots,f_n(t),\sum_{j=1}^{n}d_j f_j(t)\right]$$

若以分量形式表示，则为

$$\begin{cases} x_i(t)=\displaystyle\int_0^t\sum_{j=1}^{n}\left[G_{ij}(t,\tau)+d_j G_{i,n+1}(t,\tau)\right]f_j(\tau)\mathrm{d}\tau \\ u(t)=\displaystyle\int_0^t\sum_{j=1}^{n}\left[G_{n+1,j}(t,\tau)+d_j G_{n+1,n+1}(t,\tau)\right]f_j(\tau)\mathrm{d}\tau \end{cases} \tag{4-10}$$

用符号 $h_{f_j}^{x_i}(t,\tau)$ 表示引入扰动补偿信号后，以 $f_j(\tau)$ 为输入、$x_i(t)$ 为输出的系统脉冲过渡函数：

$$\begin{cases} h_{f_j}^{x_i}(t,\tau)=G_{i,j}(t,\tau)+d_jG_{i,n+1}(t,\tau) \\ h_{f_j}^{u}(t,\tau)=G_{n+1,j}(t,\tau)+d_jG_{n+1,n+1}(t,\tau) \end{cases} \tag{4-11}$$

则

$$\begin{cases} x_i(t)=\int_u^t\sum_{j=1}^{n}h_{f_j}^{x_i}(t,\tau)f_j(\tau)\mathrm{d}\tau \\ u(t)=\int_u^t\sum_{j=1}^{n}h_{f_j}^{u}(t,\tau)f_j(\tau)\mathrm{d}\tau \end{cases} \tag{4-12}$$

当干扰是平均值为零的随机干扰时，按随机过程理论可得

$$\begin{cases} D_{x_i}(t)=\int_0^t\int_0^t\sum_{j=1}^{n}\sum_{m=1}^{n}h_{f_j}^{x_i}(t,\tau_1)h_{f_m}^{x_i}(t,\tau_2)K_{f_j,f_m}(\tau_1,\tau_2)\mathrm{d}\tau_1\mathrm{d}\tau_2 \\ D_u(t)=\int_0^t\int_0^t\sum_{j=1}^{n}\sum_{m=1}^{n}h_{f_j}^{u}(t,\tau_1)h_{f_m}^{u}(t,\tau_2)K_{f_j,f_m}(\tau_1,\tau_2)\mathrm{d}\tau_1\mathrm{d}\tau_2 \end{cases} \tag{4-13}$$

式中，$K_{f_j,f_m}(\tau_1,\tau_2)$ 为干扰的相关函数，$j=m$ 时为自相关函数，$j\neq m$ 时为互相关函数。

利用式(4-10)可把指标式(4-2)改写成：

$$I(t_K)=\int_0^{t_K}\sum_{j=1}^{n}\left(\sum_{i=1}^{n}C_ih_{f_j}^{x_i}+C_{n+1}h_{f_j}^{u}\right)f_j\mathrm{d}\tau=\int_0^{t_K}\sum_{j=1}^{n}h_{f_j}^{L}(t_K,\tau)f_j(\tau)\mathrm{d}\tau \tag{4-14}$$

再利用式(4-11)可得

$$h_{f_j}^{L}(t_K,\tau)=\sum_{i=1}^{n+1}C_i\left[G_{i,j}(t_K,\tau)+d_jG_{i,n+1}(t_K,\tau)\right]=h_j(t_K,\tau)+d_jh_{n+1}(t_K,\tau) \tag{4-15}$$

由此看出 $h_j(t_K,\tau)$ $(j=1,2,\cdots,n)$、$h_{n+1}(t_K,\tau)$ 与脉冲过渡函数矩阵的关系为

$$\boldsymbol{h}(t_K,\tau)=\boldsymbol{G}_0(t_K,\tau)\boldsymbol{C} \tag{4-16}$$

式中，

$$\boldsymbol{h}(t_K,\tau)=\left[h_1(t_K,\tau),h_2(t_K,\tau),\cdots,h_n(t_K,\tau),h_{n+1}(t_K,\tau)\right]$$

$$\boldsymbol{C}^{\mathrm{T}}=[C_1,C_2,\cdots,C_n,C_{n+1}]$$

显然，$\boldsymbol{h}(t_K,\tau)$ 满足微分方程：

$$\frac{\mathrm{d}}{\mathrm{d}\tau}\boldsymbol{h}(t_K,\tau)=-\boldsymbol{A}_0^{\mathrm{T}}(\tau)\boldsymbol{h}(t_K,\tau) \tag{4-17}$$

边界条件为

$$\boldsymbol{h}(t_K,\tau_K)=\boldsymbol{C} \tag{4-18}$$

同样，对于随机干扰，可把指标式(4-3)改写成：

$$D_I(t_K)=\int_0^{t_K}\int_0^{t_K}\sum_{j=1}^{n}\sum_{m=1}^{n}h_{f_j}(t_K,\tau_1)h_{f_m}(t_K,\tau_2)K_{f_j,f_m}(\tau_1,\tau_2)\mathrm{d}\tau_1\mathrm{d}\tau_2 \tag{4-19}$$

从式(4-14)和式(4-19)可以看出，对任何确定的干扰和随机干扰，完全补偿干扰的作用条件是

$$h_{f_j}^{L}(t_K,\tau)\equiv 0 \tag{4-20}$$

即

$$h_i(t_K,\tau)+d_j h_{n+1}(t_K,\tau)\equiv 0 \quad (i=1,2,\cdots,n) \tag{4-21}$$

由于 $\boldsymbol{A}_0(\tau)$ 是已知的，则式(4-17)和式(4-18)唯一地决定 $\boldsymbol{h}(t_K,\tau)$，由式(4-21)可以确定控制参数 d_j：

$$d_j=-\frac{h_j(t_K,\tau)}{h_{n+1}(t_K,\tau)} \quad (j=1,2,\cdots,n) \tag{4-22}$$

如果矩阵中列为非齐次项， f_j 不能直接测得，则可以把控制对象本身作为干扰的测量工具，即

$$f_j=\dot{x}_i-\sum_{j=1}^{n}a_{ij}x_i-b_i u \quad (i=1,2,\cdots,n) \tag{4-23}$$

把式(4-22)和式(4-23)代入式(4-4)，就得到只需要以系统的相坐标和相速度作为控制信息的控制规律：

$$\dot{u}=\sum_{j=1}^{n}a_1^j\dot{x}_j+\sum_{j=1}^{n}a_0^j x_j+a_0^u u \tag{4-24}$$

式中， a_1^j、a_0^j 和 a_0^u 是由式(4-25)、式(4-26)和式(4-27)决定的时间函数：

$$a_1^j=-\frac{h_j(t_K,\tau)}{h_{n+1}(t_K,\tau)} \tag{4-25}$$

$$a_0^j(\tau)=k_j(\tau)+\frac{1}{h_{n+1}(t_K,\tau)}\sum_{m=1}^{n}a_{mj}(\tau)h_m(t_K,\tau) \tag{4-26}$$

$$a_0^u(\tau)=e(\tau)+\frac{1}{h_{n+1}(t_K,\tau)}\sum_{m=1}^{n}b_m(\tau)h_m(t_K,\tau) \tag{4-27}$$

二、位置捷联补偿方案的关机方程

计算和分析结果表明，各种干扰因素中影响关机时间最长的是发动机的干扰，特别是燃料的秒耗量偏差，其次比冲的变化、起飞质量的偏差也显著影响制导对发动机的关机时间，这一类干扰称为第一类干扰。其影响可以从轴向加速度的输出中体现出来，除导弹纵轴方向的干扰力外，导弹上还作用有法向轴方向的干扰力和干扰力矩，如纵风作用在导弹上将在法向产生升力。另外，由于压心和质心不重合，产生干扰力矩，使导弹的姿态发生变化。此外，发动机推力偏斜等产生法向干扰力和干扰力矩，这类干扰称为第二类干扰。第二类干扰综合地反映在法向加速度计和水平陀螺仪的输出上。

因为关机参数的控制不是通过控制运动参数，而是通过控制关机时间来实现的，所以关机方程的设计是一个开路系统的设计。对于开路系统，可以自由配置方程的齐次项和非齐次项。这里，为了尽量简单地实现干扰补偿技术，对于导弹运动方程，不采取用推力、空气动力、引力和干扰力等表示的形式，而是采用将量测量作为非齐次项的形式，选择这种描述形式是进行补偿方案设计的重要一环。

下面推导按惯性坐标系建立的摄动制导的全补偿制导方程。在惯性坐标系中，导弹主动段运动方程和关机方程为

$$\begin{cases}\dot{V}_x = g_x + \dot{W}_{X_1}\cos\varphi - \dot{W}_{Y_1}\sin\varphi - \dot{W}_{X_1}\dfrac{\psi^2}{2}\cos\varphi + \dot{W}_{Z_1}\psi\cos\varphi \\ \dot{V}_y = g_y + \dot{W}_{X_1}\sin\varphi + \dot{W}_{Y_1}\cos\varphi - \dot{W}_{X_1}\dfrac{\psi^2}{2}\sin\varphi + \dot{W}_{Z_1}\psi\sin\varphi \\ \dot{V}_z = g_z - \dot{W}_{X_1}\psi + \dot{W}_{Z_1} \\ \dot{x} = V_x \\ \dot{y} = V_y \\ \dot{z} = V_z \\ \dot{t} = 1 \\ \dot{W} = M_0 + M_1\dot{W}_{X_1} + M_2\dot{W}_{Y_1} + M_3\dot{W}_{Z_1}\end{cases} \tag{4-28}$$

式中，M_0、M_1、M_2、M_3 为待定系数。

初始条件($t=0$)为

$$V_x(0)\neq 0,\ \ V_z(0)\neq 0,\ \ V_y(0)=0 \tag{4-29}$$

先对引力 $\boldsymbol{g}$ 做摄动处理，令

$$g_x = \overline{g}_x + \Delta g_x \tag{4-30}$$

式中，$\overline{g}_x$ 为标准弹道的引力；Δg_x 为引力增量。

将式(4-30)展开：

$$g_x = \bar{g}_x + \frac{\partial g_x}{\partial x}(x-\bar{x}) + \frac{\partial g_x}{\partial y}(y-\bar{y}) + \frac{\partial g_x}{\partial z}(z-\bar{z}) = \frac{\partial g_x}{\partial x}x + \frac{\partial g_x}{\partial y}y + \frac{\partial g_x}{\partial z}z + \tilde{g}_x \tag{4-31}$$

式中，

$$\tilde{g}_x = \bar{g}_x - \left(\frac{\partial g_x}{\partial x}\bar{x} + \frac{\partial g_x}{\partial y}\bar{y} + \frac{\partial g_x}{\partial z}\bar{z}\right) \tag{4-32}$$

同理，有

$$\tilde{g}_y = \bar{g}_y - \left(\frac{\partial g_y}{\partial x}\bar{x} + \frac{\partial g_y}{\partial y}\bar{y} + \frac{\partial g_y}{\partial z}\bar{z}\right) \tag{4-33}$$

$$\tilde{g}_z = \bar{g}_z - \left(\frac{\partial g_z}{\partial x}\bar{x} + \frac{\partial g_z}{\partial y}\bar{y} + \frac{\partial g_z}{\partial z}\bar{z}\right) \tag{4-34}$$

式中，

$$\frac{\partial g_x}{\partial x} = N\left(1-\frac{3\bar{x}^2}{\bar{r}^2}\right);\quad \frac{\partial g_x}{\partial y} = \frac{\partial g_y}{\partial x} = N\left[-\frac{3\bar{x}(R+\bar{y})}{\bar{r}^2}\right]$$

$$\frac{\partial g_x}{\partial z} = \frac{\partial g_z}{\partial x} = N\left(-\frac{3\bar{x}\bar{z}}{\bar{r}^2}\right);\quad \frac{\partial g_y}{\partial y} = N\left[1-\frac{3(R+\bar{y})^2}{\bar{r}^2}\right]$$

$$\frac{\partial g_y}{\partial z} = \frac{\partial g_z}{\partial y} = N\left[-\frac{3(R+\bar{y})\bar{z}}{\bar{r}^2}\right];\quad \frac{\partial g_z}{\partial z} = N\left(1-\frac{3\bar{z}^2}{\bar{r}^2}\right)$$

$$N = -\frac{g}{\bar{r}};\quad g = g_0\frac{R^2}{\bar{r}^2};\quad \bar{g}_x = -g\frac{\bar{x}}{\bar{r}};\quad \bar{g}_y = -g\frac{R+\bar{y}}{\bar{r}};\quad \bar{g}_z = -g\frac{\bar{z}}{\bar{r}}$$

将式(4-31)代入式(4-28)，得

$$\begin{cases}
\dot{V}_x = \dfrac{\partial g_x}{\partial x}x + \dfrac{\partial g_x}{\partial y}y + \dfrac{\partial g_x}{\partial z}z + \tilde{g}_x + \dot{W}_{X_1}\cos\varphi - \dot{W}_{Y_1}\sin\varphi + \cos\varphi\left(\dot{W}_{Z_1}\psi - \dot{W}_{X_1}\dfrac{\psi^2}{2}\right) \\
\dot{V}_y = \dfrac{\partial g_y}{\partial x}x + \dfrac{\partial g_y}{\partial y}y + \dfrac{\partial g_y}{\partial z}z + \tilde{g}_y + \dot{W}_{X_1}\sin\varphi + \dot{W}_{Y_1}\cos\varphi + \sin\varphi\left(\dot{W}_{Z_1}\psi - \dot{W}_{X_1}\dfrac{\psi^2}{2}\right) \\
\dot{V}_z = \dfrac{\partial g_z}{\partial x}x + \dfrac{\partial g_z}{\partial y}y + \dfrac{\partial g_z}{\partial z}z + \tilde{g}_z + \dot{W}_{Z_1} - \dot{W}_{X_1}\psi \\
\dot{x} = V_x \\
\dot{y} = V_y \\
\dot{z} = V_z \\
\dot{t} = 1 \\
\dot{W} = M_0 + M_1\dot{W}_{X_1} + M_2\dot{W}_{Y_1} + M_3\dot{W}_{Z_1}
\end{cases} \tag{4-35}$$

取式(4-35)的伴随方程：

$$\begin{cases}\dot{G}_1(t,t_K)=-G_4\\ \dot{G}_2(t,t_K)=-G_5\\ \dot{G}_3(t,t_K)=-G_6\\ \dot{G}_4(t,t_K)=-\dfrac{\partial g_x}{\partial x}G_1-\dfrac{\partial g_y}{\partial x}G_2-\dfrac{\partial g_z}{\partial x}G_3\\ \dot{G}_5(t,t_K)=-\dfrac{\partial g_x}{\partial y}G_1-\dfrac{\partial g_y}{\partial y}G_2-\dfrac{\partial g_z}{\partial y}G_3\\ \dot{G}_6(t,t_K)=-\dfrac{\partial g_x}{\partial z}G_1-\dfrac{\partial g_y}{\partial z}G_2-\dfrac{\partial g_z}{\partial z}G_3\\ \dot{G}_7(t,t_K)=0\\ \dot{G}_8(t,t_K)=0\end{cases}$$

活动终端形式为

$$\begin{bmatrix}\dfrac{\partial L}{\partial V_x}\\ \dfrac{\partial L}{\partial V_y}\\ \dfrac{\partial L}{\partial V_z}\\ \dfrac{\partial L}{\partial x}\\ \dfrac{\partial L}{\partial y}\\ \dfrac{\partial L}{\partial z}\\ \dfrac{\partial L}{\partial t}\\ -1\end{bmatrix}+\left(t_K-\overline{t}_K\right)\begin{bmatrix}-\overline{\dot{G}}_1\\ -\overline{\dot{G}}_2\\ -\overline{\dot{G}}_3\\ -\overline{\dot{G}}_4\\ -\overline{\dot{G}}_5\\ -\overline{\dot{G}}_6\\ -\overline{\dot{G}}_7\\ -\overline{\dot{G}}_8\end{bmatrix} \tag{4-36}$$

则

$$S=\int_0^{t_K}\left\{\left[\dot{W}_{X_1}G_1\cos\varphi+\dot{W}_{X_1}G_2\sin\varphi+G_1\cos\varphi\left(\dot{W}_{Z_1}\psi-\dot{W}_{X_1}\frac{\psi^2}{2}\right)\right.\right.$$

$$+G_2\sin\varphi\left(\dot{W}_{Z_1}\psi-\dot{W}_{X_1}\frac{\psi^2}{2}\right)+G_8M_1\dot{W}_{X_1}\Bigg]+\left[-G_1\sin\varphi+G_2\cos\varphi+G_8M_2\right]\dot{W}_{Y_1} \quad (4\text{-}37)$$

$$+\left(G_3\dot{W}_{Z_1}-G_3\dot{W}_{X_1}\psi+G_8M_3\dot{W}_{Z_1}\right)+\left(\tilde{g}_xG_1+\tilde{g}_yG_2+\tilde{g}_zG_3+G_8M_0\right)+G_7\Bigg\}\mathrm{d}t$$

显然

$$G_8=-1$$

又有

$$J=\int_0^{t_K}M_0\mathrm{d}t+\int_0^{t_K}M_1\dot{W}_{X_1}\mathrm{d}t+\int_0^{t_K}M_2\dot{W}_{Y_1}\mathrm{d}t+\int_0^{t_K}M_3\dot{W}_{Z_1}\mathrm{d}t=W_0+W_1+W_2+W_3 \quad (4\text{-}38)$$

设用活动终端条件第一列解得的伴随函数为 $G_i^{(0)}$，用活动终端条件第二列解得的伴随函数为 $G_i^{(1)}, i=1,2,\cdots,8$。比较式(4-37)和式(4-38)得

$$\begin{aligned}W_0&=\int_0^{t_K}\left(\tilde{g}_xG_1+\tilde{g}_yG_2+\tilde{g}_zG_3\right)\mathrm{d}t+\int_0^{t_K}G_7\mathrm{d}t+\left[G_1(0)V_x(0)+G_3(0)V_z(0)\right]\\&=\int_0^{t_K}\left(\tilde{g}_xG_1^{(0)}+\tilde{g}_yG_2^{(0)}+\tilde{g}_zG_3^{(0)}\right)\mathrm{d}t\\&\quad+\left(t_K-\overline{t}_K\right)\int_0^{t_K}\left(\tilde{g}_xG_1^{(1)}+\tilde{g}_yG_2^{(1)}+\tilde{g}_zG_3^{(1)}\right)\mathrm{d}t\\&\quad+\left[G_1^{(0)}V_x(0)+G_3^{(0)}V_z(0)\right]+\left(t_K-\overline{t}_K\right)\left[G_1^{(1)}V_x(0)+G_3^{(1)}V_z(0)\right]+\frac{\partial L}{\partial t}t_K\end{aligned} \quad (4\text{-}39)$$

$$\begin{aligned}W_1&=\int_0^{t_K}\left(G_1\cos\varphi+G_2\sin\varphi\right)\dot{W}_{X_1}\mathrm{d}t\\&\quad+\int_0^{t_K}\left(G_1\cos\varphi+G_2\sin\varphi\right)\left(\dot{W}_{Z_1}\frac{\psi^2}{2}-\dot{W}_{X_1}\frac{\psi^2}{2}\right)\mathrm{d}t\end{aligned} \quad (4\text{-}40)$$

因为

$$\begin{aligned}\cos\varphi&=\cos\left(\varphi_{cx}+\delta\varphi\right)=\cos\varphi_{cx}\cos\left(\delta\varphi\right)-\sin\varphi_{cx}\sin\left(\delta\varphi\right)\\&=\cos\varphi_{cx}-\cos\varphi_{cx}\frac{\delta\varphi^2}{2}-\sin\varphi_{cx}\delta\varphi\end{aligned} \quad (4\text{-}41)$$

$$\begin{aligned}\sin\varphi&=\sin\left(\varphi_{cx}+\delta\varphi\right)=\sin\varphi_{cx}\cos\left(\delta\varphi\right)+\cos\varphi_{cx}\sin\left(\delta\varphi\right)\\&=\sin\varphi_{cx}-\sin\varphi_{cx}\frac{\delta\varphi^2}{2}+\cos\varphi_{cx}\delta\varphi\end{aligned} \quad (4\text{-}42)$$

所以将式(4-41)、式(4-42)代入式(4-40)，得

$$
\begin{aligned}
W_1 &= \int_0^{t_K} (G_1 \cos\varphi_{cx} + G_2 \sin\varphi_{cx}) \dot{W}_{X_1} \mathrm{d}t - \int_0^{t_K} (G_1 \cos\varphi_{cx} + G_2 \sin\varphi_{cx}) \frac{\delta\varphi^2}{2} \dot{W}_{X_1} \mathrm{d}t \\
&\quad + \int_0^{t_K} (-G_1 \sin\varphi_{cx} + G_2 \cos\varphi_{cx}) \delta\varphi \dot{W}_{X_1} \mathrm{d}t \\
&\quad + \int_0^{t_K} (G_1 \cos\varphi_{cx} + G_2 \sin\varphi_{cx}) \left(\dot{W}_{Z_1} \psi - \dot{W}_{X_1} \frac{\psi^2}{2} \right) \mathrm{d}t \\
&= \left(G_{1_K} \cos\varphi_{cx_K} + G_{2_K} \sin\varphi_{cx_K} \right) W_{X_{1K}} - \int_0^{t_K} \left(\dot{G}_1 \cos\varphi_{cx} + \dot{G}_2 \sin\varphi_{cx} \right) W_{X_1} \mathrm{d}t \\
&\quad - \int_0^{t_K} (-G_1 \sin\varphi_{cx} + G_2 \cos\varphi_{cx}) \dot{\varphi}_{cx} W_X \mathrm{d}t \\
&\quad - \int_0^{t_K} (G_1 \cos\varphi_{cx} + G_2 \sin\varphi_{cx}) \frac{\delta\varphi^2}{2} \dot{W}_{X_1} \mathrm{d}t \\
&\quad + \int_0^{t_K} (-G_1 \sin\varphi_{cx} + G_2 \cos\varphi_{cx}) \delta\varphi \dot{W}_{X_1} \mathrm{d}t \\
&\quad + \int_0^{t_K} (G_1 \cos\varphi_{cx} + G_2 \sin\varphi_{cx}) \left(\dot{W}_{Z_1} \psi - \dot{W}_{X_1} \frac{\psi^2}{2} \right) \mathrm{d}t
\end{aligned}
\tag{4-43}
$$

展开式(4-43)，化简并略去小量，有

$$
\begin{aligned}
W_1 &= \left(\frac{\partial L}{\partial V_z} \cos\varphi_{cx_K} + \frac{\partial L}{\partial V_y} \sin\varphi_{cx_K} \right) W_{X_{1K}} + \int_0^{t_K} \left(G_4^{(0)} \cos\varphi_{cx} + G_5^{(0)} \sin\varphi_{cx} \right) W_{X_1} \mathrm{d}t \\
&\quad + (t_K - \overline{t}_K) \int_0^{t_K} \left(G_4^{(1)} \cos\varphi_{cx} + G_5^{(1)} \sin\varphi_{cx} \right) W_{X_1} \mathrm{d}t \\
&\quad - \int_0^{t_K} \left(G_1^{(0)} \cos\varphi_{cx} + G_2^{(0)} \sin\varphi_{cx} \right) \frac{\delta\varphi^2}{2} \dot{W}_{X_1} \mathrm{d}t \\
&\quad + \int_0^{t_K} \left(-G_1^{(0)} \sin\varphi_{cx} + G_2^{(0)} \cos\varphi_{cx} \right) \delta\varphi \dot{W}_{X_1} \mathrm{d}t \\
&\quad + (t_K - \overline{t}_K) \int_0^{t_K} \left(-G_1^{(1)} \sin\varphi_{cx} + G_2^{(1)} \cos\varphi_{cx} \right) \delta\varphi \dot{W}_{X_1} \mathrm{d}t \\
&\quad + \int_0^{t_K} \left(G_1^{(0)} \cos\varphi_{cx} + G_2^{(0)} \sin\varphi_{cx} \right) \left(\dot{W}_{Z_1} \psi - \dot{W}_{X_1} \frac{\psi^2}{2} \right) \mathrm{d}t \\
&\quad - \int_0^{t_K} \left(-G_1^{(0)} \sin\varphi_{cx} + G_2^{(0)} \cos\varphi_{cx} \right) \dot{\varphi}_{cx} W_{X_1} \mathrm{d}t \\
&\quad - (t_K - \overline{t}_K) \int_0^{t_K} \left(-G_1^{(1)} \sin\varphi_{cx} + G_2^{(1)} \cos\varphi_{cx} \right) \dot{\varphi}_{cx} W_{X_1} \mathrm{d}t
\end{aligned}
\tag{4-44}
$$

设

$$m_2 = -G_1^{(0)} \sin\varphi_{cx} + G_2^{(0)} \cos\varphi_{cx}$$

$$m_1^D = G_4^{(0)} \cos\varphi_{cx} + G_5^{(0)} \sin\varphi_{cx}$$

$$m_1 = -m_2 \dot{\varphi}_{cx} + m_1^D$$

$$m_4 = G_1^{(0)} \cos\varphi_{cx} + G_2^{(0)} \sin\varphi_{cx}$$

$$n_2 = -G_1^{(1)} \sin\varphi_{cx} + G_2^{(1)} \cos\varphi_{cx}$$

$$\tilde{n}_1 = G_4^{(1)} \cos\varphi_{cx} + G_5^{(1)} \sin\varphi_{cx}$$

$$n_1 = -n_2 \dot{\varphi}_{cx} + \tilde{n}_1$$

将上述变量代入式(4-44)得

$$\begin{aligned} W_1 = &\left(\frac{\partial L}{\partial V_x}\cos\varphi_{cx_K} + \frac{\partial L}{\partial V_y}\sin\varphi_{cx_K}\right) W_{X_{1K}} + \int_0^{t_K} m_1 W_{X_1} \mathrm{d}t \\ &+ \int_0^{t_K} m_2 \dot{W}_{X_1} \delta\varphi \mathrm{d}t - \int_0^{t_K} m_4 \dot{W}_{X_1} \frac{\delta\varphi^2}{2} \mathrm{d}t \\ &+ (t_K - \overline{t}_K) \int_0^{t_K} n_1 W_{X_1} \mathrm{d}t + (t_K - \overline{t}_K) \int_0^{t_K} n_2 \dot{W}_{X_1} \delta\varphi \mathrm{d}t \\ &+ \int_0^{t_K} m_4 \left(\dot{W}_{Z_1}\psi - \dot{W}_{X_1}\frac{\psi^2}{2}\right) \mathrm{d}t \end{aligned} \tag{4-45}$$

做与 W_1 相似的推导和简化，可得

$$\begin{aligned} W_2 &= \int_0^{t_K} (-G_1 \sin\varphi + G_2 \cos\varphi) \dot{W}_{Y_1} \mathrm{d}t \\ &= \int_0^{t_K} (-G_1 \sin\varphi_{cx} + G_2 \cos\varphi_{cx}) \dot{W}_{Y_1} \mathrm{d}t \\ &\quad - \int_0^{t_K} (-G_1 \sin\varphi_{cx} + G_2 \cos\varphi_{cx}) \frac{\delta\varphi^2}{2} \dot{W}_{Y_1} \mathrm{d}t \\ &\quad - \int_0^{t_K} (G_1 \cos\varphi_{cx} + G_2 \sin\varphi_{cx}) \delta\varphi \dot{W}_{Y_1} \mathrm{d}t \\ &= \int_0^{t_K} \left(-G_1^{(0)} \sin\varphi_{cx} + G_2^{(0)} \cos\varphi_{cx}\right) \dot{W}_{Y_1} \mathrm{d}t \\ &\quad + (t_K - \overline{t}_K) \int_0^{t_K} \left(-G_1^{(1)} \sin\varphi_{cx} + G_2^{(1)} \cos\varphi_{cx}\right) \dot{W}_{Y_1} \mathrm{d}t \\ &\quad - \int_0^{t_K} \left(G_1^{(0)} \cos\varphi_{cx} + G_2^{(0)} \sin\varphi_{cx}\right) \delta\varphi \dot{W}_{Y_1} \mathrm{d}t \\ &= \int_0^{t_K} m_2 \dot{W}_{Y_1} \mathrm{d}t - \int_0^{t_K} m_4 \dot{W}_{Y_1} \delta\varphi \mathrm{d}t + (t_K - \overline{t}_K) \int_0^{t_K} n_2 \dot{W}_{Y_1} \mathrm{d}t \end{aligned} \tag{4-46}$$

$$W_3 = \int_0^{t_K} G_3 \left(\dot{W}_{Z_1} - \dot{W}_{X_1}\psi\right) \mathrm{d}t = \int_0^{t_K} G_3^{(0)} \left(\dot{W}_{Z_1} - \dot{W}_{X_1}\psi\right) \mathrm{d}t \tag{4-47}$$

将 W_0、W_1、W_2、W_3 代入式(4-38)得

$$
\begin{aligned}
J =& \left(\frac{\partial L}{\partial V_z}\cos\varphi_{cx_K} + \frac{\partial L}{\partial V_y}\sin\varphi_{cx_K}\right)W_{X_{1K}} + \int_0^{t_K} m_1 W_{X_1}\mathrm{d}t + \int_0^{t_K} m_2 \dot{W}_{X_1}\delta\varphi\mathrm{d}t \\
& - \int_0^{t_K} m_4 \dot{W}_{X_1}\frac{\delta\varphi^2}{2}\mathrm{d}t + (t_K - \overline{t}_K)\int_0^{t_K} n_1 W_{X_1}\mathrm{d}t + (t_K - \overline{t}_K)\int_0^{t_K} n_2 \dot{W}_{X_1}\delta\varphi\mathrm{d}t \\
& + \int_0^{t_K} m_4\left(\dot{W}_{Z_1}\psi - \dot{W}_{X_1}\frac{\psi^2}{2}\right)\mathrm{d}t + \int_0^{t_K} m_2 \dot{W}_{Y_1}\mathrm{d}t - \int_0^{t_K} m_4 \dot{W}_{Y_1}\delta\varphi\mathrm{d}t \\
& + (t_K - \overline{t}_K)\int_0^{t_K} n_2 \dot{W}_{Y_1}\mathrm{d}t + \int_0^{t_K} G_3^{(0)}\left(\dot{W}_{Z_1} - \dot{W}_{X_1}\psi\right)\mathrm{d}t \\
& + \int_0^{t_K}\left(\tilde{g}_x G_1^{(0)} + \tilde{g}_y G_2^{(0)} + \tilde{g}_z G_3^{(0)}\right)\mathrm{d}t \\
& + (t_K - \overline{t}_K)\int_0^{t_K}\left(\tilde{g}_x G_1^{(1)} + \tilde{g}_y G_2^{(1)} + \tilde{g}_z G_3^{(1)}\right)\mathrm{d}t \\
& + \frac{\partial L}{\partial t}t_K + \left[G_1^{(0)}(0)V_x(0) + G_1^{(0)}(0)V_z(0)\right] \\
& + (t_K - \overline{t}_K)\left[G_1^{(1)}(0)V_x(0) + G_1^{(2)}(0)V_z(0)\right] \qquad (4\text{-}48) \\
=& \left(\frac{\partial L}{\partial V_x}\cos\varphi_{cx_K} + \frac{\partial L}{\partial V_y}\sin\varphi_{cx_K}\right)W_{X_1} + \int_0^{t_K} m_1 \delta W_x \mathrm{d}t + \int_0^{t_K} m_2\left(\dot{W}_{X_1}\delta\varphi + \dot{W}_{Y_1}\right)\mathrm{d}t \\
& + \int_0^{t_K} G_3^{(0)}\left(\dot{W}_{Z_1} - \dot{W}_{X_1}\phi\right)\mathrm{d}t + \int_0^{t_K} m_4\left(\dot{W}_{Z_1}\psi - \dot{W}_{X_1}\frac{\psi^2}{2} - \dot{W}_{Y_1}\delta\varphi - \dot{W}_{X_1}\frac{\delta\varphi^2}{2}\right)\mathrm{d}t \\
& + \int_0^{t_K} m_1 \overline{W}_{X_1}\mathrm{d}t + \int_0^{t_K}\left(\tilde{g}_x G_1^{(0)} + \tilde{g}_y G_2^{(0)} + \tilde{g}_z G_3^{(0)}\right)\mathrm{d}t \\
& + (t_K - \overline{t}_K)\int_0^{t_K}\left(\tilde{g}_x G_1^{(1)} + \tilde{g}_y G_2^{(1)} + \tilde{g}_z G_3^{(1)}\right)\mathrm{d}t + (t_K - \overline{t}_K)\int_0^{t_K} n_1 \overline{W}_{X_1}\mathrm{d}t + \frac{\partial L}{\partial t}t_K \\
& + \left[G_1^{(0)}(0)V_x(0) + G_3^{(0)}(0)V_z(0)\right] \\
& + (t_K - \overline{t}_K)\left[G_1^{(1)}(0)V_x(0) + G_3^{(1)}(0)V_z(0)\right]
\end{aligned}
$$

设

$$
D = \frac{\partial L}{\partial V_x}\cos\varphi_{cx_K} + \frac{\partial L}{\partial V_y}\sin\varphi_{cx_K},\quad K_1 = \frac{1}{D}m_1,\quad \tilde{K}_2 = \frac{1}{D}m_2
$$

$$
\tilde{K}_3 = \frac{1}{D}G_3^{(0)},\quad \tilde{K}_4 = \frac{-1}{D}m_4,\quad K_0 = \frac{1}{D}m_0
$$

$$m = m_1\bar{W}_{X_1} + \tilde{g}_x G_1^{(0)} + \tilde{g}_y G_2^{(0)} + \tilde{g}_z G_3^{(0)} + \int_0^{t_K}\left(\tilde{g}_x G_1^{(1)} + \tilde{g}_y G_2^{(1)} + \tilde{g}_z G_3^{(1)}\right)\mathrm{d}t$$
$$+\int_0^{t_K}\bar{W}_{X_1}\mathrm{d}t + \left(t_K - \bar{t}_K\right)\left(n_1\bar{W}_X + \tilde{g}_x G_1^{(1)} + \tilde{g}_y G_2^{(1)} + \tilde{g}_z G_3^{(1)}\right)$$
$$+\frac{\partial L}{\partial t} + \left[G_1^{(1)}(0)V_x(0) + G_3^{(1)}(0)V_z(0)\right]$$

将上述变量代入式(4-48)得

$$J = W_{X_1} + \int_0^{t_K} K_1 \delta W_{X_1}\mathrm{d}t + \int_0^{t_K}\widetilde{K}_2\left(\dot{W}_Y + \dot{W}_X\delta\varphi\right)\mathrm{d}t + \int_0^{t_K}\widetilde{K}_3\left(\dot{W}_{Z_1} - \dot{W}_{X_1}\psi\right)\mathrm{d}t$$
$$+\int_0^{t_K}\widetilde{K}_4\left(-\dot{W}_{Z_1}\psi + \dot{W}_{X_1}\frac{\psi^2}{2} + \dot{W}_{Y_1}\delta\varphi + \dot{W}_{X_1}\frac{\delta\varphi^2}{2}\right)\mathrm{d}t + \int_0^{t_K}K_0\mathrm{d}t \tag{4-49}$$

式(4-49)就是捷联式全补偿摄动制导的关机方程。K_0、K_1、$\widetilde{K}_2$、$\widetilde{K}_3$、$\widetilde{K}_4$为与标准弹道有关的变系数。在飞行中实时计算J，当其与装订值J相等时，即发出关机指令。

三、位置捷联补偿方案的横法向导引方程

前面讨论的关机方程设计是一类非常特殊的开路系统设计。现在讨论反馈系统的外干扰完全补偿设计。对于闭路系统，不能任意配置齐次项和非齐次项。这种具有对外干扰完全补偿性质的高精度系统比一般的反馈系统复杂。

(一) 位置捷联补偿方案横向导引方程

横向导引系统的任务是保证导弹在射面内飞行，以消除横向散布。

横向散布的一阶摄动公式可写为

$$\Delta H = \frac{\partial H}{\partial V_x}\Delta V_x + \frac{\partial H}{\partial V_y}\Delta V_y + \frac{\partial H}{\partial V_z}\Delta V_z + \frac{\partial H}{\partial x}\Delta x + \frac{\partial H}{\partial y}\Delta y + \frac{\partial H}{\partial z}\Delta z \tag{4-50}$$

按照本节第二部分推导全补偿关机方程的方法，也可以推导出类似于式(4-49)的公式，只要将$\dfrac{\partial L}{\partial a}$换成$\dfrac{\partial H}{\partial a}$即可$\left(a = V_x, V_y, V_z, x, y, z\right)$：

$$H\left(t_K\right) = \int_0^{t_K}N_4\dot{W}_{X_1}\mathrm{d}t + \int_0^{t_K}N_2\left(\dot{W}_{Y_1} + \dot{W}_{X_1}\delta\varphi\right)\mathrm{d}t$$
$$+\int_0^{t_K}N_4\left(\dot{W}_{Y_1}\delta\varphi - \dot{W}_{Z_1}\psi + \dot{W}_{X_1}\frac{\psi^2}{2} + \dot{W}_{X_1}\frac{\delta\varphi^2}{2}\right)\mathrm{d}t \tag{4-51}$$
$$+\int_0^{t_K}N_3\left(\dot{W}_{Z_1} - \dot{W}_{X_1}\psi\right)\mathrm{d}t + \int_0^{t_K}N_0\mathrm{d}t$$

式中，N_4、N_2、N_3、N_0为与标准弹道有关的横向导引变系数。

对于标准弹道，有

$$\begin{aligned} H\left(\bar{t}_K\right) &= \int_0^{\bar{t}_K} N_4 \overline{\dot{W}}_{X_1} \mathrm{d}t + \int_0^{t_K} N_2 \left(\overline{\dot{W}}_{Y_1} + \overline{\dot{W}}_{X_1} \delta\varphi\right) \mathrm{d}t \\ &+ \int_0^{\bar{t}_K} N_4 \left(\overline{\dot{W}}_{Y_1} \delta\bar{\varphi} + \dot{W}_{X_1} \frac{\delta\bar{\varphi}^2}{2}\right) \mathrm{d}t + \int_0^{\bar{t}_K} N_0 \mathrm{d}t \end{aligned} \tag{4-52}$$

式(4-51)减式(4-52)得

$$\begin{aligned} \Delta H &\approx \int_0^{t_K} N_4 \delta\dot{W}_{X_1} \mathrm{d}t + \int_0^{t_K} N_2 \left(\delta\dot{W}_{Y_1} + \dot{W}_{X_1} \delta\varphi\right) \mathrm{d}t \\ &+ \int_0^{t_K} N_4 \left(-\dot{W}_{Z_1}\psi + \dot{W}_{Y_1}\delta\varphi + \dot{W}_{X_1}\frac{\delta\varphi^2}{2} + \dot{W}_{X_1}\frac{\psi^2}{2}\right) \mathrm{d}t \\ &+ \int_0^{t_K} N_3 \left(\dot{W}_{Z_1} - \dot{W}_{X_1}\psi\right) \mathrm{d}t + \int_{\bar{t}_K}^{t_K} N_0 \mathrm{d}t \end{aligned} \tag{4-53}$$

由计算结果分析，取主要项：

$$\Delta H \approx \int_0^{t_K} N_4 \delta\dot{W}_{X_1} \mathrm{d}t + \int_0^{t_K} N_2 \left(\delta\dot{W}_{Y_1} + \dot{W}_{X_1}\delta\varphi\right) \mathrm{d}t + \int_0^{t_K} N_3 \left(\dot{W}_{Z_1} - \dot{W}_{X_1}\psi\right) \mathrm{d}t \tag{4-54}$$

式中，前两项是纵向干扰对横向的耦合影响；第三项为横向干扰产生的$\dot{W}_{Z_1}$和ψ引起的散布。

对于中近程导弹，在纵向干扰不大的情况下，纵横向耦合的影响也不大。为了系统的简单、可靠，可以只控制$\int_0^{t_K} N_3 \left(\dot{W}_{Z_1} - \dot{W}_{X_1}\psi\right) \mathrm{d}t$这一项。

导弹弹体坐标系与惯性坐标系的转换矩阵$\boldsymbol{A}$在ψ、τ为小角的情况下，可简化为

$$\boldsymbol{A} = \begin{bmatrix} \cos\varphi & -\sin\varphi & \psi\cos\varphi + \gamma\sin\varphi \\ \sin\varphi & \cos\varphi & -\gamma\cos\varphi + \psi\sin\varphi \\ -\psi & \gamma & 1 \end{bmatrix} \tag{4-55}$$

已知

$$\begin{bmatrix} \dot{W}_x \\ \dot{W}_y \\ \dot{W}_z \end{bmatrix} = \boldsymbol{A} \begin{bmatrix} \dot{W}_{X_1} \\ \dot{W}_{Y_1} \\ \dot{W}_{Z_1} \end{bmatrix} \tag{4-56}$$

故

$$\dot{W}_Z = \dot{W}_{Z_1} - \dot{W}_{X_1}\psi + \dot{W}_{Y_1}\gamma \tag{4-57}$$

由于$\dot{W}_{Y_1}\gamma$远比$\dot{W}_{Z_1}$与$\dot{W}_{X_1}\psi$小，故可近似认为：

$$\dot{W}_Z \approx \dot{W}_{Z_1} - \dot{W}_{X_1}\psi \tag{4-58}$$

忽略横向位移引起的引力加速度g_z的变化，可进一步认为

$$\dot{V}_z \approx \dot{W}_{Z_1} - \dot{W}_{X_1}\psi \tag{4-59}$$

$$V_z = \int_0^t \left(\dot{W}_{Z_1} - \dot{W}_{X_1}\psi\right)\mathrm{d}\tau \tag{4-60}$$

将V_z送入偏航回路来控制导弹的横向运动，控制方程为

$$\delta_\psi = a_0^\psi \psi - a_1^z V_z \tag{4-61}$$

从而控制导弹的质心运动，不断消除V_z使导弹保持在射面附近飞行。

(二) 位置捷联补偿方案法向导引方程

在导弹的许多情况下，如在远程导弹制导中，为了消除由地球自转引起的纵向对横向的耦合影响和关机方程中高阶项的影响，有必要设计消除关机点弹道倾角偏差$\Delta\theta_K$的导引系统。

建立摄动方程：

$$\begin{cases}
\delta\dot{V} = a_{12}\left(V\delta\theta\right) + a_{14}\delta\varphi + F_{X_1} \\
\left(V\delta\theta\right)^{\boldsymbol{\cdot}} = a_{21}\delta V + a_{22}\left(V\delta\theta\right) + a_{24}\delta\varphi + a_{25}\Delta\delta + F_{X_1}\overline{a} + F_{Y_1} \\
\left(\delta\dot{\varphi}\right)^{\boldsymbol{\cdot}} = a_{32}\left(V\delta\theta\right) + a_{33}\delta\dot{\varphi} + a_{34}\delta\varphi + a_{35}\Delta\delta + \dfrac{M}{J_{Z_1}} \\
\delta\dot{\varphi} = a_{43}\delta\dot{\varphi} \\
\Delta\delta = a_{53}\delta\dot{\varphi} + a_{54}\delta\varphi + a_{55}\Delta\delta + a_0^{F_{X_1}}{}_1F_{X_1} + a_0^{F_{Y_1}}F_{Y_1} + a_0^M\dfrac{M}{J_{Z_1}} \\
\delta J = a_{61}\delta V + a_{62}\left(V\delta\theta\right) + a_{64}\delta\varphi + a_{65}\Delta\delta + K_1F_{X_1} + \widetilde{K}_2F_{Y_1}
\end{cases} \tag{4-62}$$

式中，F_{X_1}、F_{Y_1}为干扰力；M为干扰力矩大小；J_{Z_1}为弹体绕纵轴的转动惯量；$\Delta\delta$为所求的控制规律；各系数均为由标准弹道参数决定的已知时间函数；K_1、$\widetilde{K}_2$见关机方程(4-49)。

伴随方程为

$$
\begin{cases}
\dot{h}_1 = -a_{21}h_2 - a_{61}h_6 \\
\dot{h}_2 = -a_{12}h_1 - a_{21}h_2 - a_{32}h_3 - a_{62}h_6 \\
\dot{h}_3 = -a_{33}h_4 - a_{43}h_4 - a_{53}h_4 \\
\dot{h}_4 = -a_{14}h_1 - a_{24}h_2 - a_{34}h_3 - a_{54}h_5 - a_{64}h_6 \\
\dot{h}_5 = -a_{25}h_2 - a_{35}h_3 - a_{55}h_5 - a_{65}h_6 \\
\dot{h}_6 = 0
\end{cases} \tag{4-63}
$$

终端条件为

$$
\boldsymbol{h}(t_K) = \left[0, \frac{1}{\overline{V}_K}, 0, 0, 0, -\frac{\theta_K}{J_K}\right]^{\mathrm{T}} \tag{4-64}
$$

对外干扰的完全补偿条件为

$$
\begin{cases}
h_1 + h_2\overline{a} + a_0^{F_{X_1}} h_5 + K_1 h_6 \equiv 0 \\
h_2 + a_0^{F_{Y_1}} h_5 + K_2 h_6 \equiv 0 \\
h_3 + a_0^{M} h_5 \equiv 0
\end{cases} \tag{4-65}
$$

由此得到：

$$
\begin{cases}
a_0^{F_{X_1}} = -\dfrac{1}{h_5}\left(h_1 + h_2\overline{a} + K_1 h_6\right) \\
a_0^{F_{Y_1}} = -\dfrac{1}{h_5}\left(h_2 + K_2 h_6\right) \\
a_0^{M} = -\dfrac{1}{h_5} h_3
\end{cases} \tag{4-66}
$$

干扰如果不能直接测量，则可通过下面的关系式间接求得

$$
\begin{cases}
F_{X_1} = \delta \dot{W}_{X_1} \\
F_{Y_1} = \delta \dot{W}_{Y_1} - \left(a_{12} + a_n\right)\delta V - a_{22}\left(V\delta\theta\right) + a_n V\delta\varphi - a_{25}\Delta\delta \\
\dfrac{M}{J_{Z_1}} = \delta\ddot{\varphi} - a_{32}\left(V\delta\theta\right) - a_{33}\delta\dot{\varphi} - a_{34}\delta\varphi - a_{35}\Delta\delta
\end{cases} \tag{4-67}
$$

最后要实现的控制规律如下：

$$
\begin{aligned}
\Delta\dot{\delta} = {} & a_0^{\delta V}\delta V + a_0^{(V\delta\theta)}\left(V\delta\theta\right) + a_0^{\delta\theta}\delta\varphi + a_0^{\delta\dot{\varphi}} + a_0^{M}\delta\ddot{\varphi} \\
& + a_0^{\Delta\delta}\Delta\delta + a_0^{F_{X_1}}\delta\dot{W}_{X_1} + a_0^{F_{Y_1}}\delta\dot{W}_{Y_1} - \frac{1}{\tau}\Delta\delta
\end{aligned} \tag{4-68}
$$

式中，τ 为控制装置参数。

这样的导引方程可以完全消除外干扰的影响，实现很高的控制精度。但是，用摄动法处理问题带来的误差和标准弹道参数本身存在的误差，使得没有必要付出巨大的代价实现严格的外干扰完全补偿。在实际设计工作中，在多数情况下，选用按相坐标偏差控制的线性导引规律即可满足设计要求。采用如下的导引公式

$$u_{\varphi}=\int_{0}^{t}\left(-\dot{\varphi}_{cx}\delta W_{X_1}+\dot{W}_{X_1}\delta\varphi+\dot{W}_{Y_1}\right)\mathrm{d}\tau \tag{4-69}$$

即可满足中等精度的导引要求。

四、速率捷联惯性制导的状态解算

速率捷联惯性制导系统主要由速率积分陀螺仪、加速度计组合和导航计算机组成。加速度计组合的敏感轴相对导弹固定，测量视加速度在弹体三个轴上的投影。速率积分陀螺仪不同于位置陀螺仪，位置陀螺仪是利用陀螺仪的定轴性，而速率积分陀螺仪是利用陀螺仪的进动性。速率积分陀螺仪的敏感轴与导弹固连，随导弹一起运动。速率积分陀螺仪测量导弹瞬时角速度在弹体三个轴上的分量。导航计算机据此计算导弹相对导航坐标系(惯性坐标系)的姿态或坐标转换矩阵，并把加速度计组合的输出变换为视加速度在导航坐标系的投影[20]。速率捷联惯性制导系统的原理框图如图 4-1 所示。

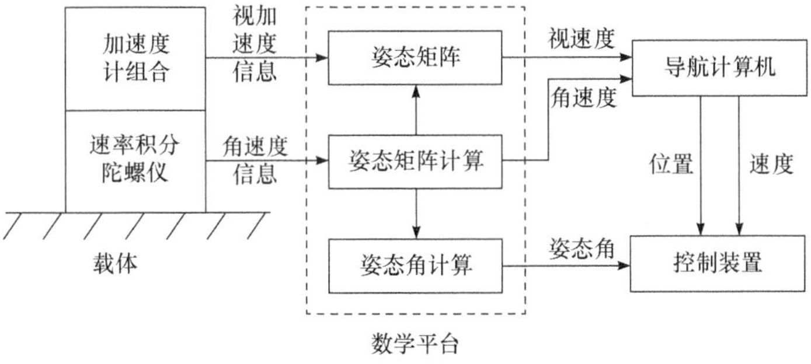

图 4-1 速率捷联惯性制导系统的原理框图

捷联姿态计算的主要任务如下[21]：

(1) 根据速率积分陀螺仪测量值决定导弹弹体坐标系和导航坐标系的转换矩阵，提供导航计算所要求的坐标基准。

(2) 给出姿态控制所要求的导弹相对导航坐标系的姿态角。

常用的算法有两种：方向余弦算法和四元数算法。方向余弦算法涉及反三角函数运算，对数据计算不利，因此宜采用四元数算法(四元数有关知识见附

录 B)。

(一) 状态参数的测算

已知导弹状态方程的递推解为

$$\begin{cases} V_{x_n} = V_{x_{n-1}} + \Delta W_{x_n} + \dfrac{T_0}{2}\left(g_{x_{n-1}} + g_{x_n}\right) \\ V_{y_n} = V_{y_{n-1}} + \Delta W_{y_n} + \dfrac{T_0}{2}\left(g_{y_{n-1}} + g_{y_n}\right) \\ V_{z_n} = V_{x_{n-1}} + \Delta W_{z_n} + \dfrac{T_0}{2}\left(g_{z_{n-1}} + g_{z_n}\right) \\ x_n = x_{n-1} + \left(V_{x_{n-1}} + \dfrac{1}{2}\Delta W_{x_n} + \dfrac{T_0}{2} g_{x_{n-1}}\right)T_0 \\ y_n = y_{n-1} + \left(V_{y_{n-1}} + \dfrac{1}{2}\Delta W_{y_n} + \dfrac{T_0}{2} g_{y_{n-1}}\right)T_0 \\ z_n = z_{n-1} + \left(V_{z_{n-1}} + \dfrac{1}{2}\Delta W_{z_n} + \dfrac{T_0}{2} g_{z_{n-1}}\right)T_0 \end{cases} \tag{4-70}$$

式中，ΔW_{x_n}、ΔW_{y_n}、ΔW_{z_n}是T_0周期内导弹视速度在惯性坐标系中的增量。

对捷联式制导系统而言，因加速度计与导弹固连，故在T_0周期内得到的只是导弹视速度在弹体坐标系中的增量$\Delta W_{X_{1n}}$、$\Delta W_{Y_{1n}}$、$\Delta W_{Z_{1n}}$。这就需要将导弹弹体坐标系中的速度增量转换到惯性坐标系中，即

$$\begin{bmatrix} \Delta W_{x_n} \\ \Delta W_{y_n} \\ \Delta W_{z_n} \end{bmatrix}_{T_0} = \begin{bmatrix} q_0^2+q_1^2-q_2^2-q_3^2 & 2(q_1q_2-q_0q_3) & 2(q_0q_2+q_1q_3) \\ 2(q_1q_2+q_0q_3) & q_0^2+q_2^2-q_1^2-q_3^2 & 2(q_2q_3-q_0q_1) \\ 2(q_1q_3-q_0q_2) & 2(q_0q_1+q_2q_3) & q_0^2+q_3^2-q_1^2-q_2^2 \end{bmatrix} \begin{bmatrix} \Delta W_{X_1} \\ \Delta W_{Y_1} \\ \Delta W_{Z_1} \end{bmatrix}_{T_0} \tag{4-71}$$

在导弹状态参数的测算中，$\Delta\boldsymbol{W} = \left(\Delta W_x, \Delta W_y, \Delta W_z\right)^{\mathrm{T}}$是按$T_0$周期计算的。为了保证运算精度，$\delta\boldsymbol{W}_1 = \left(\delta W_{X_1}, \delta W_{Y_1}, \delta W_{Z_1}\right)^{\mathrm{T}}$是按$\tau_0$周期计算的。$T_0 = M\tau_0$，其中$M$为正数。因为导弹弹体坐标系在惯性空间不断转动，所以在采样周期τ_0中，导弹弹体坐标系从$(K-1)\tau_0$位置转动到$K\tau_0$位置。这样，需要将采样积累的$\left(\Delta W_{X_1}, \Delta W_{Y_1}, \Delta W_{Z_1}\right)^{\mathrm{T}}_{(K-1)\tau_0}$转换到$K\tau_0$时刻的导弹弹体坐标系上。设导弹弹体坐标系中视速度的坐标转换旋转次序为$\delta\dot{\theta}_1 \to \delta\dot{\theta}_2 \to \delta\dot{\theta}_3$，如图 4-2 所示。

近似地把$\left(\delta W_{X_1}, \delta W_{Y_1}, \delta W_{Z_1}\right)^{\mathrm{T}}_{\tau_0}$看成是在$(\delta\theta_1/2, \delta\theta_2/2, \delta\theta_3/2)^{\mathrm{T}}$处出现的，则依图 4-2 可得

$$\begin{bmatrix}\Delta W_{X_1}\\ \Delta W_{Y_1}\\ \Delta W_{Z_1}\end{bmatrix}_{K\tau_0}=\begin{bmatrix}1 & \delta\theta_3 & -\delta\theta_2\\ -\delta\theta_3 & 1 & \delta\theta_1\\ \delta\theta_2 & -\delta\theta_1 & 1\end{bmatrix}\begin{bmatrix}\Delta W_{X_1}\\ \Delta W_{Y_1}\\ \Delta W_{Z_1}\end{bmatrix}_{(K-1)\tau_0}+\begin{bmatrix}1 & \dfrac{\delta\theta_3}{2} & -\dfrac{\delta\theta_2}{2}\\ -\dfrac{\delta\theta_3}{2} & 1 & \dfrac{\delta\theta_1}{2}\\ \dfrac{\delta\theta_2}{2} & -\dfrac{\delta\theta_1}{2} & 1\end{bmatrix}\begin{bmatrix}\delta W_{X_1}\\ \delta W_{Y_1}\\ \delta W_{Z_1}\end{bmatrix}_{\tau_0} \tag{4-72}$$

(二) 四元数计算初始条件的确定

由图 4-3 可知，对于弹道导弹的发射方式，按欧拉次序 $90°+\Delta\varphi_0\rightarrow\psi_0\rightarrow\gamma_0$ 旋转可得导弹在发射台上的初始位置。

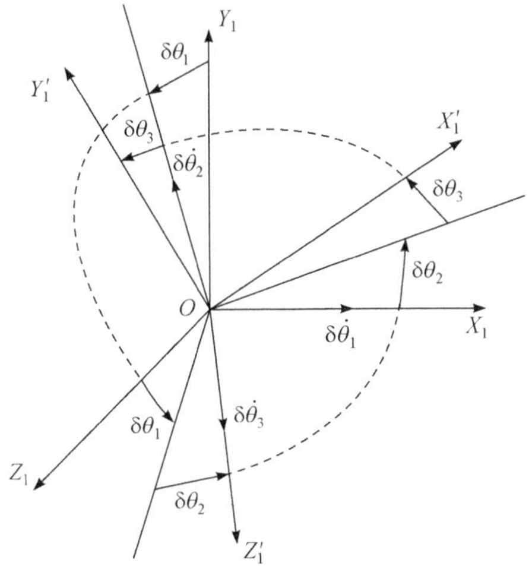

图 4-2　视速度的坐标转换

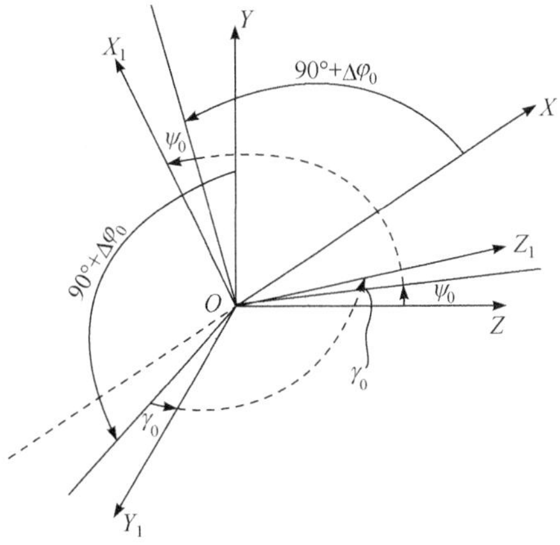

图 4-3　导弹在发射台上的位置与惯性坐标系的关系

旋转的四元数分别为

$$\boldsymbol{Q}\left(90°+\Delta\varphi_0\right)=\boldsymbol{Q}\left(\varphi_0\right)=\begin{bmatrix}\cos\dfrac{\varphi_0}{2}\\ 0\\ 0\\ \sin\dfrac{\varphi_0}{2}\end{bmatrix} \tag{4-73}$$

$$\boldsymbol{Q}(\psi_0)=\begin{bmatrix}\cos\dfrac{\psi_0}{2}\\-\cos\Delta\varphi_0\sin\dfrac{\psi_0}{2}\\-\sin\Delta\varphi_0\sin\dfrac{\psi_0}{2}\\0\end{bmatrix}\approx\begin{bmatrix}\cos\dfrac{\psi_0}{2}\\-\sin\dfrac{\psi_0}{2}\\0\\0\end{bmatrix}\tag{4-74}$$

$$\boldsymbol{Q}(\gamma_0)=\begin{bmatrix}\cos\dfrac{\gamma_0}{2}\\-\cos\psi_0\sin\Delta\varphi_0\sin\dfrac{\gamma_0}{2}\\\cos\psi_0\cos\Delta\varphi_0\sin\dfrac{\gamma_0}{2}\\-\sin\psi_0\sin\dfrac{\gamma_0}{2}\end{bmatrix}\approx\begin{bmatrix}\cos\dfrac{\gamma_0}{2}\\0\\\sin\dfrac{\gamma_0}{2}\\0\end{bmatrix}\tag{4-75}$$

依照四元数的乘法规则，可得

$$\boldsymbol{Q}_0=\boldsymbol{Q}(\gamma_0)\boldsymbol{Q}(\psi_0)\boldsymbol{Q}(\varphi_0)=\begin{bmatrix}\cos\dfrac{\gamma_0}{2}\cos\dfrac{\psi_0}{2}\cos\dfrac{\varphi_0}{2}-\sin\dfrac{\gamma_0}{2}\sin\dfrac{\psi_0}{2}\sin\dfrac{\varphi_0}{2}\\-\cos\dfrac{\gamma_0}{2}\sin\dfrac{\psi_0}{2}\cos\dfrac{\varphi_0}{2}+\sin\dfrac{\gamma_0}{2}\cos\dfrac{\psi_0}{2}\sin\dfrac{\varphi_0}{2}\\\sin\dfrac{\gamma_0}{2}\cos\dfrac{\psi_0}{2}\cos\dfrac{\varphi_0}{2}+\cos\dfrac{\gamma_0}{2}\sin\dfrac{\psi_0}{2}\sin\dfrac{\varphi_0}{2}\\\sin\dfrac{\gamma_0}{2}\sin\dfrac{\psi_0}{2}\cos\dfrac{\varphi_0}{2}+\cos\dfrac{\gamma_0}{2}\cos\dfrac{\psi_0}{2}\sin\dfrac{\varphi_0}{2}\end{bmatrix}\tag{4-76}$$

因为 $\varphi_0=90°+\Delta\varphi_0$，所以得

$$\sin\frac{\varphi_0}{2}=\sin\left(45°+\frac{\Delta\varphi_0}{2}\right)\approx 0.7071678+0.35355339\Delta\varphi_0=A_{\varphi_0}\tag{4-77}$$

$$\cos\frac{\varphi_0}{2}=\cos\left(45°+\frac{\Delta\varphi_0}{2}\right)\approx 0.7071678+0.35355339\Delta\varphi_0=B_{\varphi_0}\tag{4-78}$$

ψ_0、γ_0很小，取 $\cos\dfrac{\psi_0}{2}=\cos\dfrac{\gamma_0}{2}=1$，$\sin\dfrac{\psi_0}{2}=\dfrac{\psi_0}{2}$，$\sin\dfrac{\gamma_0}{2}=\dfrac{\gamma_0}{2}$，则

$$\boldsymbol{Q}_0=\begin{bmatrix}B_{\varphi_0}\\-\dfrac{\psi_0}{2}B_{\varphi_0}+\dfrac{\gamma_0}{2}A_{\varphi_0}\\\dfrac{\gamma_0}{2}B_{\varphi_0}+\dfrac{\psi_0}{2}A_{\varphi_0}\\A_{\varphi_0}\end{bmatrix}\tag{4-79}$$

第二节 平台惯性制导

广泛应用在中近程导弹上的捷联惯性制导方案，虽然结构简单，易于实现，制导品质也比较好，但因控制方案中含有角度量，所以相应地需要有精度较高的角度传感器；另外，由于测量仪器固连于弹体，因此其工作条件恶劣；同时，在制导方程设计中，又因做过某些近似和简化而产生一定的落点偏差，而且随着射程增加，偏差值会越来越大[22]。如果将这种制导方案用于远程导弹上，就难以满足导弹射击精度的要求。为改善敏感元件的工作条件，提高制导精度，须采用精度更高的制导方案，平台惯性制导方案就是远程导弹和运载火箭较常采用的一种精度较高的制导方案。

平台惯性制导的工作原理因射程和落点精度要求不同而有所区别。由于平台惯性制导的摄动制导、显式制导的基本原理与本书前面所述摄动制导和显式制导相关内容基本一致，因此这里主要介绍按补偿制导的平台惯性制导工作原理。

一、平台惯性制导系统

(一) 平台惯性制导系统基本组成

平台惯性制导系统一般由三轴陀螺稳定平台、测量仪表和计算机等组成。三轴陀螺稳定平台结构如图 4-4 所示。

三轴陀螺稳定平台由台体、内外框、基座等组成。由安装在台体上面的自转轴互相垂直的 3 个陀螺仪及对应伺服回路将其稳定在特定空间，作为测量和计算的基准。三轴陀螺稳定平台具备两项重要职能：为加速度计建立基准坐标系和使惯性器件与导弹的角运动隔离[23]。

安装在台体上的 3 个互相垂直的加速度计，其敏感轴分别与平台惯性坐标系的坐标轴方向一致，其功能为测量导弹视加速度值沿该坐标轴方向的分量。

平台惯性制导方案的工作原理如图 4-5 所示。

在三轴陀螺稳定平台建立一个三维空间坐标系，从而建立输出信号的测量基准。测量仪表根据所建立的测量基准进行测量，并输出导弹的三维视加速度分量和俯仰程序角至计算机。计算机进行制导解算并适时发出程序转弯信号、导引指令和关机指令。三轴陀螺稳定平台还将姿态角信号输出至姿态控制系统，以完成导弹姿态控制；计算机还可根据任务需要，不断将运算的中间结果输出给遥测装置，以便发送到地面指挥控制中心，从而使地面指挥人员随时掌握导弹的飞行状态。

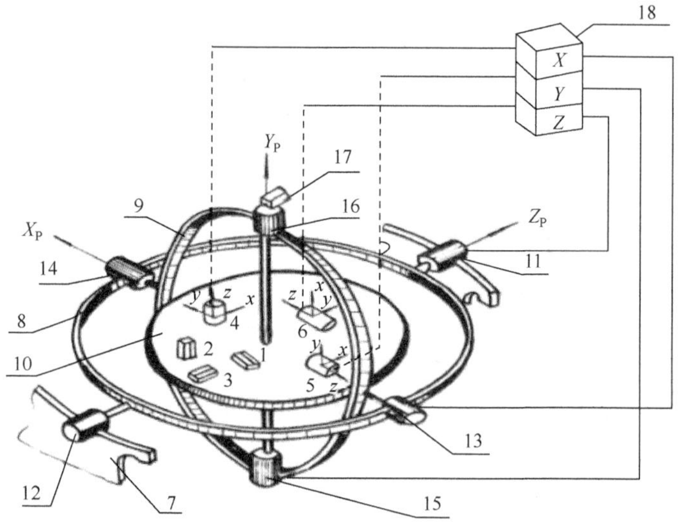

图 4-4　三轴陀螺稳定平台结构示意图[16]

1 为 X 方向加速度计；2 为 Y 方向加速度计；3 为 Z 方向加速度计；4 为 X 方向陀螺仪；5 为 Y 方向陀螺仪；6 为 Z 方向陀螺仪；7 为基座；8 为外框；9 为内框；10 为台体；11 为外框轴力矩马达；12、14、16 为框架角传感器；13 为内框轴力矩马达；15 为台体轴力矩马达；17 为棱镜；18 为稳定放大器

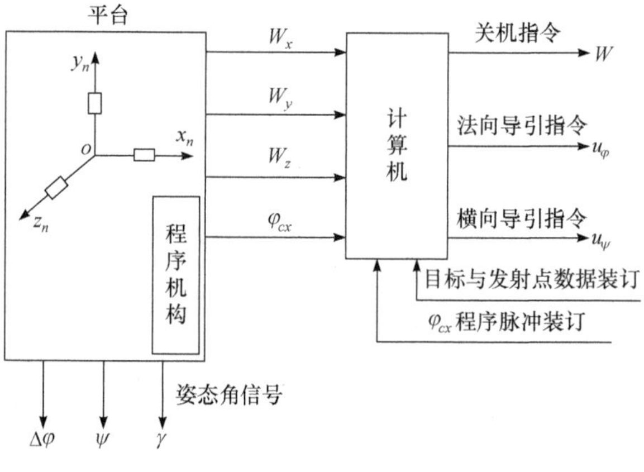

图 4-5　平台惯性制导方案的工作原理示意图

(二) 平台惯性制导系统分类

根据三轴陀螺稳定平台模拟的三维空间坐标系的不同，可将平台惯性制导系统分为半解析式平台惯性制导系统和解析式平台惯性制导系统[6,16]。

1. 半解析式平台惯性制导系统

半解析式平台惯性制导系统是用平台坐标系模拟地理坐标系。其稳定平台台体按照所要求的导航规律相对惯性空间运动，从而使台体相对当地垂线保持稳定，以提供地理坐标系或地平坐标系的导航方位为基准。半解析式平台惯性制导系统工作原理如图 4-6 所示。

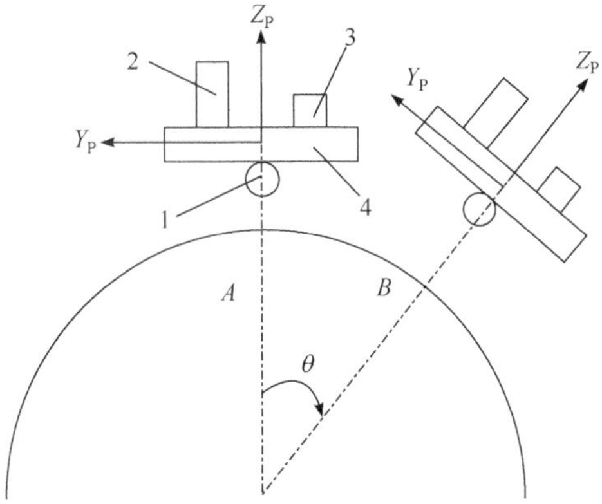

图 4-6 半解析式平台惯性制导系统工作原理示意图
1 为平台轴；2 为陀螺仪；3 为加速度计；4 为稳定平台；A、B 为当前时刻平台中心在地球表面的投影；Y_P、Z_P 分别为平台台体坐标系的 Y 坐标轴、Z 坐标轴

半解析式平台惯性制导系统的基准坐标系是地理坐标系，其稳定平台台体平面始终平行于当地水平面，方位可以指向地理北，也可以指向给定的某一方向。陀螺仪和加速度计均设置在稳定台体上，两只加速度计相互垂直，不测量重力加速度 $\boldsymbol{g}$ 。加速度计测出的是相对惯性空间且沿水平面的分量。加速度计在消除由地球自转载体速度等引起的有害加速度之后，才能得到载体经解算后相对于地理坐标系的速度和位置。此类半解析式平台惯性制导系统又分为指北方位、自由方位、游动方位和自由方位旋转等不同类型，这类系统中都有一个水平平台，只是方位指向不同。半解析式平台惯性制导系统多用于飞航式导弹和舰船、飞机等。

2. 解析式平台惯性制导系统

解析式平台惯性制导系统是用平台坐标系模拟惯性坐标系，即用稳定平台台体实现惯性坐标系，平台坐标系相对惯性坐标系无转动。解析式平台惯性制导系统工作原理如图 4-7 所示。

解析式平台惯性制导系统的陀螺稳定平台组成形式和半解析式惯性制导系统的陀螺稳定平台相同，只是在工作时，其稳定平台台体相对惯性空间稳定。因此，解析式平台惯性制导系统的陀螺稳定平台只需要三个稳定回路。在该稳定平台台体上安装三个加速度计，它们的敏感轴组成三维正交坐标系。由于稳定平台相对惯性空间没有旋转角速度，因此加速度计的输出信号中不含科氏加速度和向心加速度项，使计算简化。由于稳定平台相对惯性空间是稳定的，当载体运动后，平台坐标系相对重力加速度 $\boldsymbol{g}$ 的方向在不断变化，因此三个加速度计中 $\boldsymbol{g}$ 的分量也在不断变化，必须通过计算机对 $\boldsymbol{g}$ 分量的计算，从信号中消除相应的分量，然后进行积分，这样才能得到相对惯性坐标系的速度和位置分量。经过制导计算机给出的速度和位置均是相对惯性坐标系的。如果要求给出载体相对地球的速度和地理坐标位置，则必须进行适当的坐标变换。解析式平台惯性制导系统多用于远程导弹和运载火箭等。本书后文所述平台惯性制导系统均指解析式平台惯性制导系统。

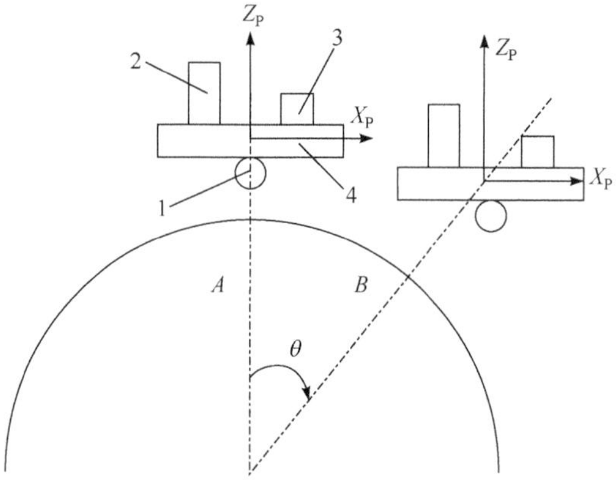

图 4-7 解析式平台惯性制导系统工作原理示意图

1 为平台轴；2 为陀螺仪；3 为加速度计；4 为稳定平台

平台惯性制导系统的功用与捷联惯性制导系统相似，不同之处仅仅在于测量基准不同。捷联惯性制导系统的测量元件固连于弹体，其测量值是相对弹体坐标系确定的。平台惯性制导系统则定位于惯性稳定平台上，其测量值是相对惯性空间确定的。

与捷联惯性制导系统比较，平台惯性制导系统具有惯性器件工作环境好，制导解算不需要进行坐标转换，计算相对简单，初始定位较易实现等优点；但是，其结构复杂，体积和质量较大，在测试、使用、更换元件等方面也都没捷联制导系统简单方便[24]。

二、平台惯性制导的关机方程

就中等精度要求的中远程导弹或运载火箭来说，采用三轴陀螺稳定平台和专用计算机组成的按补偿制导原理工作的制导系统来完成制导任务是完全可行的。平台惯性补偿制导方案的特点在于，直接由平台上积分加速度计输出的视速度分量，经过包括两次积分或三次积分和常系数乘法在内的简单算术运算求得关机方程和导引控制函数，使之既满足导弹或运载火箭的制导精度要求，又尽可能地减少弹(箭)上制导计算工作量及存储要求。本部分主要介绍平台惯性补偿制导方案的关机方程。

已知一阶近似下射程偏差的线性展开式为

$$\Delta L \approx \Delta L^{(1)} = \sum_{i=1}^{6} \frac{\partial L}{\partial x_i} \Delta x_i(t_K) + \frac{\partial L}{\partial t_K} \Delta t_K \tag{4-80}$$

$$\begin{cases} \Delta x_i(t_K) = x_i(t_K) - \tilde{x}_i(\tilde{t}_K) \\ \Delta t_K = t_K - \tilde{t}_K \end{cases} \tag{4-81}$$

式中，L 为导弹射程；$x_i(i=1,2,\cdots,6)$ 分别为在发射惯性坐标系中导弹惯性速度和位置的坐标分量 V_x、V_y、V_z、x、y、z；$\tilde{x}_i(\tilde{t}_K)$ 为标准弹道在标准关机时刻的运动参数；$x_i(t_K)$ 为实际弹道在实际关机时刻的运动参数。

式(4-80)可以写成：

$$J_0(t_K) + \frac{\partial L}{\partial t_K} \Delta t_K = \tilde{J}_0(\tilde{t}_K) \tag{4-82}$$

$$\begin{aligned} J_0(t_K) = & \frac{\partial L}{\partial V_x} V_x(t_K) + \frac{\partial L}{\partial V_y} V_y(t_K) \\ & + \frac{\partial L}{\partial V_z} V_z(t_K) + \frac{\partial L}{\partial x} x(t_K) \\ & + \frac{\partial L}{\partial y} y(t_K) + \frac{\partial L}{\partial z} z(t_K) \end{aligned} \tag{4-83}$$

式中，$\tilde{J}_0(\tilde{t}_K)$ 为由标准弹道在标准关机时刻运动参数算得的 $J_0(t_K)$。

在给定的飞行弹道中，$\tilde{J}_0(\tilde{t}_K)$ 是已知的。关机方程设计的任务就是用视速度分量 W_x、W_y、W_z 及其积分的线性组合表示 $J_0(t_K)$。

已知导弹质心运动的微分方程组为

$$\begin{cases} \dot{V}_x = \dot{W}_x + g_x \\ \dot{V}_y = \dot{W}_y + g_y \\ \dot{V}_z = \dot{W}_z + g_z \end{cases} \tag{4-84}$$

$$\begin{cases} \dot{x} = V_x \\ \dot{y} = V_y \\ \dot{z} = V_z \end{cases} \tag{4-85}$$

初始条件为

$$V_x(0) = V_{x_0}, \quad V_y(0) = 0, \quad V_z(0) = V_{z_0}$$

$$x(0) = y(0) = z(0) = 0$$

在球形引力场模型下有

$$\begin{cases} g_x = -GM\dfrac{x}{r^3} \\ g_y = -GM\dfrac{y+R_0}{r^3} \\ g_z = -GM\dfrac{z}{r^3} \\ r = \sqrt{x^2+(y+R_0)^2+z^2} \end{cases} \tag{4-86}$$

因此，式(4-84)是非线性微分方程组，为了把它表示为线性方程组形式，先对引力加速度 $\boldsymbol{g}$ 做摄动处理，并进行泰勒级数展开。

将引力加速度 $\boldsymbol{g}$ 的分量 $\left(g_x, g_y, g_z\right)$ 相对标准弹道的位置坐标 $\left(\tilde{x}(t), \tilde{y}(t), \tilde{z}(t)\right)$ 展开成泰勒级数，略去二阶以上小量，得

$$\begin{cases} g_x = \dfrac{\partial g_x}{\partial x}x + \dfrac{\partial g_x}{\partial y}y + \dfrac{\partial g_x}{\partial z}z + \hat{g}_x \\ g_y = \dfrac{\partial g_y}{\partial x}x + \dfrac{\partial g_y}{\partial y}y + \dfrac{\partial g_y}{\partial z}z + \hat{g}_y \\ g_z = \dfrac{\partial g_z}{\partial x}x + \dfrac{\partial g_z}{\partial y}y + \dfrac{\partial g_z}{\partial z}z + \hat{g}_z \end{cases} \tag{4-87}$$

式中，

$$\begin{cases} \hat{g}_x = g_x(\tilde{x},\tilde{y},\tilde{z}) - g_{xx}\tilde{x} - g_{xy}\tilde{y} - g_{xz}\tilde{z} \\ \hat{g}_y = g_y(\tilde{x},\tilde{y},\tilde{z}) - g_{yx}\tilde{x} - g_{yy}\tilde{y} - g_{yz}\tilde{z} \\ \hat{g}_z = g_z(\tilde{x},\tilde{y},\tilde{z}) - g_{zx}\tilde{x} - g_{zy}\tilde{y} - g_{zz}\tilde{z} \end{cases} \tag{4-88}$$

式中，$g_{xx}, g_{yx}\cdots$ 表示加速度分量对位置坐标的偏导数，如 $g_{xx} = \partial g_x / \partial x$，$g_{yx} = \partial g_y / \partial x \cdots$ 依此类推。这些偏导数的值由标准弹道参数算出，为已知的时间函数。

将式(4-87)代入式(4-84)，就得到考虑引力加速度一阶位置摄动量的微分方程组：

$$\begin{bmatrix} \dot{V}_x \\ \dot{V}_y \\ \dot{V}_z \\ \dot{x} \\ \dot{y} \\ \dot{z} \end{bmatrix} = \begin{bmatrix} \boldsymbol{0}_3 & \boldsymbol{G}_0(t) \\ \boldsymbol{I}_3 & \boldsymbol{0}_3 \end{bmatrix} \begin{bmatrix} V_x \\ V_y \\ V_z \\ x \\ y \\ z \end{bmatrix} + \begin{bmatrix} \dot{W}_x + \hat{g}_x \\ \dot{W}_y + \hat{g}_y \\ \dot{W}_z + \hat{g}_z \\ 0 \\ 0 \\ 0 \end{bmatrix} \tag{4-89}$$

式中，$\boldsymbol{I}_3$是三阶单位阵；$\boldsymbol{0}_3$是三阶零矩阵；且有

$$\boldsymbol{G}_0(t)=\begin{bmatrix} g_{xx} & g_{xy} & g_{xz} \\ g_{yx} & g_{yy} & g_{yz} \\ g_{zx} & g_{zy} & g_{zz} \end{bmatrix} \tag{4-90}$$

$\dot{W}_x$、$\dot{W}_y$、$\dot{W}_z$是平台上加速度计的输出，代表可以直接测得的外力，因而可以完全不考虑它们与相坐标的复杂函数关系，把式(4-89)当作线性方程组对待。式(4-89)的伴随方程组为

$$\begin{bmatrix} \dot{h}_1 \\ \dot{h}_2 \\ \dot{h}_3 \\ \dot{h}_4 \\ \dot{h}_5 \\ \dot{h}_6 \end{bmatrix}=-\begin{bmatrix} \boldsymbol{0}_3 & \boldsymbol{I}_3 \\ \boldsymbol{G}_0(t) & \boldsymbol{0}_3 \end{bmatrix}\begin{bmatrix} h_1 \\ h_2 \\ h_3 \\ h_4 \\ h_5 \\ h_6 \end{bmatrix} \tag{4-91}$$

若令终端条件为

$$\boldsymbol{h}(t_K)=\left[\frac{\partial \dot{L}}{\partial V_x},\frac{\partial \dot{L}}{\partial V_y},\frac{\partial \dot{L}}{\partial V_z},\frac{\partial \dot{L}}{\partial x},\frac{\partial \dot{L}}{\partial y},\frac{\partial \dot{L}}{\partial z}\right]^{\mathrm{T}} \tag{4-92}$$

则由伴随定理(伴随定理有关知识见附录C)可得

$$\begin{aligned} J_0(t_K)&=h_1(0)V_{x_0}+h_3(0)V_{z_0} \\ &\quad+\int_0^{t_K}[h_1(t)(\dot{W}_x+\hat{g}_x)+h_2(t)(\dot{W}_y+\hat{g}_y)+h_3(t)(\dot{W}_z+\hat{g}_z)]\mathrm{d}t \\ &=G_1(t_K)+h_1(0)V_{x_0}+h_3(0)V_{z_0}+J_1(t_K) \end{aligned} \tag{4-93}$$

式中，

$$G_1(t_K)=\int_0^{t_K}[h_1(t)\hat{g}_x(t)+h_2(t)\hat{g}_y(t)+h_3(t)\hat{g}_z(t)]\mathrm{d}t \tag{4-94}$$

$$J_1(t_K)=\int_0^{t_K}[h_1(t)\dot{W}_x(t)+h_2(t)\dot{W}_y(t)+h_3(t)\dot{W}_z(t)]\mathrm{d}t \tag{4-95}$$

式(4-93)中，$h_1(0)V_{x_0}+h_3(0)V_{z_0}$是取决于$t_K$的常数项；$G_1(t_K)$的被积函数是取决于标准弹道相坐标的已知函数；积分上限t_K是待定的。因此，把前两项作为时间补偿项与式(4-82)中的$(\partial L/\partial t_K)\Delta t_K$一起考虑。

利用分部积分法，并做若干化简可得

$$\begin{aligned}J_1(t_K) &= \frac{\partial L}{\partial V_x}W_x(t_K)+\frac{\partial L}{\partial V_y}W_y(t_K)+\frac{\partial L}{\partial V_z}W_z(t_K) \\ &\quad +\frac{\partial L}{\partial x}W_x(t_K)+\frac{\partial L}{\partial y}W_y(t_K)+\frac{\partial L}{\partial z}W_z(t_K) \\ &\quad -\int_0^{t_K}[\dot{h}_4(t)W_x(t)+\dot{h}_5(t)W_y(t)+\dot{h}_6(t)W_z(t)]\mathrm{d}t\end{aligned} \tag{4-96}$$

式中，

$$W_x(t)=\int_0^t W_x(\tau)\mathrm{d}\tau,\quad W_y(t)=\int_0^t W_y(\tau)\mathrm{d}\tau,\quad W_z(t)=\int_0^t W_z(\tau)\mathrm{d}\tau$$

不难看出，式(4-96)等号右边最后三项实际上是用视速度偏差的积分来计算引力加速度偏差而引入的补偿项。式中 $h_4(t)$、$h_5(t)$、$h_6(t)$ 应当根据实际关机时刻 t_K 的终端条件式(4-92)，求解伴随方程组(4-91)来确定。但是，实际关机时刻 t_K 无法预先确定，必须借助近似方法。

设伴随方程组(4-91)的状态转移矩阵是 $\boldsymbol{\Phi}_0(t,t_K)$，则伴随方程组(4-91)的解 $\boldsymbol{h}(t)$ 可以表示为

$$\boldsymbol{h}(t)=\boldsymbol{\Phi}_0(t,t_K)\boldsymbol{h}(t_K)=\boldsymbol{\Phi}_0(t,t_K)\boldsymbol{\lambda} \tag{4-97}$$

式中，

$$\boldsymbol{\lambda}=\left[\frac{\partial L}{\partial V_x},\frac{\partial L}{\partial V_y},\frac{\partial L}{\partial V_z},\frac{\partial L}{\partial x},\frac{\partial L}{\partial y},\frac{\partial L}{\partial z}\right]^{\mathrm{T}}$$

将 $\boldsymbol{\Phi}_0(t,t_K)$ 在实际关机时刻 t_K 邻域相对 $\tilde{t}_K$ 进行泰勒级数展开，由于 Δt_K 很小，因此二阶以上高阶项可以略去，则

$$\boldsymbol{\Phi}_0(t,t_K)=\boldsymbol{\Phi}_0(t,\tilde{t}_K)+\left.\frac{\mathrm{d}\boldsymbol{\Phi}_0(t,t_K)}{\mathrm{d}t_K}\right|_{t_K=\tilde{t}_K}\times(t_K-\tilde{t}_K)+\cdots \tag{4-98}$$

由式(2-35)可知：

$$\frac{\mathrm{d}\boldsymbol{\Phi}_0(t,t_K)}{\mathrm{d}t_K}=-\boldsymbol{\Phi}_0(t,t_K)\boldsymbol{A}_0(t) \tag{4-99}$$

式中，$\boldsymbol{A}_0(t)$ 为伴随方程组(4-91)的系数矩阵：

$$\boldsymbol{A}_0(t)=-\begin{bmatrix}\boldsymbol{0}_3 & \boldsymbol{I}_3\\ \boldsymbol{G}_0(t) & \boldsymbol{0}_3\end{bmatrix} \tag{4-100}$$

将式(4-98)、式(4-99)代入式(4-97)，得

$$\boldsymbol{h}(t)=\boldsymbol{\Phi}_0(t,\tilde{t}_K)\boldsymbol{\lambda}-\boldsymbol{\Phi}_0(t,\tilde{t}_K)\dot{\boldsymbol{h}}(\tilde{t}_K)\Delta t_K=\tilde{\boldsymbol{h}}^*(t)-\dot{\tilde{\boldsymbol{h}}}^*(t)\Delta t_K \tag{4-101}$$

式中，

$$\tilde{\boldsymbol{h}}^{*}(t)=\boldsymbol{\Phi}_0(t,\tilde{t}_K)\boldsymbol{\lambda} \tag{4-102}$$

$$\dot{\tilde{\boldsymbol{h}}}^{*}(t)=\boldsymbol{\Phi}_0(t,\tilde{t}_K)\dot{\boldsymbol{h}}(\tilde{t}_K),\quad \dot{\boldsymbol{h}}(\tilde{t}_K)=\boldsymbol{A}_0(\tilde{t}_K)\boldsymbol{\lambda} \tag{4-103}$$

式(4-102)、式(4-103)说明 $\boldsymbol{h}^{*}(t)$ 、$\dot{\boldsymbol{h}}^{*}(t)$ 都是伴随方程组(4-91)的解，但是它们的终端条件不同，前者是 $\boldsymbol{h}(\tilde{t}_K)=\boldsymbol{\lambda}$ ，后者是 $\boldsymbol{h}(\tilde{t}_K)=\dot{\boldsymbol{h}}(\tilde{t}_K)$ 。

由式(4-101)并考虑到

$$\frac{\mathrm{d}\boldsymbol{\Phi}_0(t,\tilde{t}_K)}{\mathrm{d}t}=\boldsymbol{A}_0(t)\boldsymbol{\Phi}_0(t,\tilde{t}_K) \tag{4-104}$$

不难得到：

$$\begin{aligned}\dot{\boldsymbol{h}}(t)&=\boldsymbol{A}_0(t)\boldsymbol{\Phi}_0(t,\tilde{t}_K)\boldsymbol{\lambda}-\boldsymbol{A}_0(t)\boldsymbol{\Phi}_0(t,\tilde{t}_K)\dot{\boldsymbol{h}}(\tilde{t}_K)\Delta t_K\\&=\boldsymbol{A}_0(t)\boldsymbol{h}^{*}(t)-\boldsymbol{A}_0(t)\boldsymbol{h}^{*}(t)\Delta t_K\end{aligned} \tag{4-105}$$

综上所述，得到

$$\Delta L^{(1)}=J_1(t_K)+f(\Delta t_K)-\tilde{J}_1(\tilde{t}_K) \tag{4-106}$$

式中，

$$\begin{cases}f(\Delta t_K)=\dfrac{\partial L}{\partial t_K}\Delta t_K+\displaystyle\int_0^{t_K}[h_1(t)\tilde{A}_x(t)+h_2(t)\tilde{A}_y(t)+h_3(t)\tilde{A}_z(t)]\mathrm{d}t\\ \qquad +h_1(0)V_{x_0}+h_3(0)V_{z_0}-\displaystyle\int_0^{t_K}[\tilde{h}_1(t)\tilde{A}_x(t)+\tilde{h}_2(t)\tilde{A}_y(t)+\tilde{h}_3(t)\tilde{A}_z(t)]\mathrm{d}t\\ \qquad -\tilde{h}_1(0)V_{x_0}-\tilde{h}_3(0)V_{z_0}\\ \tilde{A}_x(t)=\tilde{g}_x-\dfrac{\partial g_x}{\partial x}\tilde{x}-\dfrac{\partial g_x}{\partial y}\tilde{y}-\dfrac{\partial g_x}{\partial z}\tilde{z}\\ \tilde{A}_y(t)=\tilde{g}_y-\dfrac{\partial g_y}{\partial x}\tilde{x}-\dfrac{\partial g_y}{\partial y}\tilde{y}-\dfrac{\partial g_y}{\partial z}\tilde{z}\\ \tilde{A}_z(t)=\tilde{g}_z-\dfrac{\partial g_z}{\partial x}\tilde{x}-\dfrac{\partial g_z}{\partial y}\tilde{y}-\dfrac{\partial g_z}{\partial z}\tilde{z}\end{cases} \tag{4-107}$$

进一步提高这种类型关机方程精度的关键是考虑射程偏差泰勒展开式中某些重要二次项的影响。另外，对引力加速度偏差的补偿可以更完善，以提高制导精度。

三、平台惯性制导的导引方程

就补偿制导方案而言，导引方程的任务在于利用加速度计输出直接计算导引控制函数(导引量)，并根据导引控制函数给出导引信号。通过俯仰或偏航控制通道，使发动机产生相应的摆动。

在摄动法制导体制中，偏差量通常有两种表达形式：

$$\delta\xi(t)=\xi(t)-\xi^*(t) \tag{4-108}$$

称为等时偏差。

$$\begin{cases}\xi=(\theta_H, H, \cdots)^{\mathrm{T}} \\ \Delta\xi(t_K)=\xi(t_K)-\xi^*(\tilde{t}_K)\end{cases} \tag{4-109}$$

称为非等时偏差。

二者在关机点附近满足线性变分关系式：

$$\begin{cases}\Delta\xi(t_K)=\delta\xi(t_K)+\dot{\xi}^*\Delta t_K \\ \Delta t_K=t_K-\tilde{t}_K\end{cases} \tag{4-110}$$

实际上，导引方程取哪一种形式不是原则问题，主要视其控制目的和实现可能性而定。通常，从控制过程的平稳性考虑，采用$\delta\boldsymbol{\xi}(t)$时跟踪性能较好，可避免“极度驾驶”；如果从控制的精度考虑，则采用$\Delta\boldsymbol{\xi}(t_K)$更合理。这是因为决定导弹终端指标(落点散布或入轨精度)的正是关机点相坐标的非等时偏差$\Delta\boldsymbol{\xi}(t_K)$或$\Delta\boldsymbol{x}(t_K)$。特别是随着射程增加，在干扰增大以及精度要求较高的情况下，或在弹道特性变化率$\dot{\xi}$较大的情况下，其控制效果尤为显著。

欲求$\Delta\boldsymbol{\xi}(t_K)$，必先知道实际关机时刻$t_K$及其相应的弹道参数$\xi(t_K)$。这只有采取预测手段，即利用$t_0$时刻状态偏差$\delta\boldsymbol{x}(t_0)$预估关机点可能出现的状态偏差$\Delta\boldsymbol{x}(t_K)$和$\Delta\hat{t}_K$，这样才能获得所需的控制偏差$\Delta\boldsymbol{\xi}(t_K)$。这里介绍一种线性预估方法。

首先假定：

$$\delta\boldsymbol{f}(t)=\boldsymbol{0} \quad \left(t\in[t_0,t_K]\right) \tag{4-111}$$

利用布利斯(Bliss)公式(布利斯公式有关知识见附录 C)可求得

$$\Delta\hat{\boldsymbol{x}}(t_K)=\delta\boldsymbol{x}(t_0) \tag{4-112}$$

于是有

$$\delta\xi(t_K)=\sum_{i=1}^{6}\frac{\partial\xi}{\partial x_{i_K}}\delta\hat{x}_i(t_K) \tag{4-113}$$

$$\Delta\hat{t}_K=-\frac{\delta\hat{W}(t_K)}{\tilde{\dot{W}}_K} \tag{4-114}$$

式中，

$$\delta\hat{W}(t_K)=\sum_{i=1}^{6}\frac{\partial J}{\partial x_{i_K}}\delta\hat{x}_i(t_K) \tag{4-115}$$

式中，J 为关机特征量。

将式(4-112)～式(4-114)代入式(4-110)，有

$$\Delta\boldsymbol{\xi}(t_K)=\sum_{i=1}^{6}\frac{\partial\xi}{\partial x_i}\delta x_i(t_0)=\sum_{i=1}^{6}C_i\delta x_i(t_0) \tag{4-116}$$

式中，

$$C_i=\frac{\partial\xi}{\partial x_i}=\left(\frac{\partial\xi}{\partial x_i}-\frac{\dot{\xi}}{\dot{\tilde{W}}_K}\frac{\partial J}{\partial x_i}\right)_K \tag{4-117}$$

式(4-116)为控制量的线性预估公式，只要知道 t_0 时刻的状态偏差 $\delta\boldsymbol{x}(t_0)$ 便可预估出关机点的控制偏差 $\Delta\boldsymbol{\xi}(t_K)$。

以式(4-117)为基础，通过和关机方程类似的推导，并经过简化，得到用视加速度及其积分表示的控制函数：

$$I_3(t)=J_\xi(t)-\bar{J}_\xi(t) \tag{4-118}$$

式中，

$$\begin{aligned}J_\xi(t)=&c_1W_x(t)+c_2W_y(t)+c_3W_z(t)\\&+c_4W_{\cdot x}(t)+c_5W_{\cdot y}(t)+c_6W_{\cdot z}(t)\\&-b_xW_{\cdot\cdot x}(t)-b_yW_{\cdot\cdot y}(t)-b_zW_{\cdot\cdot z}(t)\end{aligned} \tag{4-119}$$

思 考 习 题

1. 简述捷联惯性制导的特点和分类。
2. 简述外干扰补偿的意义、基本思想和主要特点。
3. 简述影响关机时间的主要干扰因素。
4. 简述捷联姿态计算的主要任务。
5. 结合速率捷联惯性制导系统的原理框图阐述其工作原理。
6. 简述式(4-72)中等号两边各项的物理含义。
7. 简述四元数在速率捷联惯性制导中的应用原理。
8. 分析比较位置捷联惯性制导和速率捷联惯性制导的优缺点。
9. 简述平台惯性制导的功能和主要特点。
10. 简述平台惯性制导系统的组成和各部分功能。

11. 简述平台惯性制导的基本工作原理。
12. 分析比较捷联惯性制导系统与平台惯性制导系统的优缺点。
13. 简述平台惯性补偿制导的主要特点。

第五章　复合制导

惯性制导对空间飞行器特别是导弹武器来说，是一种比较理想的制导体制。但随着对制导精度的要求不断提高，惯性制导面临越来越严峻的挑战。短期内成数量级地提高惯性器件精度是不现实的，应该从系统设计的角度采取其他的制导技术来分担惯性器件的压力，也就是采取复合制导的方式[6]。

本章首先介绍复合制导系统的定义、组成、形式、分类和特点，然后分别以惯性/星光复合制导和惯性/图像匹配复合制导为例，介绍复合制导的相关知识。在惯性/星光复合制导中，介绍星光制导的基础原理、大视场星敏感器星光制导技术和惯性/星光复合制导的工作原理；在惯性/图像匹配复合制导中，介绍图像匹配制导系统的基本原理、匹配装置技术途径和惯性/合成孔径雷达复合制导工作原理。

第一节　复合制导系统的定义和分类

惯导系统(inertial navigation system，INS)作为一种自主式制导系统，其主要优点是既不依赖外部信息、也不向外发射能量，提供的导航数据十分完备，数据更新率和短期精度高、稳定性好等[25]。这些优点使得惯导系统在军事和民用导航、制导领域发挥越来越大的作用。

惯导系统也并非十全十美。由于它从初始条件开始依靠积分运算来计算导航参数，纯惯导系统的精度在开始工作时或较短工作时间内很高，但是其误差随着工作时间增长而积累、精度随着工作时间增长而降低，其中陀螺仪漂移是造成这种累积性误差的主要原因。另外，惯导系统每次使用之前的初始对准时间较长，影响飞行器的机动能力。

要提高导弹对攻击目标的命中精度，一方面仍然可以采用提高惯导系统精度的方法。无论是从技术上的可行性，还是从经济角度来考虑，提高惯导系统本身的精度在很大程度上受客观条件的制约。另一方面，随着科技的发展，已经能提供多种导航设备，如全球导航卫星系统[26]、多普勒导航系统[27]、奥米伽导航系统[28]、罗兰导航系统[29]、塔康导航系统[30]、星光制导系统[31]、图像匹配制导系统[32-33]，以及正在发展的 X 射线脉冲星导航系统[34]、太赫兹雷达制导系统[35]等。这些导航设备各有优缺点，精度和成本也大不相同。通过综合利用这些导航设备得到的外部信息，进行多种信息融合下的复合制导，以及建立在自主识别、探测、控制、寻的及智能化数据处理技术基础上的导弹末制导技术，是提高导弹精度的最有效途径，也成为国内外先进导弹的重要特征。

复合制导系统是指在导弹飞行的同一阶段或不同阶段，采用由两种或两种以上制导方式组合成的制导系统。采用复合制导的目的是提高导弹制导精度，增大制导作用距离，或增强抗干扰能力以及全天候、全方位攻击能力[7,36]。单模制导方式各有优点和不足，不能满足各种不同使用条件要求。将不同制导方式适当组合后，能够使各种单模制导方式相互补充，扬长避短，因此复合制导已成为当代导弹制导技术的一个显著特点。

复合制导系统主要分为无线电指令/雷达寻的、主/被动毫米波寻的、雷达/红外复合寻的、可见光/红外指令、惯性/卫星、惯性/星光、惯性/地图匹配、惯性/卫星/图像匹配、惯性/地形/景象匹配、惯性/主动雷达等[37-42]。

复合制导系统主要由三部分组成：供每一种制导方式单独使用的设备，供几种制导方式共用的设备，使制导方式转换的设备。复合制导系统通常用于：①一种制导方式的作用距离不能满足导弹射程的需要，或其精度达不到要求。②单模制导方式不能满足战术要求的导弹各飞行段所需的弹道特性。③提高制导系统的抗干扰能力。

复合制导系统的形式很多，按制导复合方式分类：①串联复合制导系统，是指在导弹飞行路线的不同段上，依次采用不同的制导方式，如遥控-寻的、自主-遥控-寻的、自主-遥控、自主-寻的。可以增大制导距离，多用于射程较远的防空导弹和反舰导弹。②并联复合制导系统，是指在导弹的全制导过程中或在弹道的某一段上，同时或交替使用几种制导方法，可以有效适应复杂目标环境和抗干扰。例如，“爱国者”导弹采用 TVM 制导，将指令制导与半主动雷达寻的制导并联复合成一种新的制导系统；“战斧”巡航导弹采用以惯性制导为主、地形匹配为辅的并联复合制导系统。③串并联复合制导系统，是指在导弹的全制导过程中，既有串联复合制导，又有并联复合制导。例如，空射“战斧”巡航导弹在飞行初始段和中段采用惯性/等高线地形匹配的并联复合制导，在末段采用惯性/景象匹配区域相关并联复合制导，同时在初始段、中段与末段采用按照时间顺序的串联复合制导[43-44]。

复合制导系统具有制导距离远、能提高制导功能、制导精度高、战术使用灵活等特点，但制导系统设备结构复杂、体积大、成本高。随着惯性器件、光电器件、微型计算机、信息处理和传输技术的发展，复合制导系统的发展趋势是小型化、低成本、高可靠性。

第二节 惯性/星光复合制导

星光制导是利用对星体的观测，根据星体在太空的固有运动规律所提供信息来确定导弹在空间运动参数的制导技术[9,31]。

一、星光制导基础

(一) 天体位置的表示

天体的位置可用其在天球上的位置坐标来表示。天球不是客观存在的一个实体，而是以地球球心为中心、半径无限大的假想球体。天球上基本点、线、圆由地球上基本点、线、圆扩展到天球上而形成。将地轴无限延长与天球相交所得的天球直径，称为天轴。天轴与天球面相交的两点，称为天极(分为南天极和北天极)。将赤道平面无限扩展与天球面相交的大圆，称为天赤道。

所有天体，不管其距离地球远近，一律把它们投影到天球的球面上，即每颗恒星可抽象为天球上的一个点。确定天体的位置，就是确定天体在天球上的位置。

天体位置的表示如图 5-1 所示。天球上某点的位置通常采用天球坐标系描述，天球坐标系的定义：原点位于地心 O ，xOy 平面与天赤道面重合，Ox 轴指向春分点，Oz 轴指向北天极。因此，天球上某点 S 的位置可由两个球面坐标——

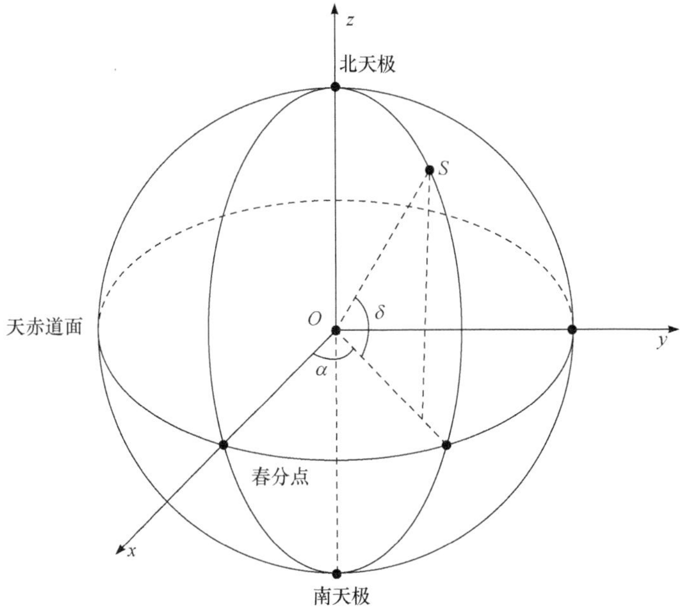

图 5-1 天体位置的表示

赤经α和赤纬δ描述，其与地球上的经度、纬度相似。

由于岁差(一种沿着地轴方向的缓慢运动)的影响，春分点的位置在缓慢发生变化，恒星的天球坐标也发生变化。天文学家通过长期观察，得到了恒星在历元时刻对应的赤经、赤纬坐标——恒星平位置，并给出了用于估计观测时刻恒星位置的修正量。某观测时刻恒星的瞬时位置可由历元时刻的恒星平位置加上修正量得到。

(二) 星敏感器

星光制导系统主要由天体测量部分和导航解算部分组成。天体测量部分一般由天体敏感器和相应的接口电路组成，按敏感天体的不同可分为地球敏感器、太阳敏感器、月球敏感器、恒星敏感器和行星敏感器等。

恒星敏感器(简称“星敏感器”)是当前广泛应用的天体敏感器，是星光制导系统中一个很重要的组成部分。星敏感器以恒星作为姿态测量的参考源，可以输出恒星在星敏感器坐标下的矢量方向，为导弹的姿态控制和星光制导系统提供高精度的测量数据。

恒星敏感器最早在 20 世纪 50 年代初研制成功，主要应用于飞机、导弹的制导。70 年代电荷耦合器件(charge-coupled device，CCD)的出现，促进了像质好、精度高的 CCD 敏感器的研制。随着科技的发展，90 年代初，出现了采用互补金属氧化物半导体(complementary metal oxide semiconductor，CMOS)工艺的动态像源星敏感器有源像素传感器(active pixel sensor，APS)，又称 CMOS APS 星敏感器。90 年代以后，随着大面阵 CCD 的应用，基于星图匹配的导航技术已广泛用于航天飞机、卫星导航和战略武器(如潜艇、远程战略轰炸机)等，其可靠性、精度有了较大提高。基于弹载大视场星敏感器星图匹配的导航、制导技术趋于成熟。

星敏感器按照其发展阶段可以分为星扫描器、框架式星跟踪器、固定式星跟踪器三种类型。

(1) 星扫描器。星扫描器又称星图仪，带有一狭缝视场，适用于自转卫星。其原理是，卫星自转时，敏感器扫描天区，狭缝视场敏感恒星，处理电路系统检测恒星扫过的时间和敏感的星光能量，并根据先验知识、匹配识别等，测出卫星的姿态。其没有旋转部件，可靠性较高，但系统信噪比低，在工程实践中受到严重限制，现已基本淘汰。

(2) 框架式星跟踪器。框架式星跟踪器的原理是，导航星通过光学成像系统在敏感面上成像，处理电路系统检测出星场在视场中的位置和大小，根据检测结果驱动伺服机构，使机械框架转动，将导航星的图像尽可能保持在视场中心，最后根据识别出的导航星信息和框架转角情况来确定航天器的姿态。此类型星敏感器的结构复杂，可靠性较差。

(3) 固定式星跟踪器。固定式星跟踪器的原理是，通过光学系统由光电转换器件敏感恒星，处理电路系统扫描搜索视场，以获取、识别导航星，进而确定航天器的姿态。这种类型星敏感器的视场呈锥形，易于确定星像的方位，且没有机械转动部件，因而可靠性高，具有广泛的应用前景。

目前，固定式星跟踪器的 CCD 星敏感器像质好、分辨率高、技术比较成熟等，已经在工程上得到了广泛的应用。新型固定式星跟踪器的 CMOS APS 星敏感器具有集成度高、无需电荷转换、动态范围大等特点，是星敏感器发展的方向。

二、星光制导原理

(一) 定位原理

由于恒星(不包括太阳)距离地球都非常遥远，如距离地球最近的恒星(比邻星)距太阳 4.22 光年，因此可近似认为人们观测到的恒星星光是平行光。对于同一颗恒星，人们观测到的星光矢量应具有同一方向，不随观测地点的改变而改变。

计算空间位置需要的光学观测数据是位置已知的几个近天体相对已知惯性参考系的瞄准线方向，惯性参考系可由任意两个不共线的恒星线(指瞄准线)、任意一组三条不共面的恒星线或平台的坐标轴确定[45]。

显然，空间定位只有通过观测近天体才能做到，这是因为只有这种测量才有位置的几何意义。对确定位置所需角度数据的测量，实质上是近天体对恒星背景瞄准线的视差测量。例如，一颗恒星中心(惯性系)和一颗行星中心(近天体)之间的夹角随导弹位置的改变而改变。很显然，两条恒星线之间的夹角不发生测量变化。因此，角度的变化能够表示位置的变化。

讨论光学定位所涉及的某些几何学基本原理是有指导意义的，可用一个简单的六分仪作为测量两个点光源(它们之中的一个是近光源)之间夹角的测量仪。为了简化，假定定位所需的各种观测是同时进行的，如果用六分仪测量某一颗恒星和某一颗行星光盘中心之间的夹角，那么导弹的位置就由空间的圆锥面来确定，如图 5-2 所示。

在导弹位置上指向恒星和指向行星光盘中心的射线所形成的张角是一个常值，也就是说，根据这一组观测数据确定的导弹位置处在圆锥面上。对第二颗恒星和同一颗行星进行第二次测量，便得到顶点也和行星的位置相重合的第二个圆锥面。这两个圆锥面相交便确定两条线，如图 5-3 所示。导弹就位于这两条线中的一条上。可以选择第三颗恒星来消除模糊度，但是一般情况下导弹位置的标准值

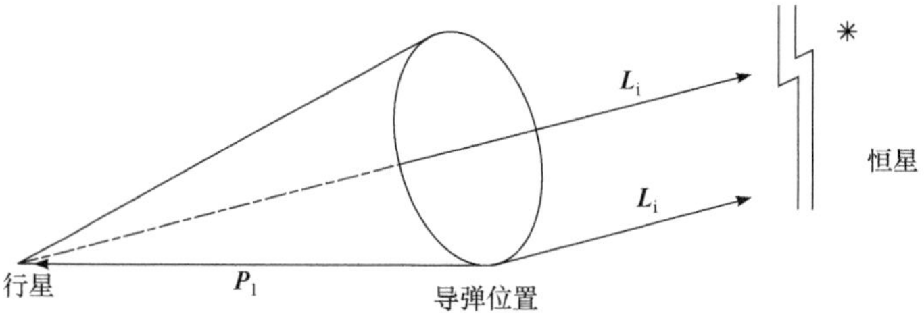

图 5-2　一次观测确定的圆锥面

P_1为在导弹位置上指向行星光盘中心的射线；L_i为在导弹位置上指向恒星的射线方向的单位矢量

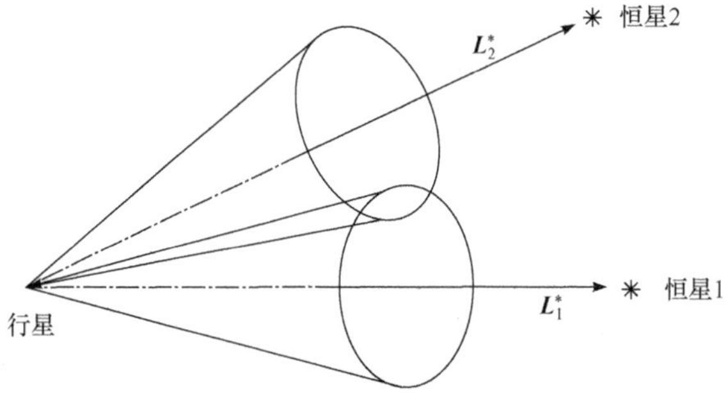

图 5-3　确定导弹位置的两条线

L_1^* 和 L_2^* 分别为行星指向恒星 1 和恒星 2 的射线方向的单位矢量

是事先知道的。因此，导弹实际所在的线通常不需要第三颗恒星就可以确定。

为了获得导弹在两个圆锥面相交线上的具体位置，需要选择到第一颗近天体的位置矢量已知的第二颗近天体。为了对位置进行“三角测量”，需要选择第二颗近天体。顶点在第二颗近天体上的第三个圆锥面与前两个圆锥面相交便确定出两个点，即图 5-4 中的 a 和 c ，它们之中的一个点是模糊点(这个模糊点也可以用上面提到的方法处理)。在三个圆锥面的交点中选出的点表示相对于任意一颗近天体的位置。

计算位置需要一个恒星表和至少两颗近天体(行星)的星历信息。各种定位技术(不管这些技术是包括两颗行星，还是包括视距技术或陆标定位)都需要这些基本的信息。恒星是作为对星光坐标定位的参考而引入的，所含的基本测量数据是三个或更多个角度，用这些角度就可以确定从导弹的位置上观测到的近天体与选定的恒星之间的夹角。

前文概述了光学定位的基本要素，在图 5-4 中用了三颗恒星来定位。为了消除可能的交线模糊度，可用第四颗恒星和第二颗近天体。但是，如果没有交线模糊度，定位只需要两颗恒星和两颗近天体。如果能获得精确的观测值，那么定位计算就容易进行。

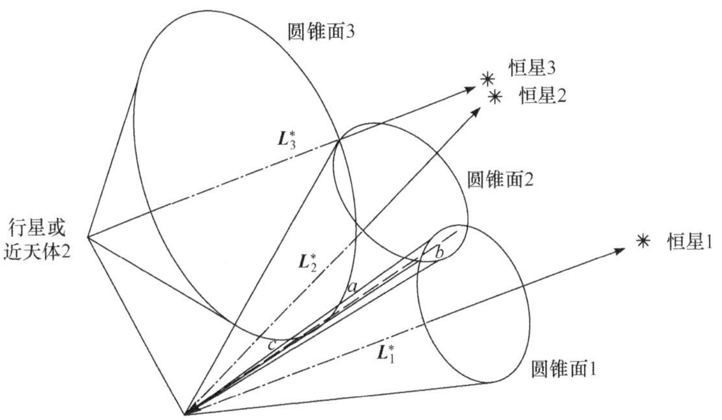

图 5-4 完全定位示意图

L_3^* 表示行星或近天体指向恒星 3 的射线方向的单位矢量；b 表示圆锥面 1 和圆锥面 2 交线上的一点

图 5-5 为导弹相对于近天体 1 的夹角圆锥示意图。图中，$OI_xI_yI_z$ 为惯性坐标系，矢量 $\boldsymbol{r}$ 是惯性坐标系原心 O 到导弹的位置矢量，$\boldsymbol{R}_1$ 是近天体 1(查星历表)相对惯性坐标系原心 O 的已知位置矢量，$\boldsymbol{\rho}_1$ 是近天体 1 到导弹的位置矢量，$\boldsymbol{L}_1$ 为单位矢量，$\varPhi_{12}$ 为近天体 1 相对恒星 1 和恒星 2 所形成的两个空间圆锥面的夹角。

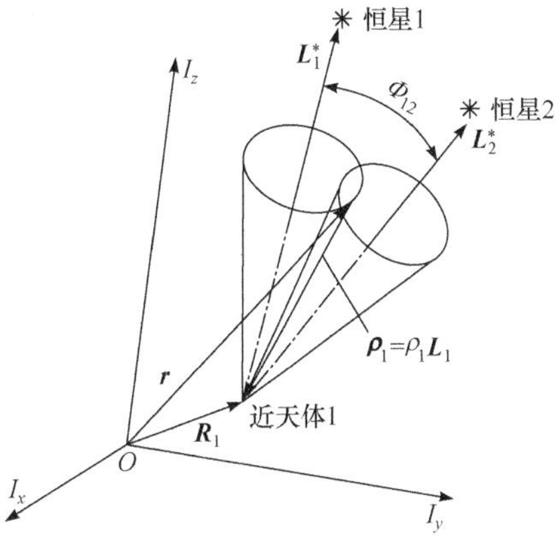

图 5-5 导弹相对于近天体 1 的夹角圆锥示意图

由图 5-5 可知，$\boldsymbol{r}$ 可表示为

$$\boldsymbol{r} = \boldsymbol{R}_1 + \boldsymbol{\rho}_1 = \boldsymbol{R}_1 + \rho_1 \boldsymbol{L}_1 \tag{5-1}$$

在式(5-1)中，未知数是单位矢量 $\boldsymbol{L}_1$ 的各个分量和 ρ_1 的大小。

根据与圆锥面有关的两个夹角 $\varPhi_1$ 和 $\varPhi_2$，可以得到下列矢量关系：

$$\boldsymbol{L}_1 \cdot \boldsymbol{L}_1 = 1 \tag{5-2}$$

$$\boldsymbol{L}_1 \cdot \boldsymbol{L}_1^* = \cos \varPhi_1 \tag{5-3}$$

$$\boldsymbol{L}_1 \cdot \boldsymbol{L}_2^* = \cos \varPhi_2 \tag{5-4}$$

$$\boldsymbol{L}_1^* \cdot \boldsymbol{L}_2^* = \cos \varPhi_{12} \tag{5-5}$$

$$\left| \boldsymbol{L}_1^* \times \boldsymbol{L}_2^* \right| = \sin \varPhi_{12} \tag{5-6}$$

$$\boldsymbol{L}_1 = \frac{\boldsymbol{\rho}_1}{\rho_1} \tag{5-7}$$

这样，$\boldsymbol{L}_1$的各分量可以用下面的方法确定。首先，定义一组不共面的基础矢量$\boldsymbol{L}_1^*$、$\boldsymbol{L}_2^*$和$\boldsymbol{L}_1^* \times \boldsymbol{L}_2^*$，任意一个矢量都可以表示为这些基础矢量的线性组合。$\boldsymbol{L}_1$可以表示为

$$\boldsymbol{L}_1 = \alpha_1 \boldsymbol{L}_1^* + \beta_1 \boldsymbol{L}_2^* + r_1(\boldsymbol{L}_1^* \times \boldsymbol{L}_2^*) \tag{5-8}$$

结合式(5-2)～式(5-8)，解α_1、β_1、r_1，得下列方程：

$$\alpha_1 = \frac{\cos\Phi_1 - \cos\Phi_2(\cos\Phi_{12})}{\sin^2\Phi_{12}} \tag{5-9}$$

$$\beta_1 = \frac{\cos\Phi_2 - \cos\Phi_1(\cos\Phi_{12})}{\sin^2\Phi_{12}} \tag{5-10}$$

$$r_1 = \frac{\pm\sqrt{1-(\alpha_1^2 + \beta_1^2 + 2\alpha_1\beta_1\cos\Phi_{12})}}{\sin\Phi_{12}} \tag{5-11}$$

将式(5-9)、式(5-10)代入式(5-11)，r_1可以显式地表示为

$$r_1 = \frac{\pm\sqrt{\sin^2\Phi_{12} - (\cos^2\Phi_1 + \cos^2\Phi_2 - 2\cos\Phi_1\cos\Phi_2\cos\Phi_{12})}}{\sin^2\Phi_{12}} \tag{5-12}$$

用α_1、β_1和r_1可以确定$\boldsymbol{L}_1$的各分量，但r_1具有符号模糊度。

同样，如果用单位矢量$\boldsymbol{L}_3^*$、$\boldsymbol{L}_4^*$定义的第二对恒星线(恒星 3 和恒星 4)来观测第二颗近天体，那么导弹至第二颗近天体的单位矢量$\boldsymbol{L}_2$可以表示为

$$\boldsymbol{L}_2 = \alpha_2 \boldsymbol{L}_3^* + \beta_2 \boldsymbol{L}_4^* + r_2(\boldsymbol{L}_3^* \times \boldsymbol{L}_4^*) \tag{5-13}$$

根据式(5-13)解出α_2、β_2和r_2，便可得出与式(5-9)～式(5-11)相似的一组解。

图 5-6 表示在星光坐标系中导弹相对所观测近天体的几何关系。因为r_1和r_2具有符号模糊度，所以$\boldsymbol{L}_1$和$\boldsymbol{L}_2$各有两个方向。但是，在$\boldsymbol{L}_1$和$\boldsymbol{L}_2$的四个可能的组合中，只有一组组合使$\rho_1\boldsymbol{L}_1$和$\rho_2\boldsymbol{L}_2$在确定导弹位置的那一点上相交。相交的条件是$\boldsymbol{L}_1$、$\boldsymbol{L}_2$和$\boldsymbol{R}_1 - \boldsymbol{R}_2$是共面的。

上述相交条件相当于：

$$(\boldsymbol{R}_1 - \boldsymbol{R}_2)\cdot(\boldsymbol{L}_1 \times \boldsymbol{L}_2) = 0 \tag{5-14}$$

在这种计算中，需要详细研究r_1和r_2的四组可能性。由满足式(5-14)的那一组解可以得到r_1和r_2的正确结果。

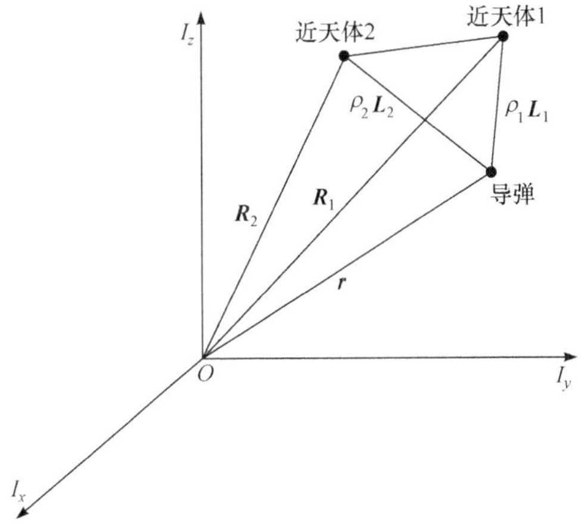

图 5-6 导弹相对近天体的几何关系

为了计算方便，式(5-14)可以表示成行列式：

$$\begin{vmatrix} x_1 - x_2 & y_1 - y_2 & z_1 - z_2 \\ L_{1_x} & L_{1_y} & L_{1_z} \\ L_{2_x} & L_{2_y} & L_{2_z} \end{vmatrix} = 0 \tag{5-15}$$

通过这一计算便可确定 $\boldsymbol{L}_1$ 和 $\boldsymbol{L}_2$ 对近天体的方向。为了计算坐标，需要给出：

$$\boldsymbol{r} = \boldsymbol{R}_1 + \rho_1 \boldsymbol{L}_1 = \boldsymbol{R}_2 + \rho_2 \boldsymbol{L}_2$$

或

$$\rho_1 \boldsymbol{L}_1 - \rho_2 \boldsymbol{L}_2 = \boldsymbol{R}_2 - \boldsymbol{R}_1$$

或

$$\begin{bmatrix} L_{1_x} & -L_{2_x} \\ L_{1_y} & -L_{2_y} \\ L_{1_z} & -L_{2_z} \end{bmatrix} \begin{bmatrix} \rho_1 \\ \rho_2 \end{bmatrix} = \begin{bmatrix} x_2 - x_1 \\ y_2 - y_1 \\ z_2 - z_1 \end{bmatrix} \tag{5-16}$$

因为 $\boldsymbol{L}_1$ 和 $\boldsymbol{L}_2$ 的测量值是有误差的，所以在这种情况下可以用最小二乘法确定 ρ_1 和 ρ_2。于是，由式(5-16)可得

$$\begin{bmatrix} \rho_1 \\ \rho_2 \end{bmatrix} = \left(\boldsymbol{A}_{\mathrm{c}}^{\mathrm{T}} \boldsymbol{A}_{\mathrm{c}} \right)^{-1} \boldsymbol{A}_{\mathrm{c}}^{\mathrm{T}} \begin{bmatrix} x_2 - x_1 \\ y_2 - y_1 \\ z_2 - z_1 \end{bmatrix} \tag{5-17}$$

式中，

$$\boldsymbol{A}_{\mathrm{c}}=\left[\text{列矩阵}\left(\boldsymbol{L}_1\right),\ \text{列矩阵}\left(-\boldsymbol{L}_2\right)\right]=\left[\boldsymbol{L}_1,-\boldsymbol{L}_2\right] \tag{5-18}$$

根据 $\boldsymbol{L}_1$ 和 $\boldsymbol{L}_2$ 化简式(5-17)，得

$$\boldsymbol{A}_{\mathrm{c}}^{\mathrm{T}}\boldsymbol{A}_{\mathrm{c}}=\begin{bmatrix} 1 & -\cos\Phi^* \\ -\cos\Phi^* & 1 \end{bmatrix} \tag{5-19}$$

式中，$\cos\Phi^*=\boldsymbol{L}_1\cdot\boldsymbol{L}_2$。

由此可得

$$\begin{bmatrix}\rho_1\\ \rho_2\end{bmatrix}=\frac{1}{\sin^2\Phi^*}\begin{bmatrix} 1 & \cos\Phi^* \\ \cos\Phi^* & 1 \end{bmatrix}\begin{bmatrix}\boldsymbol{L}_1^{\mathrm{T}}\\ -\boldsymbol{L}_2^{\mathrm{T}}\end{bmatrix}\times(\boldsymbol{R}_2-\boldsymbol{R}_1) \tag{5-20}$$

只要解出 ρ_1 和 ρ_2，导弹的星光坐标就可以从式(5-16)算出。

下面研究对两个相同的近天体(也许选用不同的恒星)由式(5-20)和式(5-13)计算出瞄准线的重复观测结果后如何推广式(5-20)的结果。在一般情况下，式(5-18)中的矩阵 $\boldsymbol{A}_{\mathrm{c}}$ 可以表示成：

$$\boldsymbol{A}_{\mathrm{c}}=\begin{bmatrix}\boldsymbol{L}_1^1 & -\boldsymbol{L}_2^1\\ \boldsymbol{L}_1^2 & -\boldsymbol{L}_2^2\\ \vdots & \vdots\\ \boldsymbol{L}_1^N & -\boldsymbol{L}_2^N\end{bmatrix} \tag{5-21}$$

式中，每一组 $\boldsymbol{L}_1^i$、$-\boldsymbol{L}_2^i$ 表示取不同恒星组时对两颗近天体的瞄准线矩阵。最小二乘法解的结果，可以表示成：

$$\begin{bmatrix}\rho_1\\ \rho_2\end{bmatrix}=\frac{1}{\nabla\left(\boldsymbol{A}_{\mathrm{c}}^{\mathrm{T}}\boldsymbol{A}_{\mathrm{c}}\right)}\begin{bmatrix} N & \sum\limits_{i=1}^{N}\cos\Phi^{*^i} \\ \sum\limits_{i=1}^{N}\cos\Phi^{*^i} & N \end{bmatrix}\cdot\begin{bmatrix}\sum\limits_{i=1}^{N}\left(\boldsymbol{L}_1^i\right)^{\mathrm{T}}\\ -\sum\limits_{i=1}^{N}\left(\boldsymbol{L}_2^i\right)^{\mathrm{T}}\end{bmatrix}(\boldsymbol{R}_2-\boldsymbol{R}_1) \tag{5-22}$$

式中，

$$\nabla\left(\boldsymbol{A}_{\mathrm{c}}^{\mathrm{T}}\boldsymbol{A}_{\mathrm{c}}\right)=N^2-\left(\sum_{i=1}^{N}\cos\Phi^{*^i}\right)^2 \tag{5-23}$$

以上所述的假设条件是一系列重复观测结果可在 ρ_1 和 ρ_2 没有测量变化的时间间隔内得到。也就是说，假设导弹相对所跟踪的近天体没有相对运动。

重复观测结果运用最大相似技术的扩展式，可以通过式(5-17)得到。在这种情况下，可以引入加权或协方差函数，以便对由测量弥散、计算漂移引起的有关效应进行补偿。

(二) 测姿原理

星敏感器成像测量原理如图 5-7 所示。图中，$O_sx_sy_sz_s$ 表示星敏感器坐标系，$Ouvw$ 表示 CCD 成像平面坐标系；O_sy_s 与 Ow 重合，并与光轴 OO_s 方向一致，O_s 与 O 之间距离 f 为光学透镜的焦距；第 i 颗恒星在 CCD 面阵上成像的中心位置为 $p_i(u_i,v_i)$；光线 p_iO_s 在 CCD 面阵 Ouw 平面的投影为 $p_{ui}O_s$；$p_{ui}O_s$ 与 OO_s 之间的夹角为 α_i，$p_{ui}O_s$ 与 p_iO_s 之间的夹角为 δ_i。

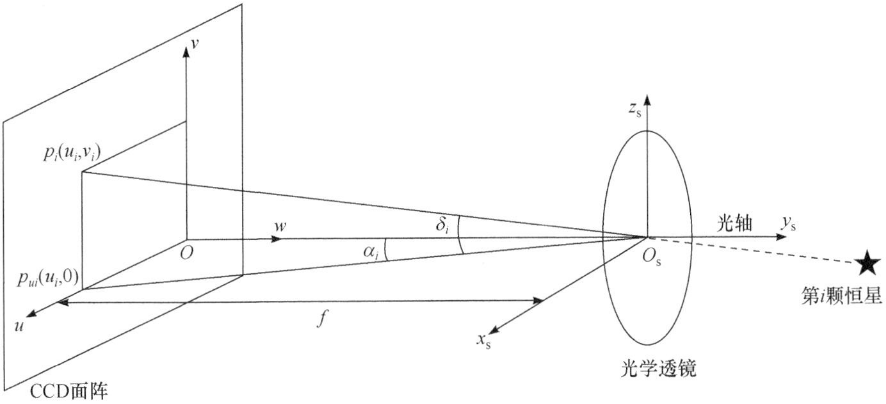

图 5-7　星敏感器成像测量原理

由图 5-7 中的几何关系可得

$$\tan\alpha_i = \frac{u_i}{f} \tag{5-24}$$

$$\tan\delta_i = \frac{v_i}{f/\cos\alpha_i} \tag{5-25}$$

p_iO_s 的单位矢量 $\boldsymbol{po}$ 在星敏感器坐标系中表示为

$$\boldsymbol{po} = \begin{bmatrix} x_{s1} \\ y_{s1} \\ z_{s1} \end{bmatrix} = \begin{bmatrix} -\sin\alpha_i\cos\delta_i \\ \cos\alpha_i\cos\delta_i \\ -\sin\delta_i \end{bmatrix} + \boldsymbol{V}_s \tag{5-26}$$

式中，$\boldsymbol{V}_s$ 为星敏感器测量误差矢量。

单位矢量 $\boldsymbol{po}$ 也可以表示为

$$\boldsymbol{po} = \frac{1}{\sqrt{u_i^2 + v_i^2 + f^2}} \begin{bmatrix} -u_i \\ f \\ -v_i \end{bmatrix} + \boldsymbol{V}_s \tag{5-27}$$

恒星单位矢量在惯性坐标系中表示为 $\boldsymbol{S}_{\mathrm{I}}$，假设星敏感器对准某一天区成像，捕获 n 颗恒星。这些恒星在地心惯性坐标系中的坐标分别为 (x_{s1},y_{s1},z_{s1})，$(x_{s2},y_{s2},z_{s2}),\cdots,(x_{sn},y_{sn},z_{sn})$；在星敏感器坐标系中的坐标为 $(X_{L1},Y_{L1},Z_{L1}),(X_{L2},Y_{L2},Z_{L2}),\cdots,(X_{Ln},Y_{Ln},Z_{Ln})$。星敏感器坐标系的 Ox_s、Oy_s、Oz_s 三轴在地心惯性坐标系中的方向分别为地心指向 (X_x,Y_x,Z_x)、(X_y,Y_y,Z_y)、(X_z,Y_z,Z_z)，有以下关系：

$$\begin{bmatrix} x_{s1} & y_{s1} & z_{s1} \\ x_{s2} & y_{s2} & z_{s2} \\ \vdots & \vdots & \vdots \\ x_{sn} & y_{sn} & z_{sn} \end{bmatrix} = \begin{bmatrix} X_{L1} & Y_{L1} & Z_{L1} \\ X_{L2} & Y_{L2} & Z_{L2} \\ \vdots & \vdots & \vdots \\ X_{Ln} & Y_{Ln} & Z_{Ln} \end{bmatrix} \begin{bmatrix} X_x & X_y & X_z \\ Y_x & Y_y & Y_z \\ Z_x & Z_y & Z_z \end{bmatrix} \tag{5-28}$$

令

$$\boldsymbol{S} = \begin{bmatrix} x_{s1} & y_{s1} & z_{s1} \\ x_{s2} & y_{s2} & z_{s2} \\ \vdots & \vdots & \vdots \\ x_{sn} & y_{sn} & z_{sn} \end{bmatrix},\quad \boldsymbol{G} = \begin{bmatrix} X_{L1} & Y_{L1} & Z_{L1} \\ X_{L2} & Y_{L2} & Z_{L2} \\ \vdots & \vdots & \vdots \\ X_{Ln} & Y_{Ln} & Z_{Ln} \end{bmatrix},\quad \boldsymbol{A} = \begin{bmatrix} X_x & X_y & X_z \\ Y_x & Y_y & Y_z \\ Z_x & Z_y & Z_z \end{bmatrix} \tag{5-29}$$

式中，$\boldsymbol{A}$ 为星敏感器的姿态矩阵。

式(5-28)简写为

$$\boldsymbol{S} = \boldsymbol{G}\boldsymbol{A}$$

当 n=3 时，有

$$\boldsymbol{A} = \boldsymbol{G}^{-1}\boldsymbol{S}$$

当 n>3 时，采用最小二乘法求解可得

$$\boldsymbol{A} = (\boldsymbol{G}^{\mathrm{T}}\boldsymbol{G})^{-1}(\boldsymbol{G}^{\mathrm{T}}\boldsymbol{S})$$

假设星敏感器坐标系与载体坐标系重合，$\boldsymbol{A}$ 就是载体坐标系在地心惯性坐标系的姿态矩阵 $\boldsymbol{C}_{\mathrm{b}}^{\mathrm{i}}$。载体三次转动的欧拉角顺序是俯仰角 φ、偏航角 ψ、滚动角 γ。姿态矩阵 $\boldsymbol{C}_{\mathrm{b}}^{\mathrm{i}}$ 为

$$\boldsymbol{A} = \boldsymbol{C}_{\mathrm{b}}^{\mathrm{i}} = \begin{bmatrix} \cos\varphi\cos\psi & -\sin\varphi\cos\gamma + \sin\gamma\sin\psi\cos\varphi & \sin\varphi\sin\gamma + \cos\varphi\sin\psi\cos\gamma \\ \sin\varphi\cos\psi & \cos\varphi\cos\gamma + \sin\gamma\sin\psi\sin\varphi & -\cos\varphi\sin\gamma + \cos\gamma\sin\psi\sin\varphi \\ -\sin\psi & \cos\psi\sin\gamma & \cos\psi\cos\gamma \end{bmatrix} \tag{5-30}$$

由于在载体飞行过程中三个姿态角 φ、ψ、γ 的取值都为[−90°，90°]，因此三个姿态角 φ、ψ、γ 的求解公式如下：

$$\varphi = \arctan\left(\frac{A_{21}}{A_{11}}\right), \quad \psi = -\arcsin(A_{31}), \quad \gamma = \arctan\left(\frac{A_{32}}{A_{33}}\right) \tag{5-31}$$

三、大视场星敏感器星光制导技术

(一) 大视场星敏感器工作原理

为了实现自主星图识别和自主姿态确定，真正做到“星光入、姿态出”，基于大视场和高分辨率图像传感器的大视场星敏感器星光制导技术得到越来越多的关注和应用。

星敏感器系统主要由星敏感器探头和星敏感器数据处理器两部分组成，如图 5-8 所示。星敏感器探头包括遮光罩、镜头、CCD 及其支持电路、与数据处理器的接口等。遮光罩用来遮挡各种杂散光。星敏感器数据处理器包括计算机板、二次电源板、与探头的接口、与电源和弹载机的接口等。

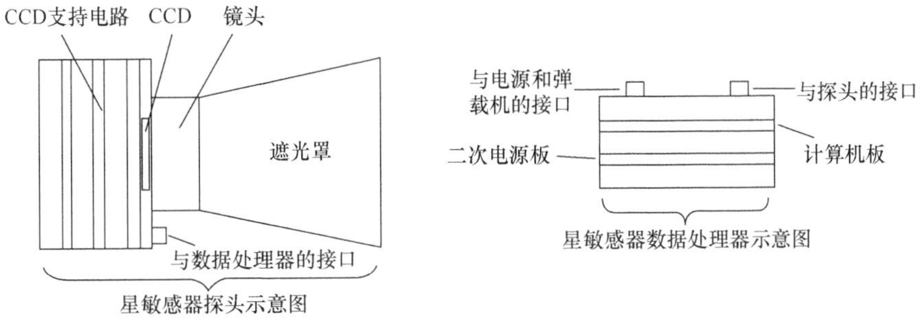

图 5-8 星敏感器系统组成

星敏感器硬件结构框图如图 5-9 所示。其中，图像传感器电路一般包括 CCD 焦平面组件、驱动电路、时序发生器和视频信号处理器；控制与数据处理电路包括数字信号处理器(星像存储器、星像地址发生器、程序存储器、星表存储器、中央处理器)、遥测系统接口、姿态控制系统接口等硬件和用于连通性分析、细分算法、星识别、姿态角计算及坐标转换等的软件[31]。

光学系统完成星空的光学成像，将星空成像在 CCD 焦平面上；探测器置于 CCD 焦平面上，完成光电转换，将星像转换成视频电信号输出；视频信号处理器完成视频处理，包括降噪处理(相关双采样)、偏置、增益调节；进行模/数转换，输出数字图像；最后时序发生器与驱动电路给出控制 CCD 探测器和视频信号处理器的工作时序。

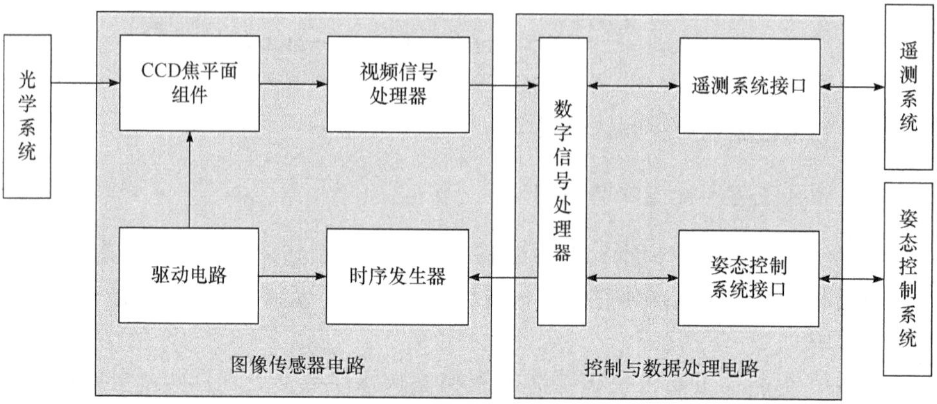

图 5-9　星敏感器硬件结构框图

输出的数字图像传送到数字信号处理器进行判星、单星定位、星识别、星敏感器姿态角及航天器姿态角的计算等处理工作。确定星敏感器光轴相对于惯性坐标系的指向，即给出惯性坐标系下的姿态四元数。

大视场星敏感器能在不依靠任何外部基准信息的前提下，基于多星矢量定位技术自主精确地提供弹体坐标系相对于惯性坐标系的姿态信息，且精度全程保持稳定。大视场星敏感器工作过程主要由大视场成像、信号处理、星图提取、星图识别、姿态计算等组成，如图 5-10 所示。

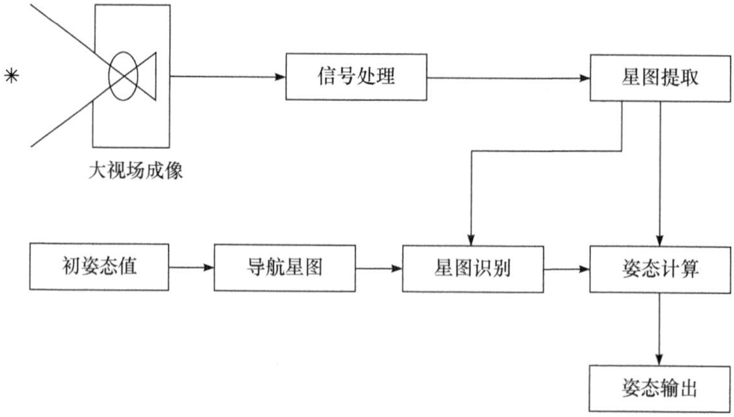

图 5-10　大视场星敏感器工作过程示意图

信号处理系统将星图信号模/数转换后，进行星图提取、初姿态识别(或无初姿态下的全天识别)、跟踪识别。每次识别成功后都能得到所有观测到的恒星(被识别星)在星敏感器坐标系及其对应的天球坐标系中的导航坐标，代入载体姿态计算公式可得到载体的精确姿态。然后将精确姿态计算结果通过接口传送给弹上计算机，滤波后用于姿态控制，如修正测姿陀螺仪的漂移等。大视场星敏感器用于导弹姿态控制如图 5-11 所示。

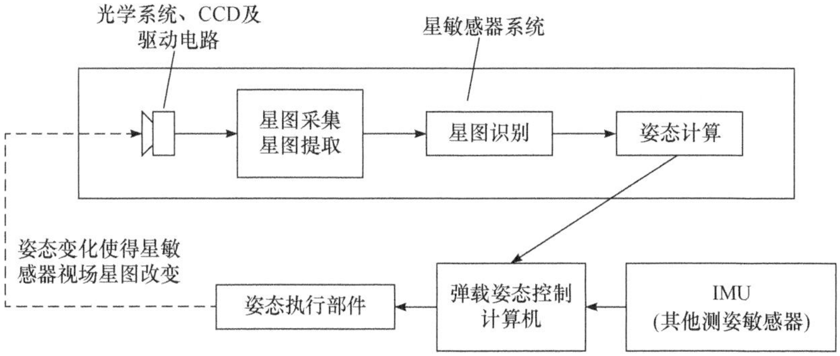

图 5-11　大视场星敏感器用于导弹姿态控制示意图

大视场星敏感器能在较大的视场中挑出较亮的导航星，采用星图匹配方案，不需要弹体或星敏感器对准或跟踪导航星，只要求星图识别算法能简单、快速、可靠识别星图。大视场星敏感器可以多次获得星光对惯性基准的误差观测角，从而准确地分离初始定位误差、初始对准误差和平台漂移误差，经分别补偿后可有效提高命中精度。

大视场星敏感器工作模式通常有 4 种：自检工作模式、捕获工作模式、跟踪工作模式和成像工作模式。

(1) 自检工作模式：利用放在 CCD(或 CMOS)成像平面前的发光二极管发出的光来检查星敏感器的工作正常与否。

(2) 捕获工作模式：对视场内的星像进行处理，剔除太空碎片和大目标，选取最亮的 2～5 颗星作为导航星，确定导航星窗口。

(3) 跟踪工作模式：处理导航星窗口内的星像数据，计算导航星的精确位置，计算和输出三轴姿态角，同时更新导航星窗口的位置。

(4) 成像工作模式：星敏感器被作为一台相机使用，可以拍摄和存储视场内的星像，需要时可以将存储的星像传至地面。

星光制导系统要真正实现自主导航，主要是突破由惯性设备提供水平基准的束缚，利用自身功能自主提供高精度水平基准。对脱离大气层的星光制导系统而言，完全可以克服这个难题，它可以利用自身的光电探测功能和星光折射/星光色散原理来获得优于 $10''(1\sigma)$的高精度水平基准。该方法是利用星光制导系统测量恒星星光在通过地球边缘大气层时所发生的折射间接得到大地水平信息，获得精度较高的水平姿态，从而形成真正意义上的同时提供高精度位置、航向姿态信息的自主导航系统。

(二) 大视场星敏感器星光制导的关键技术

大视场星敏感器星光制导的关键技术主要包括星敏感器参数标定、星图模拟、导航星表构建、星提取、星图识别和姿态解算等。

1. 星敏感器参数标定

星敏感器参数标定是指对其不同的物理参数(如光学镜头的焦距、主点偏移量)进行估计。星敏感器参数标定分为在轨标定和地面标定。在轨标定方法分为两类：一类根据外部的姿态信息校准；另一类根据星间角距不变原理校准。第一类方法需要提供一个已知的精确姿态，若提供的姿态信息存在一定误差，则该误差会被引入校准过程中；第二类方法基于星间角距不变原理，检测在轨飞行期间星间角距测量值和真实值的偏差，利用相关的优化算法估计出标定参数。由于导弹技术的特殊性，星敏感器的在轨标定存在时间段、环境因素等很多限制条件。采用地面测试、星图模拟等方法，对星敏感器的安装误差、光学参数误差(如 CCD 平面倾斜角、旋转角、镜头畸变、主点偏差等)、加工装配误差、电子线路误差等进行标定，这就是地面标定方法[46]。地面标定方法根据实施过程不同分为两大类——非设备式标定方法和地面标定设备方法。

2. 星图模拟

星图模拟是利用星表中存储的恒星位置与星等数据，通过一系列计算得到某参数星敏感器在给定姿态条件下观测到的恒星位置、灰度值及灰度分布——恒星图像，并与背景图像叠加，生成图像数据的过程。星图模拟是星敏感器标定、星光制导仿真等的重要技术基础。星图模拟本质上是一个坐标转换的过程[45]。其原理描述：首先，搜索星表确定星敏感器观测到的星体；其次，通过坐标转换矩阵得到观测星在星图中的坐标；再次，基于星光成像原理进行成像仿真；最后，将星像与星图背景叠加，得到模拟星图。星图模拟需要解决空间坐标变换、星等与光电子数的变换、星像能量分布模拟、星图噪声生成等问题。

3. 导航星表构建

导航星表是星敏感器不可缺少的组成部分，其导航星总数和分布决定了星敏感器视场内导航星的个数，对星敏感器的性能影响很大。因此，构建导航星表是星光制导的关键技术，其直接影响星图识别的成功率和识别效率[47]。通过什么准则选取恒星作为导航星？可以兼顾导航星在天球上分布的均匀性和亮度两个指标，这两个指标是导航星表构建的重要目标。目前，大部分导航星表构建算法基于该目标开展研究，如星等滤波法、球矩形法、三角剖分法、三角剖分“距离-星等”加权法等。

4. 星提取

从星图中提取星像并估计其质心位置的过程称为星提取。星提取是星敏感器工作的基础，其提取精度是星敏感器测量精度的决定性因素。因为 CCD 像素数多达几十万甚至上百万，所以星提取的显著特点是数据处理量大、处理过程耗时。星提取不仅影响星图识别的效率，而且关系到姿态解算的精度，因此快速准确地从星图中提取星像十分重要[48]。星提取分为两个子过程：星像粗提取和星像细分定位。星像粗提取主要完成星图分割和单星像提取；星像细分定位完成星像质心位置的估计。

5. 星图识别

星图识别就是将星敏感器实时拍摄的星图与由导航星组成的星图，根据几何特征进行匹配，以确定观测星与导航星的对应关系，其本质是模式识别。星图识别是星敏感器工作的关键，其算法的优劣直接关系到星敏感器的性能高低。对星图识别算法的研究主要包括导航星的选取、导航特征库的构建和匹配识别算法[45]。

6. 姿态解算

星敏感器的姿态解算问题可以归结为 Wahba 问题，也称为旋转搜索问题，即寻求最佳的旋转来对齐两组假定对应的矢量观测值。其算法分为两类：确定性算法和估计算法。确定性算法根据某时刻的一组矢量测量值求解星敏感器的姿态，一般需要两个或两个以上不平行的观测矢量，其无需先验姿态信息，计算量小，但其精度受限于星敏感器的观测噪声(某些不确定因素，如 CCD 噪声)[24]。估计算法需要建立载体姿态运动的状态方程和观测方程，然后利用连续时间点上的观测信息估计载体姿态，能从一定程度上消除星敏感器观测噪声的影响，从而提高姿态估计精度。

四、惯性/星光复合制导的基本原理

惯性/星光复合制导利用恒星作为固定参考点，飞行中用星敏感器观测星体的方位来校正惯性基准随时间的漂移，以提高导弹的命中精度或入轨精度。惯性/星光复合制导比纯惯性制导精确的原因在于，在惯性空间从地球到恒星的方位基本保持不变。因此，星敏感器就相当于没有漂移的陀螺仪。虽然像差、地球极轴的进动和章动、视差等因素使恒星方向有微小的变化，但是它们造成的误差远小于1″。使用惯性/星光复合制导可以克服惯性基准漂移带来的误差，这是该制导系统的主要优点之一。

对机动发射或水下发射的弹道导弹来说，惯性/星光复合制导的优点更为突出。这是因为，它们的作战条件使发射前不会有充足的时间进行初始定位瞄准，也难以确切知道发射点的位置。这些因素给制导系统带来的突出问题是发射前建立的参考基准有较大的误差，这种误差称为初始条件误差，包括初始定位误差、初始调平误差、初始瞄准误差。例如，在弹上采用惯性/星光复合制导系统，则允许在发射前粗略地对准、调平，飞行中再依靠星敏感器进行修正，若再与发射时间联系起来，就能确定发射点的经纬度。由于这些突出的优点，加上系统的自主性和隐蔽性，这种制导系统对机动发射和水下发射的弹道导弹特别具有吸引力。

惯性/星光复合制导系统使用的基本原理是，将某星体相对理想参考坐标的高低角和方位角的计算值和实际测量值进行比较，取其差值作为系统的修正量[24,49]。

(一) 惯性/星光复合制导相关坐标系

根据图 5-12 建立地心赤道坐标系 $O_eX_0Y_0Z_0$、地心直角坐标系 $O_eX_zY_zZ_z$ 和地平坐标系 $M\xi\eta\zeta$ 的关系。

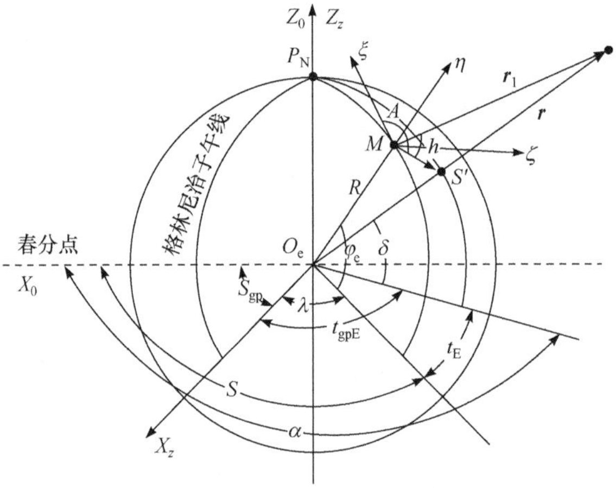

图 5-12　地心赤道坐标系、地心直角坐标系和地平坐标系的关系

图 5-12 中，地平坐标系 $M\xi\eta\zeta$ 原点与导弹在地球上的投影重合(这里取发射点)，$M\xi$ 指向北极方向，并和地理子午线相切，水平线 $M\zeta$ 指向东方，$M\eta$ 与地心垂线重合。恒星 S^* 在地平坐标系 $M\xi\eta\zeta$ 中的坐标为 (A,h,r_1)，S' 为恒星 S^* 在地球表面的投影点。方位角 A 由北向东(或由北向西)，从 0° 变化到 180°。恒星高度(这里以角度计)用地平面和矢径 $\boldsymbol{r}_1$ 之间的夹角确定，即高度角 h，h 从 0° 变化到 ±90°。φ_e 和 λ 分别为发射点 M 的天文纬度和天文经度，δ 和 α 分别为恒星 S^* 的赤纬和赤经，S_{gp} 为格林尼治子午线时角，t_E 为恒星 S^* 相对发射点子午线时角，t_{gpE} 为恒星 S^* 相对格林尼治子午线时角，S 为发射点子午线时角。

为了把地平坐标系转换到其他坐标系，把在观察点测得的高度角 h 换算成移向地心赤道坐标系原点的高度角 h' 是有益的。高度角 h 与 h' 的几何关系如图 5-13

所示。

由图 5-13 中 $\Delta O_e MS$ 可知：

$$\frac{\sin(90^\circ - h')}{r_1} = \frac{\sin(90^\circ + h)}{r} \tag{5-32}$$

$$h' = \arccos\left(\frac{r_1}{r}\cos h\right) = h + P_s \tag{5-33}$$

图 5-13 中，P_s 称为视差。月亮的视差为 $53' \sim 62'$，金星的视差不超过 $0.55'$，火星的视差不超过 $0.4'$，太阳的视差平均为 $8.8''$。恒星的视差极小，直接取 $h' = h$。

将图 5-12 中的球面三角形 $P_N MS'$ 放大，如图 5-14 所示。

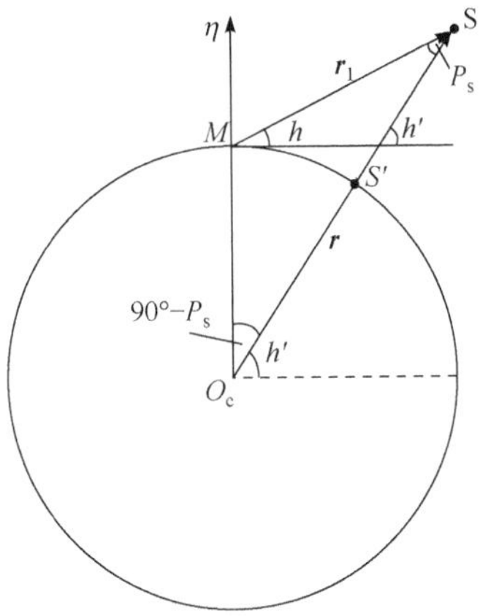

图 5-13　高度角 h 与 h' 的几何关系

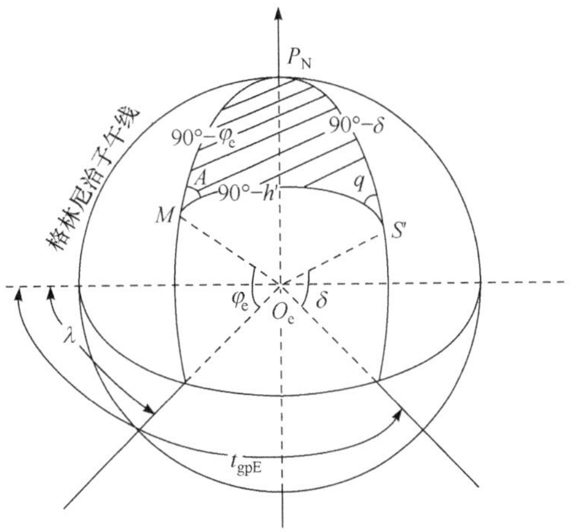

图 5-14　球面三角形 $P_N MS'$

由球面三角余弦公式(球面三角基本定理和公式见附录 D)知：

$$\cos(90^\circ - h) = \cos(90^\circ - \varphi_e)\cos(90^\circ - \delta) + \sin(90^\circ - \varphi_e)\sin(90^\circ - \delta)\cos(t_{gpE} - \lambda) \tag{5-34}$$

$$\sin h = \sin\varphi_e \sin\delta + \cos\varphi_e \cos\delta \cos(t_{gpE} - \lambda) \tag{5-35}$$

式中，δ 为赤纬。

式(5-34)和式(5-35)就是用于惯性/星光复合制导系统的基本公式。

(二) 机动发射导弹的初始定位

现代导弹的要求是机动、快速和自动化测试，导弹要机动到在某个简易的发射阵地进行短时间测试后就能实施发射的程度。因此，对发射点的纬度、发射方位角只能粗略确定，待导弹飞出大气层后再设法予以精确测定。最好的方法是采用星敏感器(置于陀螺稳定平台上)，在导弹飞行高度超过20km后(在这样的高度观测恒星，不受大气散射的影响)，观测两个事先选定的恒星，得到(A_1,h_1)、(A_2,h_2)，代入式(5-35)得

$$\sin h_1 = \sin\varphi_{e_0}\sin\delta_1 + \cos\varphi_{e_0}\cos\delta_1\cos\left(t_{gpE_1} - \lambda_0\right) \tag{5-36}$$

$$\sin h_2 = \sin\varphi_{e_0}\sin\delta_2 + \cos\varphi_{e_0}\cos\delta_2\cos\left(t_{gpE_2} - \lambda_0\right) \tag{5-37}$$

式中，φ_{e_0}和λ_0分别为要求的发射点纬度和经度；h_1、h_2为星敏感器观测两颗恒星所得的高度角；δ_1、δ_2为发射前选定的两颗恒星的赤纬，从星表上可以查到；t_{gpE_1}、t_{gpE_2}为两颗恒星相对格林尼治子午线时角，由于地球旋转的关系，它们是随时间改变的。

星表上只给出白羊座的格林尼治子午线时角，由图5-12可知：

$$\alpha_b = t_{gpb} + S_{gp} \tag{5-38}$$

式中，α_b为白羊座的赤经。

由式(5-38)得

$$S_{gp} = \alpha_b - t_{gpb} \tag{5-39}$$

又由图5-12知：

$$\alpha_1 = t_{gpE_1} + S_{gp} \tag{5-40}$$

$$\alpha_2 = t_{gpE_2} + S_{gp} \tag{5-41}$$

将式(5-39)代入式(5-40)、式(5-41)得

$$t_{gpE_1} = \alpha_1 - \alpha_b + t_{gpb} \tag{5-42}$$

$$t_{gpE_2} = \alpha_2 - \alpha_b + t_{gpb} \tag{5-43}$$

式中，α_1、α_2为事先选定的两颗恒星的赤经，从星表上可以查到。

因此，在发射场要精确计时，将发射瞬时的t_{gpb}输入弹上计算机中，以便计算t_{gpE_1}、t_{gpE_2}。由式(5-36)、式(5-37)可知，计算涉及三角函数的运算，这无疑会增加对弹上计算机容量和速度的要求。为此，应设法使式(5-36)、式(5-37)线性化。

发射前总能知道发射点的近似经纬度λ_0、φ_{e_0}，将其代入式(5-36)、式(5-37)中，得

$$\sin h_{0_1} = \sin\varphi_{e_0}\sin\delta_1 + \cos\varphi_{e_0}\cos\delta_1\cos\left(t_{gpE_1} - \lambda_0\right) \tag{5-44}$$

$$\sin h_{0_2} = \sin\varphi_{e_0}\sin\delta_2 + \cos\varphi_{e_0}\cos\delta_2\cos\left(t_{gpE_2} - \lambda_0\right) \tag{5-45}$$

又根据图 5-14 和正弦公式

$$\frac{\sin(90° - h)}{\sin\left(t_{gpE} - \lambda\right)} = \frac{\sin(90° - \delta)}{\sin A} \tag{5-46}$$

得

$$\sin A = \frac{\cos\delta\sin\left(t_{gpE} - \lambda\right)}{\cos h} \tag{5-47}$$

代入 λ_0，得

$$\sin A_{0_1} = \frac{\cos\delta_1\sin\left(t_{gpE_1} - \lambda_0\right)}{\cos h_{0_1}} \tag{5-48}$$

$$\sin A_{0_2} = \frac{\cos\delta_2\sin\left(t_{gpE_2} - \lambda_0\right)}{\cos h_{0_2}} \tag{5-49}$$

再有

$$\begin{cases} \bar{\varphi}_{e_0} = \varphi_{e_0} + \Delta\varphi_{e_0} \\ \bar{\lambda}_0 = \lambda_0 + \Delta\lambda \\ h_1 = h_{0_1} + \Delta h_1 \\ h_2 = h_{0_2} + \Delta h_2 \end{cases} \tag{5-50}$$

将式(5-44)、式(5-45)、式(5-48)～式(5-50)代入式(5-36)、式(5-37)中，得

$$\Delta\varphi_{e_0} = \frac{\Delta h_1\sin A_{0_2} - \Delta h_2\sin A_{0_1}}{\sin\left(A_{0_2} - A_{0_1}\right)} \tag{5-51}$$

$$\Delta\lambda_0 = \frac{\Delta h_2\cos A_{0_1} - \Delta h_1\cos A_{0_2}}{\cos\varphi_{e_0}\sin\left(A_{0_2} - A_{0_1}\right)} \tag{5-52}$$

在飞行中，只要观测事先选定的两颗星的高度并求出它们与星表中给出值的差值，就可求出发射点的经纬度。由式(5-51)和式(5-52)还可看出，选择星组时必须使 $A_{0_1} \neq A_{0_2}$，而且当 $\left|A_{0_2} - A_{0_1}\right|$ 趋于 90° 时，误差趋于最小值。对于远程导弹来说，因为发射点的经度 λ 不引入弹道计算和关机、导引中，所以可不计算 $\Delta\lambda_0$，只计算 $\Delta\varphi_{e_0}$，则发射点纬度为

$$\bar{\varphi}_{e_0} = \varphi_{e_0} + \Delta\varphi_{e_0} \tag{5-53}$$

对于发射方位角 A 的测定，可在导弹飞出大气层后，将星敏感器瞄准北极

星(别的恒星也可，但须换算)，则星敏感器与平台 Ox 轴的夹角即为 A 。

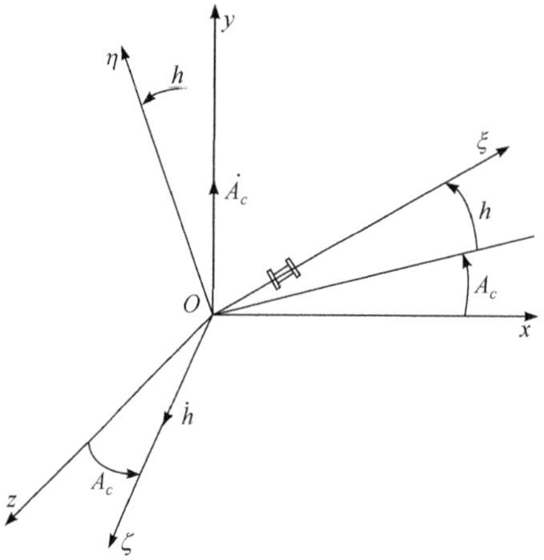

图 5-15　平台坐标系和星敏感器坐标系间的关系

(三) 修正惯性基准的漂移

现在建立星敏感器坐标系和平台坐标系之间的关系。设初始状态下星敏感器 Ox_s 轴与平台 Ox 轴重合，为对准选定的一颗恒星，先绕 Oy 轴转动角 A_c，再绕 $O\zeta$ 轴转动角 h，得 $O\xi\eta\zeta$ 坐标系，如图 5-15 所示。

由图 5-15 可知，星敏感器坐标系和平台坐标系之间的关系为

$$\begin{bmatrix}\xi\\ \eta\\ \zeta\end{bmatrix}=\begin{bmatrix}\cos A_c\cos h & \sin h & -\sin A_c\cos h\\ -\cos A_c\sin h & \cos h & \sin A_c\sin h\\ \sin A_c & 0 & \cos A_c\end{bmatrix}\begin{bmatrix}x\\ y\\ z\end{bmatrix} \tag{5-54}$$

由于包括陀螺仪在内的平台系统的漂移，因此平台坐标系不可能在空间保持不动。设法用星敏感器来测定平台坐标系三个轴的漂移率$\left(\dot{e}_x,\dot{e}_y,\dot{e}_z\right)$，用两个星敏感器分别对准各自选定的恒星，当平台系统没有漂移时，它们的指向是不变的；当平台系统有漂移时，$O\eta$ 轴和 $O\xi$ 轴上也将有漂移：

$$\begin{cases}\dot{e}_\xi^{(1)}=\dot{e}_x\sin A_{1c}+\dot{e}_z\cos A_{1c}\\ \dot{e}_\xi^{(2)}=\dot{e}_x\sin A_{2c}+\dot{e}_z\cos A_{2c}\end{cases} \tag{5-55}$$

解得

$$\begin{cases}\dot{e}_x=\dfrac{\dot{e}_\xi^{(2)}\cos A_{1c}-\dot{e}_\xi^{(1)}\cos A_{2c}}{\sin\left(A_{2c}-A_{1c}\right)}\\ \dot{e}_z=\dfrac{\dot{e}_\xi^{(1)}\sin A_{2c}-\dot{e}_\xi^{(2)}\sin A_{1c}}{\sin\left(A_{2c}-A_{1c}\right)}\end{cases} \tag{5-56}$$

又

$$\dot{e}_\eta=-\dot{e}_x\cos A_c\sin h+\dot{e}_y\cos h+\dot{e}_z\sin A_c\sin h \tag{5-57}$$

故

$$\dot{e}_y=\frac{\dot{e}_\eta^{(1)}}{\cos h_1}+\dot{e}_x\cos A_{1c}\tan h_1-\dot{e}_x\sin A_{1c}\tan h_1 \tag{5-58}$$

将式(5-56)代入式(5-58)可得

$$\dot{e}_y=\frac{\dot{e}_\eta^{(1)}}{\cos h_1}+\frac{\dot{e}_\xi^{(2)}\tan h_1}{\sin\left(A_{2c}-A_{1c}\right)}-\frac{\dot{e}_\xi^{(1)}\tan h_1}{\tan\left(A_{2c}-A_{1c}\right)} \tag{5-59}$$

由式(5-56)、式(5-59)知$\left(\dot{e}_x,\dot{e}_y,\dot{e}_z\right)$有解的条件为$A_{2c}\neq A_{1c}$。

在飞行中由双星定向不断算出$\left(e_x(t),e_y(t),e_z(t)\right)$，用最小二乘法找出它们的拟合曲线，设为

$$\begin{cases}e_x=a_xt^2+b_xt+c_x\\ e_y=a_yt^2+b_yt+c_y\\ e_z=a_zt^2+b_zt+c_z\end{cases} \tag{5-60}$$

由于平台系统漂移，加速度计输出为$\left(\tilde{\dot{W}}_x,\tilde{\dot{W}}_y,\tilde{\dot{W}}_z\right)$，由图 5-16 可知

$$\tilde{\dot{W}}_x=\dot{W}_x\cos e_z\cos e_y+\dot{W}_y\sin e_z\cos e_y-\dot{W}_z\sin e_y\cos e_z \tag{5-61}$$

因$e_\alpha\left(\alpha=x,y,z\right)$为小量，取$\cos e_\alpha\approx 1$，$\sin e_\alpha\approx e_\alpha$，故得

$$\begin{cases}\Delta\dot{W}_x=\dot{W}_ye_z-\dot{W}_ze_y\\ \Delta\dot{W}_y=\dot{W}_ze_x-\dot{W}_xe_z\\ \Delta\dot{W}_z=\dot{W}_xe_y-\dot{W}_ye_x\end{cases} \tag{5-62}$$

可将式(5-62)代入制导方程中进行修正。

用两个星敏感器来同时跟踪两颗事先选定的恒星，从理论上讲是正确的，但工程实现却是相当复杂的。两个星敏感器就需要两套伺服系统，再把它们装到平台上，这在体积和质量上都是不允许的。由一个星敏感器轮流观测两颗事先选定的恒星，计算机软件就相当复杂，技术实现上也存在一定的问题。这是因为导弹的法向和横向导引都是使导弹关机点的速度矢量与标准弹道的速度矢量相吻合。可以只用一个星敏感器，在助推阶段瞄准关机点速度矢量方向附近的一颗恒星，测量它的高度角和方位角偏差，变成导引信号实施导引，直接实现星光跟踪的目的。导引信号如下所示：

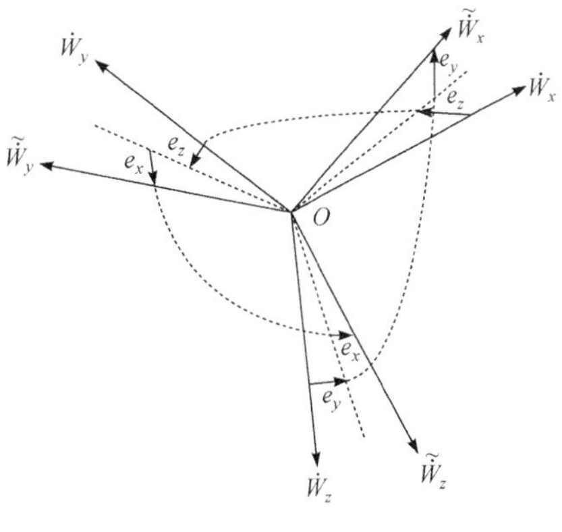

图 5-16　平台系统漂移时的加速度计输出

$$\begin{cases}\Delta U_{\varphi}(t)=K_{\varphi}\Delta h(t)\\ \Delta U_{\psi}(t)=K_{\psi}\Delta A_{c}(t)\end{cases} \tag{5-63}$$

第三节　惯性/图像匹配复合制导

图像匹配制导是一种高精度制导技术，可以修正主动段的制导误差，以及重力异常、发射点定位、后效冲量等误差，使命中精度很高。

一、图像匹配制导系统的基本原理

图像匹配制导就是预先把可测量的与时间无关的地形变量数值编成数字化地图，存储在弹上计算机中，在导弹再入末段，对导弹飞越地区的地形再次进行测量[1]。若导弹飞行中所测得的数字化地图与原先测量编制好的数字化地图失配，则弹上计算机就会发出修正导弹再入弹道的指令，使导弹按正确的弹道再入；若导弹飞行中所测得的数字化地图与原先测量编制好的数字化地图相匹配，则导弹就保持正确的弹道再入，直到命中目标[50]。

(一) 图像匹配制导系统的主要组成部分

图像匹配制导系统由存储数据制备系统、实时图成像系统、匹配装置、控制系统等组成。

存储数据制备就是对原图进行处理转换，将一些可测量的与时间无关的地形变量，如海拔或给定波长的地面反射率等作为地面位置的函数，制备成数据，存储在再入导弹的弹上计算机中。具体来说，就是把一幅相当于地面上某个区域的地图分成许多小方格，然后在相应的小方格上记入平均海拔，就可以得到用数字形式表示海拔变化的数字阵列，也称数组(图 5-17)。

这些预先测量的地形海拔数据以比较精确的鉴别率记录下来，就可以表示高楼、水塔、灯塔一类的建筑物。通常，原图是已知的，通过卫星、飞机等高空侦察手段获得。这些目标区域或航线区域的实际情况图，经过图像预处理转换成适合成像系统实时图匹配的形式，存储在再入导弹的计算机中。

原图也可以是根据波长地面反射率的差异汇编出类似上述数字阵列的数字化地图。这是因为地球接收来自太空的辐射之后，反射率将随各种建筑物、材料及地理位置的不同而异，这和森林、道路、机场对无线电波的反射不同一样，也和天鹅绒、镜面、纸片对可见光的反射不同一样。根据记录下来的基于反射率与地理位置函数的数字化地图，就可再现实际地形。

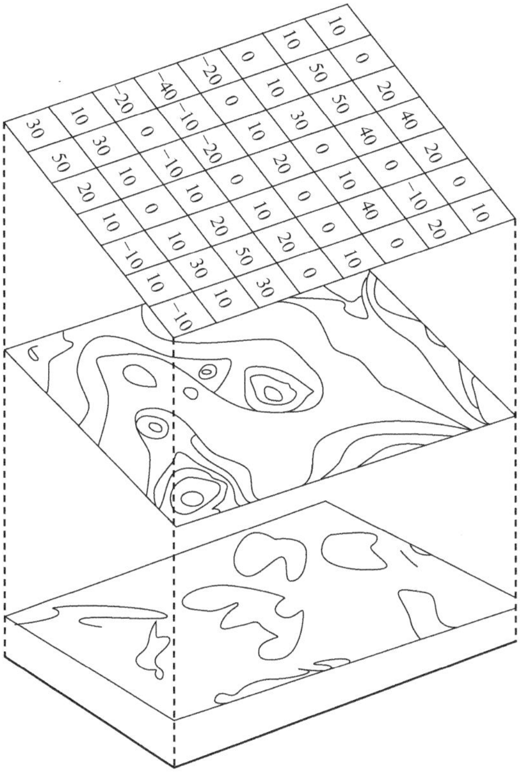

图 5-17 存储数据制备示意图

实时图成像系统可以是雷达、红外、激光、可见光或其混合，用于实时摄取航线区域或目标区域的地形图。

根据实时图与原图的需要，可选择计算机匹配、光学匹配、电子图像相关管或其他形式的匹配装置。为了保证实时图与原图匹配，应满足两个条件：一是原图尺寸比实时图尺寸大；二是保证导弹摄取的实时图落入原图区域，也就是要求导弹有一定的制导预置精度。预置精度要求并不高，一般精度水平的惯性测量装置就能满足。摄取实时图可以分几点离散进行，也可连续进行。每个摄取点对应着一定的原图段。原图段选择太大，固然能保证实时图落入原图区域的概率增大，但对匹配装置(如计算机)的存储容量与计算速度要求很高，因此要根据实时图的大小和导弹航迹预置精度适当选取原图的尺寸。图 5-18 展示了图像匹配制导系统的原理。

数据匹配就是依靠弹上计算机把存储数据(数字化地图)从左到右扫描出全部可能有的数据序列，与实时测得的实际数据进行纵横相关比较(图 5-19)，如果两组数据失配，则弹上计算机对控制系统发出指令使导弹做机动飞行，从而使两组数据实现匹配，进而使导弹命中目标。

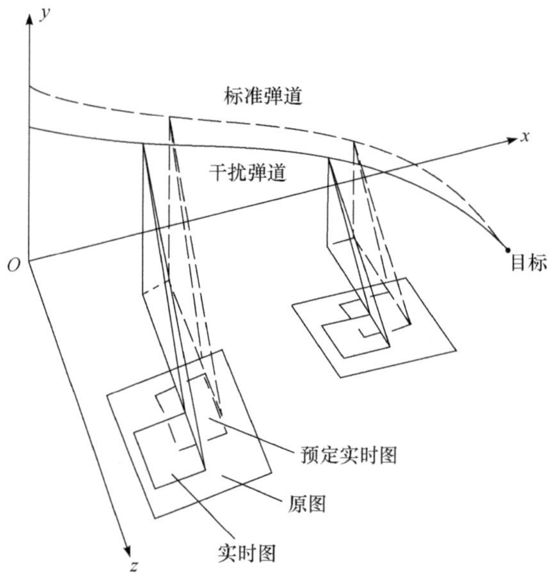

图 5-18　图像匹配制导系统的原理

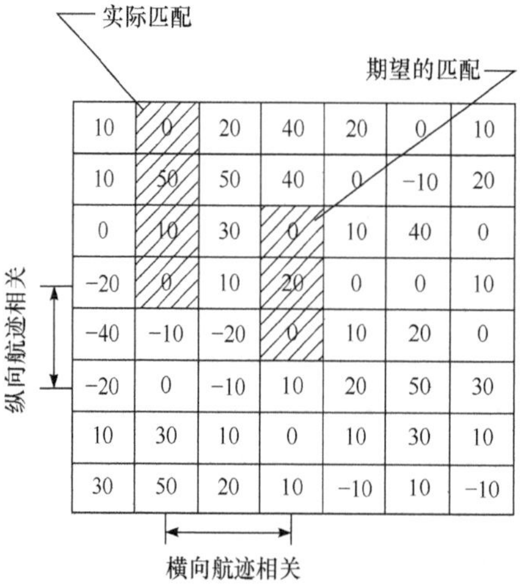

图 5-19　数据匹配示意图

(二) 图像匹配制导的主要工作过程

下面以利用存储在数字化地图上的高度信息进行导弹制导的大体程序来说明图像匹配制导的主要工作过程。

首先，导弹飞经的预定弹道用连续函数 $G_{\mathrm{m}}(x,y)$ 表示，同时从弹上高度表连续读得的高度值也可以表示为连续函数 $F_{\mathrm{m}}(x,y)$。这时，导弹飞经弹道中某一点的瞬时值为

$$\left[F_{\mathrm{m}}(x,y)-G_{\mathrm{m}}(x,y)\right]^2=0 \qquad (5\text{-}64)$$

如果式(5-64)等号左边不等于零，就说明导弹实际弹道与预定弹道不一致。具体来说，导弹已偏离了预定弹道。要保持导弹沿预定弹道飞行，计算机就必须使式(5-64)等号左边最小。

实际上用傅里叶变换更容易，即利用表示函数 $F_{\mathrm{m}}(x,y)$ 和 $G_{\mathrm{m}}(x,y)$ 的连续波形频率分量

$$\xi=\left\{\frac{\mathrm{d}}{\mathrm{d}t}\left[F_{\mathrm{m}}(x,y)-G_{\mathrm{m}}(x,y)\right]\right\}^2 \tag{5-65}$$

表示 $F_{\mathrm{m}}(x,y)$ 和 $G_{\mathrm{m}}(x,y)$ 。从而，可根据 ξ 的大小，即该函数的高、低频分量，用计算机有效地控制导弹。

从导弹发射到命中目标的整个过程中，没有必要始终采用图像匹配制导技术，这是因为这种技术要求计算机具有非常高的记忆存储能力。可以采取分段制导，导弹在各段飞行期间靠惯性制导控制，只是在适当选择的区域点上采用图像匹配制导技术。这样做是为了修正该区域点之前局部飞行中由惯性制导产生的误差。这样做，既可以减小弹上计算机的存储量，从而降低对计算机的功能要求，使之易于制造和实现；又可以保证导弹做机动飞行，准确命中目标。

二、匹配装置技术途径

(一) 弹上计算机匹配与匹配方法

如前所述，如用弹上计算机匹配，必须将实时测得的图像转换成数字图像并将其离散化，即化为网格。网格不能取得过粗，至少要能分辨出公路。公路宽度一般在 25m 左右，故网格应取得细。但网格取得太细，就对计算机存储量与计算速度提出很高的要求。因此，应根据射击效能与经费综合衡量来选择适当的网格。实际计算结果证明，图像灰度等级(指像素黑白程度分级)分得太多，对匹配并不带来增益，对抗干扰性能来说，有时还不如分两个等级有利，即给定某门槛，超过该门槛为 1，低于该门槛为 0，也就是二值化。另外，图像灰度分级多，对雷达和计算机的实现增加了复杂性。

匹配方法有相关法和线性加权法，下面分别介绍。

1. 相关法

设 $\boldsymbol{A}_0=\left[\tilde{a}_{ij}\right]$ 为实时图网格化像素 $\tilde{a}_{ij}$ 的矩阵，$\boldsymbol{B}_0=\left[\tilde{b}_{ij}\right]$ 为原图网格化像素 $\tilde{b}_{ij}$ 的矩阵，则图像 $\boldsymbol{A}_0$、$\boldsymbol{B}_0$ 的“拟合度”或“归一化相关数”为

$$\gamma\left(\boldsymbol{A}_0,\boldsymbol{B}_0\right)=\left(\sum_i\sum_j\tilde{a}_{ij}\tilde{b}_{ij}\right)\Bigg/\sqrt{\sum_i\sum_j\tilde{a}_{ij}^2\sum_i\sum_j\tilde{b}_{ij}^2} \tag{5-66}$$

可以证明 $-1\leqslant\gamma\left(\boldsymbol{A}_0,\boldsymbol{B}_0\right)\leqslant1$ 。

实际情况是，原图中任意两个不同窗口的实时图不完全相同。将实时图 $\boldsymbol{A}$ 与原图中一切可能匹配的窗口进行比较，如果

$$\gamma\left(\boldsymbol{A}_0,\boldsymbol{B}_{pq0}\right)=\max \tag{5-67}$$

那么判定实时图 $\boldsymbol{A}$ 在原图中的位置为 $(\tilde{p},\tilde{q})$ ，其中 $\tilde{p}$、$\tilde{q}$ 分别表示匹配窗口在原

图中所处的行、列序号。

2. 线性加权法

设 $\boldsymbol{A}_0 = \left[\tilde{a}_{ij}\right]$ 是从原图中获得的实时图，线性加权法就是通过

$$\begin{cases} \zeta = \sum_i \sum_j u_{ij}\tilde{a}_{ij} \\ \eta = \sum_i \sum_j v_{ij}\tilde{a}_{ij} \end{cases} \tag{5-68}$$

直接算出 $\boldsymbol{A}_0$ 在原图中的位置 (ζ,η)。其中，加权系数 u_{ij}、v_{ij} 可利用原图的全部信息事先在地面算出，按情况采取解线性代数方程或最小二乘方程的方式确定。

线性加权法可大大减小计算机的存储量与降低计算速度要求，但误差大，有时错判 10～30 个网格。相关法的精度高，具有一定抗干扰能力，能适应图像的 1° 扭曲，在综合干扰作用下，错判 2 个网格的概率小于 2.25%，但对计算机的存储量、计算速度要求较高。

(二) 光学相关装置

光学相关装置的原理如图 5-20 所示。在图像识别、照片判读及信号处理领域也采用了光学相关装置原理。

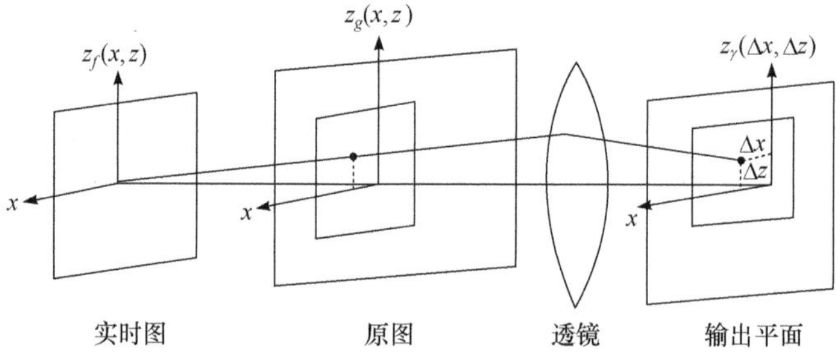

图 5-20　光学相关装置原理图

光学相关装置的原理如下：

$$\gamma(\Delta x,\Delta z) = \iint f(x,z)g(x+\Delta x, z+\Delta z)\mathrm{d}x\mathrm{d}z \tag{5-69}$$

在输出平面上检出最大光强点，就可得到两张图的相对位移。

实验证实上述原理完全成立，也证实图像进行轮廓化预处理会使相关峰更陡峭。实验还证实了相关法的抗干扰性，对图像失真、扭曲、倾斜、比例尺变化的适应性。

光学相关装置比计算机结构简单，技术难点少，其缺点是精度低、抗辐射性能差、抗振性能差。它与光学成像系统配套使用较为合适。

(三) 电子图像相关管

存储栅存储实时图，可存储雷达图、光学图、激光图。光阴极产生的电子图像是由光源照射原图，并聚焦、扫描、加速、穿过存储栅到达输出电极而形成的。输出的电子数与两个图像的相关值成正比。实时图相对于原图逐次移位是由扫描线圈控制完成的。

电子图像相关管可以模拟三个位置与三个姿态角的信息，计算功能多，能够减少误分配。

三、惯性/合成孔径雷达复合制导的基本原理

合成孔径雷达(synthetic aperture radar，SAR)可在能见度极差的气象条件下得到类似于光学照相的高分辨率图像，具有分辨率高、全天候工作、远距离成像、可探测较隐蔽目标等优点。SAR 技术已成为雷达成像技术的重要分支，也是雷达领域的研究热点，其在军事和民用方面都有重要的应用价值[51-52]。

INS/SAR 复合制导系统是一种新型复合制导体制，该复合制导系统的主要特点就是充分利用合成孔径雷达的图像辅助作用对 INS 进行修正，以实现高精度的导航定位。

(一) INS/SAR 复合制导系统原理

把实时获得的 SAR 图像信息与从事先准备好的数字地图数据库中查询到的 SAR 测绘区地图进行图像匹配，可以得到 INS 的位置和方位偏差，将其作为观测量，经卡尔曼滤波可计算出 INS 的误差估计，用来校正 INS，从而获得当前精确的导航信息。同时，INS 的实时位置信息又可帮助确定 SAR 图像信息与数字地图进行匹配的大致地区范围。另外，SAR 成像时，导弹的机动飞行和天线姿态的不稳定性会影响成像质量，为了提高 SAR 成像的质量，必须采用运动补偿技术，即按照 INS 提供的速度和姿态信息对 SAR 进行运动补偿。这样，在数字地图数据库的支持下，充分利用 INS 和 SAR 之间的互补性，取长补短，INS 与 SAR 可组合构成一种高性能的复合制导系统，实现高精度的导航定位[9]。

INS/SAR 复合制导系统的原理框图如图 5-21 所示。INS 输出的位置、航向信息，用来计算当前 SAR 的测绘视场(field of view，FOV)和平移及旋转地图图像所需的参数。地图数据库管理系统使用 FOV 信息，收集地图数据形成 SAR 测绘区的地形图像。地形图像经过地图转换和图像处理，与实时获得的 SAR 图像进行特征相关匹配，估计出 INS 的位置和航向误差，并将其作为复合制导系统的观测量送入卡尔曼滤波器，经卡尔曼滤波器最优估计出 INS 的误差，用来对 INS 进行输出或反馈校正。

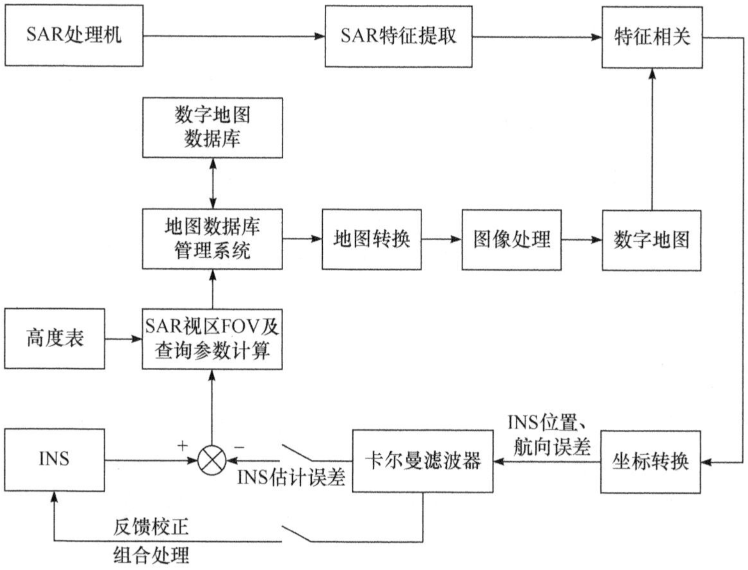

图 5-21　INS/SAR 复合制导系统的原理框图

在 INS/SAR 复合制导系统的制导过程中，如果把 SAR 的实时图像用于目标检测，则将目标模板与校正后的 SAR 图像进行图像匹配，可以检测 SAR 图像中有无目标以及目标的位置和方向，把该信号送给控制管理器来进行瞄准、寻的制导等。

INS/SAR 复合制导系统是一种新的组合体制，可以降低载体对单一 INS 的精度要求，从而降低系统的造价[53]。能够提供地面图像的传感器除 SAR 外，还有电光图像传感器、毫米波雷达、激光雷达等。在图像传感器和图像处理技术日益发展的今天，研究惯性/合成孔径雷达复合制导系统无疑具有重要的价值。

(二) INS/SAR 复合制导系统的数学模型

1. INS/SAR 复合制导系统的状态方程

对于平台 INS，其误差状态方程为

$$\dot{\boldsymbol{X}}_{\mathrm{I}}(t)=\boldsymbol{F}_{\mathrm{I}}(t)\boldsymbol{X}_{\mathrm{I}}(t)+\boldsymbol{G}_{\mathrm{I}}(t)\boldsymbol{W}_{\mathrm{I}}(t) \tag{5-70}$$

式中，$\boldsymbol{X}_{\mathrm{I}}(t)\in\mathbf{R}^{18}$，为状态变量；$\boldsymbol{F}_{\mathrm{I}}(t)\in\mathbf{R}^{18\times18}$，为状态转移矩阵；$\boldsymbol{W}_{\mathrm{I}}(t)\in\mathbf{R}^{9}$，为系统噪声矢量；$\boldsymbol{G}_{\mathrm{I}}(t)\in\mathbf{R}^{18\times9}$，为驱动噪声矩阵。

状态变量 $\boldsymbol{X}_{\mathrm{I}}(t)$ 为

$$\begin{aligned}\boldsymbol{X}_{\mathrm{I}}(t)=[&\delta v_{x\mathrm{n}}\ \ \delta v_{y\mathrm{n}}\ \ \delta v_{z\mathrm{n}}\ \ \delta B\ \ \delta\lambda\ \ \delta h\ \ \alpha_{x\mathrm{n}}\ \ \alpha_{y\mathrm{n}}\ \ \alpha_{z\mathrm{n}}\\ &\varepsilon_{\mathrm{bxn}}\ \ \varepsilon_{\mathrm{byn}}\ \ \varepsilon_{\mathrm{bzn}}\ \ \varepsilon_{\mathrm{rxn}}\ \ \varepsilon_{\mathrm{ryn}}\ \ \varepsilon_{\mathrm{rzn}}\ \ \varDelta_{x\mathrm{n}}\ \ \varDelta_{y\mathrm{n}}\ \ \varDelta_{z\mathrm{n}}]_{18\times1}^{\mathrm{T}}\end{aligned} \tag{5-71}$$

式中，δv_{xn}、δv_{yn}、δv_{zn} 为速度误差在北天东坐标系各轴上的分量；δB、$\delta\lambda$、δh 为大地纬度、经度、高程误差；α_{xn}、α_{yn}、α_{zn} 为平台坐标系与北天东坐标系间的误差角；$\varepsilon_{\mathrm{bxn}}$、$\varepsilon_{\mathrm{byn}}$、$\varepsilon_{\mathrm{bzn}}$ 为陀螺仪随机常值漂移在北天东坐标系各轴上的分量；$\varepsilon_{\mathrm{rxn}}$、$\varepsilon_{\mathrm{ryn}}$、$\varepsilon_{\mathrm{rzn}}$ 为陀螺仪一阶马尔可夫漂移误差在北天东坐标系各轴上的分量；$\varDelta_{xn}$、$\varDelta_{yn}$、$\varDelta_{zn}$ 为加速度计测量误差在北天东坐标系各轴上的分量。

状态转移矩阵 $\boldsymbol{F}_{\mathrm{I}}(t)$ 为

$$\boldsymbol{F}_{\mathrm{I}}(t)=\left|\begin{array}{c|c}\boldsymbol{F}_{\mathrm{N}} & \boldsymbol{F}_{\mathrm{S}}\\ \hline \boldsymbol{0}_{9\times 9} & \boldsymbol{F}_{\mathrm{M}}\end{array}\right| \tag{5-72}$$

$\boldsymbol{F}_{\mathrm{N}}$ 中各非零元素为

$$f_{11}=-\frac{v_{yn}}{R_{\mathrm{n}}+h}，\quad f_{12}=-\frac{v_{xn}}{R_{\mathrm{n}}+h}，\quad f_{13}=-2\left(\omega\sin B+\frac{v_{zn}}{R_{\mathrm{n}}+h}\tan B\right)$$

$$f_{14}=-2\left(\omega v_{zn}\cos B-\frac{v_{zn}^2}{R_{\mathrm{n}}+h}\sec^2 B\right)，\quad f_{18}=-\dot{W}_{zn}，\quad f_{19}=\dot{W}_{yn}$$

$$f_{21}=\frac{2v_{xn}}{R_{\mathrm{n}}+h}，\quad f_{23}=2\left(\omega\cos B+\frac{v_{zn}}{R_{\mathrm{n}}+h}\right)，\quad f_{24}=-2\omega v_{zn}\sin B$$

$$f_{27}=\dot{W}_{zn}，\quad f_{29}=-\dot{W}_{xn}，\quad f_{31}=2\omega\sin B+\frac{v_{zn}}{R_{\mathrm{n}}+h}\tan B$$

$$f_{32}=-\left(2\omega\cos B+\frac{v_{zn}}{R_{\mathrm{n}}+h}\right)，\quad f_{33}=\frac{v_{xn}}{R_{\mathrm{n}}+h}\tan B-\frac{v_{yn}}{R_{\mathrm{n}}+h}$$

$$f_{34}=2\omega v_{xn}\cos B+2\omega v_{yn}\sin B+\frac{v_{xn}v_{zn}}{R_{\mathrm{n}}+h}\sec^2 B，\quad f_{37}=-\dot{W}_{yn}，\quad f_{38}=\dot{W}_{xn}$$

$$f_{41}=\frac{1}{R_{\mathrm{n}}+h}，\quad f_{53}=\frac{\sec B}{R_{\mathrm{n}}+h}，\quad f_{54}=\frac{v_{zn}}{R_{\mathrm{n}}+h}\tan B$$

$$f_{62}=1，\quad f_{73}=\frac{1}{R_{\mathrm{n}}+h}，\quad f_{74}=-\omega\sin B$$

$$f_{83}=\frac{\tan B}{R_{\mathrm{n}}+h}，\quad f_{84}=\omega\cos B+\frac{v_{zn}}{R_{\mathrm{n}}+h}\sec B，\quad f_{91}=-\frac{1}{R_{\mathrm{n}}+h}$$

式中，R_{n} 为卯酉圈曲率半径；ω 为地球自转角速度；$\dot{W}_{xn}$、$\dot{W}_{yn}$、$\dot{W}_{zn}$ 为视加速度在北天东坐标系各轴上的分量。

$\boldsymbol{F}_{\mathrm{S}}$ 的表达式为

$$\boldsymbol{F}_{\mathrm{S}}=\left|\begin{array}{c:c:c}\multicolumn{2}{c:}{\boldsymbol{0}_{6\times 6}} & \boldsymbol{I}_{3\times 3}\\ \hdashline \boldsymbol{I}_{3\times 3} & \boldsymbol{I}_{3\times 3} & \boldsymbol{0}_{6\times 3}\end{array}\right| \tag{5-73}$$

$\boldsymbol{F}_{\mathrm{M}}$ 的表达式为

$$\boldsymbol{F}_{\mathrm{M}}=\left|\begin{array}{c:cccccc}
 & \multicolumn{6}{c}{\boldsymbol{0}_{3\times 6}}\\ \hdashline
 & -\dfrac{1}{T_{\mathrm{g}}} & 0 & 0 & & & \\
 & 0 & -\dfrac{1}{T_{\mathrm{g}}} & 0 & & \boldsymbol{0}_{3\times 3} & \\
\boldsymbol{0}_{9\times 3} & 0 & 0 & -\dfrac{1}{T_{\mathrm{g}}} & & & \\ \hdashline
 & & & & \dfrac{1}{T_{\mathrm{a}}} & 0 & 0\\
 & & \boldsymbol{0}_{3\times 3} & & 0 & \dfrac{1}{T_{\mathrm{a}}} & 0\\
 & & & & 0 & 0 & \dfrac{1}{T_{\mathrm{a}}}
\end{array}\right| \tag{5-74}$$

式中，T_{g} 为陀螺仪漂移误差相关时间；T_{a} 为加速度计测量误差相关时间。

系统噪声矢量 $\boldsymbol{W}_{\mathrm{I}}(t)$ 的表达式为

$$\boldsymbol{W}_{\mathrm{I}}(t)=[\omega_{\mathrm{g}x}\quad \omega_{\mathrm{g}y}\quad \omega_{\mathrm{g}z}\quad \omega_{\mathrm{r}x}\quad \omega_{\mathrm{r}y}\quad \omega_{\mathrm{r}z}\quad \omega_{\mathrm{a}x}\quad \omega_{\mathrm{a}y}\quad \omega_{\mathrm{a}z}]_{9\times 1}^{\mathrm{T}} \tag{5-75}$$

式中，$\omega_{\mathrm{g}x}$、$\omega_{\mathrm{g}y}$、$\omega_{\mathrm{g}z}$ 为陀螺仪白噪声在平台坐标系各轴的分量；$\omega_{\mathrm{r}x}$、$\omega_{\mathrm{r}y}$、$\omega_{\mathrm{r}z}$ 为陀螺仪一阶马尔可夫漂移过程中白噪声在平台坐标系各轴的分量；$\omega_{\mathrm{a}x}$、$\omega_{\mathrm{a}y}$、$\omega_{\mathrm{a}z}$ 为加速度计白噪声在平台坐标系各轴的分量。

SAR 系统误差状态方程为

$$\dot{\boldsymbol{X}}_{\mathrm{R}}(t)=\boldsymbol{F}_{\mathrm{R}}(t)\boldsymbol{X}_{\mathrm{R}}(t)+\boldsymbol{G}_{\mathrm{R}}(t)\boldsymbol{W}_{\mathrm{R}}(t) \tag{5-76}$$

状态变量 $\boldsymbol{X}_{\mathrm{R}}(t)$ 为

$$\boldsymbol{X}_{\mathrm{R}}(t)=[\psi_{x\mathrm{n}}\quad \psi_{y\mathrm{n}}\quad \psi_{z\mathrm{n}}\quad \delta h_{\mathrm{b}}]^{\mathrm{T}} \tag{5-77}$$

式中，$\psi_{x\mathrm{n}}$、$\psi_{y\mathrm{n}}$、$\psi_{z\mathrm{n}}$ 为接收天线相对北天东坐标系姿态角误差；δh_{b} 为高度表偏置。

$\boldsymbol{F}_{\mathrm{R}}(t)$、$\boldsymbol{G}_{\mathrm{R}}(t)$ 为对应的状态转移矩阵和驱动噪声矩阵，与系统安装误差等因素有关。

将式(5-70)和式(5-76)组合在一起，使得 INS/SAR 复合制导系统的状态方

程为

$$\begin{bmatrix} \dot{\boldsymbol{X}}_{\mathrm{I}}(t) \\ \dot{\boldsymbol{X}}_{\mathrm{R}}(t) \end{bmatrix} = \begin{bmatrix} \boldsymbol{F}_{\mathrm{I}}(t) & 0 \\ 0 & \boldsymbol{F}_{\mathrm{R}}(t) \end{bmatrix} \begin{bmatrix} \boldsymbol{X}_{\mathrm{I}}(t) \\ \boldsymbol{X}_{\mathrm{R}}(t) \end{bmatrix} + \begin{bmatrix} \boldsymbol{G}_{\mathrm{I}}(t) & 0 \\ 0 & \boldsymbol{G}_{\mathrm{R}}(t) \end{bmatrix} \begin{bmatrix} \boldsymbol{W}_{\mathrm{I}}(t) \\ \boldsymbol{W}_{\mathrm{R}}(t) \end{bmatrix} \tag{5-78}$$

2. INS/SAR 复合制导系统的量测方程

由于 SAR 可以提供目标与雷达平台之间的距离 R_{S}、距离率 $\dot{R}_{\mathrm{S}}$ 信息，以及雷达平台的方位角 A、高度角 E 信息，故在 INS/SAR 复合制导系统中，量测方程可采用 SAR 的距离 R_{S} 与相应的 INS 计算出来的距离 R_{I} 之差 ΔR，SAR 的距离率 $\dot{R}_{\mathrm{S}}$ 与 INS 计算的距离率 $\dot{R}_{\mathrm{I}}$ 之差 $\Delta\dot{R}$，以及 SAR 的方位角 A 和高度角 E 作为观测量，则 INS/SAR 复合制导系统的量测方程为

$$\boldsymbol{Z} = \begin{bmatrix} \Delta R \\ \Delta\dot{R} \\ A \\ E \end{bmatrix} = \begin{bmatrix} R_{\mathrm{S}} - R_{\mathrm{I}} \\ \dot{R}_{\mathrm{S}} - \dot{R}_{\mathrm{I}} \\ A \\ E \end{bmatrix} \tag{5-79}$$

思考习题

1. 简述复合制导的含义和作用。
2. 简述复合制导系统的组成和主要复合形式。
3. 简述复合制导的特点和发展趋势。
4. 简述星光制导的定位原理。
5. 简述星光制导的测姿原理。
6. 简述大视场星敏感器的工作原理。
7. 简述惯性/星光复合制导对机动发射或水下发射导弹具有突出优点的原因。
8. 简述惯性/星光复合制导修正惯性基准漂移的基本原理。
9. 简述图像匹配制导系统的基本工作原理。
10. 根据 INS/SAR 复合制导系统的原理框图简述其工作流程。

第六章　多弹头分导

多弹头分导通过在有制导装置的母舱内安装多个子弹头，由母舱按预定程序逐个释放，使子弹头沿不同弹道分别飞向不同目标。多弹头分导技术因其具有突防能力强、打击目标多、效费比高等优点，成为提高导弹武器系统整体性能的一项重要技术措施[54-56]。

本章主要介绍多弹头分导的相关知识，分为多弹头分导的摄动制导和多弹头分导的闭路制导两部分。在多弹头分导的摄动制导部分，介绍母舱分导机动的最佳推力方向和母舱摄动制导的关机方程等内容；在多弹头分导的闭路制导部分，介绍释放子弹头时母舱最佳姿态的确定、最佳再入姿态的确定和飞行中惯性测量装置的对准问题等内容。

第一节　多弹头分导的摄动制导

本节研究一种简单的多弹头分导方案，即仅通过母舱机动来实现子弹头的分导，子弹头本身不安装控制系统。母舱内装有若干枚子弹头并包含由制导舱和末助推推进舱组成的末助推控制系统。母舱在主动段关机后即与弹体分离，并沿自由弹道飞行。分导机动前，母舱姿态控制系统控制末助推发动机的推力到事先确定的程序方向。分导机动期间，母舱制导系统通过调整母舱姿态并控制发动机的启动和关闭，使母舱获取投放子弹头所要求的速度增量。投放出去的子弹头沿自由弹道飞行并命中目标，这和单弹头导弹发动机熄火后的情况一样[1,11]。

在技术实现上，母舱分导机动的制导应尽可能与导弹主动段制导一致，不宜搞两套制导系统。这样，制导器件大部分通用，而且制导软件也基本一致，整个系统简单、合理、可靠。

一、母舱分导机动的最佳推力方向

分导机动前，母舱姿态应调转到使推力指向一定的方向。关键就在于确定这个推力方向，使之不但满足子弹头命中目标的要求，而且得到某种意义上的最佳性能。

(一) 受控运动的数学模型

设标准情况下的分导机动弹道如图 6-1 所示。图中，A、B 分别是分导机动的始点和终点。A 点弹道参数所决定的自由飞行弹道是子弹头 1 的标准弹道，其落点 P_1 即子弹头 1 的目标。从 A 点开始，末助推发动机工作，母舱弹道变为有推力弹道。在 B 点，末助推发动机关闭，母舱沿由 B 点弹道参数确定的自由弹道飞行。若忽略子弹头 2 与母舱分离时的微小冲量，则这条弹道也是子弹头 2 的标准弹道，它的落点即子弹头 2 的目标。

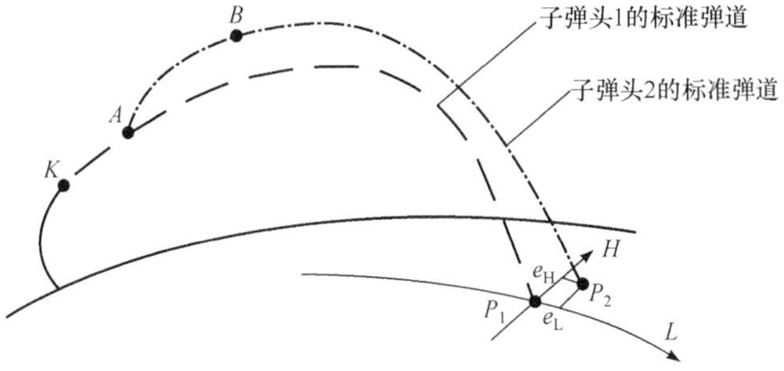

图 6-1　标准情况下的分导机动弹道

K 表示主动段终点；H 表示横向；L 表示射向

选取坐标系 LP_1H 描述目标 P_2 相对目标 P_1 的位置。P_1L 沿子弹头 1 的射程计算方向，P_1H 沿其横向偏差计算方向。P_2 在这个坐标系的坐标(e_L, e_H)表示 P_2 相对 P_1 的散开状况。可以假定，分导机动后，母舱弹道相对原来自由飞行弹道的改变足够小，从而可以用摄动理论来处理母舱相对原始自由弹道机动的控制问题。

在末助推发动机推力作用下，母舱相对于子弹头 1 标准自由弹道的相对运动方程为

$$\begin{cases}\Delta \boldsymbol{r}(t)=\boldsymbol{r}(t)-\boldsymbol{r}(\bar{t})\\ \Delta \boldsymbol{V}(t)=\boldsymbol{V}(t)-\boldsymbol{V}(\bar{t})\\ \Delta \dot{\boldsymbol{r}}(t)=\Delta \boldsymbol{V}(t)\\ \Delta \dot{\boldsymbol{V}}(t)=\dot{\boldsymbol{W}}(t)+\delta \boldsymbol{g}\left(t,\boldsymbol{r}(t),\boldsymbol{r}(\bar{t})\right)\end{cases} \tag{6-1}$$

式中，$\boldsymbol{r}(t)$和$\boldsymbol{V}(t)$分别为母舱质心的矢径和速度矢量；$\boldsymbol{r}(\bar{t})$和$\boldsymbol{V}(\bar{t})$分别为子弹头 1 沿标准自由弹道飞行的矢径和速度矢量；$\dot{\boldsymbol{W}}(t)$为末助推发动机产生的视加速度。

由于在球形引力场假定下，有

$$\boldsymbol{g}\left(\boldsymbol{r}(t),t\right)=-\mu\frac{\boldsymbol{r}}{r^3} \tag{6-2}$$

式中，$\mu = GM$，为万有引力常数与地球质量的乘积。

因此，有

$$\delta \boldsymbol{g}(t) = \boldsymbol{g}\left(\boldsymbol{r}(t),t\right) - \boldsymbol{g}\left(\boldsymbol{r}(\overline{t}),t\right) \approx -\frac{\mu}{\overline{r}^3}\left[\Delta \boldsymbol{r} - 3\frac{\boldsymbol{r}(\overline{t})\Delta \boldsymbol{r}}{\overline{r}^2}\boldsymbol{r}(\overline{t})\right] \tag{6-3}$$

对于末助推发动机产生的视加速度 $\dot{\boldsymbol{W}}(t)$，有

$$\dot{\boldsymbol{W}}(t) = \dot{W}(t)\boldsymbol{\eta}(t) \tag{6-4}$$

式中，$\dot{W}(t)$ 为视加速度的大小；$\boldsymbol{\eta}(t)$ 为推力方向单位矢量，当发动机沿母舱纵轴轴向安装时，$\boldsymbol{\eta}(t)$ 为纵轴单位矢量。当发动机推力 P 的大小不可调时，有

$$\dot{W}(t) = \frac{P}{m(t)} = \frac{u_c}{T-(t-t_0)} \tag{6-5}$$

式中，u_c 为燃气排出速度；$T = m_0 / \dot{m}$，其中，m_0 为 t_0 时母舱质量，$\dot{m}$ 为燃料秒耗量。

把式(6-3)、式(6-4)代入式(6-1)可得

$$\begin{cases} \Delta \dot{\boldsymbol{r}} = \Delta \boldsymbol{V} \\ \Delta \dot{\boldsymbol{V}} = \dot{W}(t)\boldsymbol{\eta}(t) - \dfrac{\mu}{\overline{r}^3}\left[\Delta \boldsymbol{r} - 3\dfrac{\boldsymbol{r}(\overline{t})\cdot\Delta \boldsymbol{r}}{\overline{r}^2}\boldsymbol{r}(\overline{t})\right] + \dot{\boldsymbol{W}}_1 \end{cases} \tag{6-6}$$

式中，$\dot{\boldsymbol{W}}_1$ 为扰动加速度，包括引力加速度摄动的高阶项和空气动力产生的加速度等。

式(6-6)是要控制的运动数学描述。标准情况下，在分导机动开始时刻 t_A，有

$$\begin{cases} \Delta \boldsymbol{r}(t_A) = 0 \\ \Delta \boldsymbol{V}(t_A) = 0 \end{cases} \tag{6-7}$$

要求在末助推力作用下，在终端时刻 t_B，母舱的位置和速度摄动满足以下条件：

$$\begin{bmatrix} e_{\mathrm{L}} \\ e_{\mathrm{H}} \end{bmatrix} = \begin{bmatrix} \boldsymbol{L}_r^{\mathrm{T}} & \boldsymbol{L}_V^{\mathrm{T}} \\ \boldsymbol{H}_r^{\mathrm{T}} & \boldsymbol{H}_V^{\mathrm{T}} \end{bmatrix}_{t_B} \begin{bmatrix} \Delta \boldsymbol{r} \\ \Delta \boldsymbol{V} \end{bmatrix}_{t_B} \tag{6-8}$$

式中，

$$\begin{cases} \boldsymbol{L}_r = \dfrac{\partial L}{\partial \boldsymbol{r}} \\ \boldsymbol{L}_V = \dfrac{\partial L}{\partial \boldsymbol{V}} \\ \boldsymbol{H}_r = \dfrac{\partial H}{\partial \boldsymbol{r}} \\ \boldsymbol{H}_V = \dfrac{\partial H}{\partial \boldsymbol{V}} \end{cases} \tag{6-9}$$

这些偏导数根据子弹头 1 的标准弹道在 t_B 时刻的运动参数值算出。因此，式(6-8)等号右端表示子弹头 2 相对子弹头 1 的运动参数偏差所产生的落点射程变化和射向变化；式(6-8)等号左端表示目标 P_2 相对 P_1 的位置坐标。满足这个条件意味着子弹头 2 在一阶误差上命中给定目标 P_2。

关于控制性能指标的考虑，为了不使由分导机动引起的总能量损失过大，希望给定子弹头散开距离所消耗的燃料最少。当发动机特性稳定时，燃料消耗与工作时间成比例，因此选快速性作为性能判据。这样，问题就是对于给定的受控运动方程(6-6)、初始条件式(6-7)和终端约束条件式(6-8)，求推力指向 η 的最佳值，使发动机工作时间最短，即

$$J_{\min}|_{\eta}=t_B-t_A \tag{6-10}$$

(二) 求解最佳推力方向

求解的问题是终端时间未定，要求终端状态变量满足给定值的控制问题。通过对数学模型的简化，求工程应用意义的近似解。

如果忽略由位置摄动引起的引力加速度的变化，略去 $\dot{\boldsymbol{W}}_1$，则受控运动方程(6-6)将变为

$$\begin{cases}\Delta\dot{\boldsymbol{r}}=\Delta\boldsymbol{V}\\ \Delta\dot{\boldsymbol{V}}=\dot{W}(t)\boldsymbol{\eta}(t)\end{cases} \tag{6-11}$$

这时，哈密顿函数为

$$H=1+\boldsymbol{\lambda}_V^{\mathrm{T}}\dot{W}(t)\cdot\boldsymbol{\eta}(t)+\boldsymbol{\lambda}_r^{\mathrm{T}}\cdot\Delta\boldsymbol{V} \tag{6-12}$$

式中，伴随函数矢量 $\boldsymbol{\lambda}^{\mathrm{T}}=[\boldsymbol{\lambda}_r^{\mathrm{T}},\boldsymbol{\lambda}_V^{\mathrm{T}}]$ 是下述伴随方程的解：

$$\begin{cases}\dot{\boldsymbol{\lambda}}_r=\boldsymbol{0}\\ \dot{\boldsymbol{\lambda}}_V=-\boldsymbol{\lambda}_r\end{cases} \tag{6-13}$$

极小值原理要求最佳推力方向 $\boldsymbol{\eta}^*$ 必须使沿最佳轨迹的 H 取极小值。由式(6-12)可见，H 取极小值的必要条件是

$$\boldsymbol{\eta}^*(t)=-\frac{\boldsymbol{\lambda}_r^*(t)}{\boldsymbol{\lambda}_V^*(t)} \tag{6-14}$$

为了求出 $\boldsymbol{\lambda}_V^*(t)$，必须根据终端约束条件式(6-8)确定横截条件。由式(6-14)可知，终端时刻 t_B 状态变量必须满足：

$$\begin{cases}\boldsymbol{L}_r^{\mathrm{T}}\cdot\Delta\boldsymbol{r}+\boldsymbol{L}_V^{\mathrm{T}}\cdot\Delta\boldsymbol{V}-e_{\mathrm{L}}=0\\ \boldsymbol{H}_r^{\mathrm{T}}\cdot\Delta\boldsymbol{r}+\boldsymbol{H}_V^{\mathrm{T}}\cdot\Delta\boldsymbol{V}-e_{\mathrm{H}}=0\end{cases} \tag{6-15}$$

因此，横截条件为

$$\begin{cases}\boldsymbol{\lambda}_r^*(t_B) = -(\mu_1 \boldsymbol{L}_r + \mu_2 \boldsymbol{H}_r) \\ \boldsymbol{\lambda}_V^*(t_B) = -(\mu_1 \boldsymbol{L}_V + \mu_2 \boldsymbol{H}_V)\end{cases} \tag{6-16}$$

式中，μ_1、μ_2 为任意待定常数。

根据横截条件式(6-16)，伴随方程(6-13)的解为

$$\begin{cases}\boldsymbol{\lambda}_r^*(t) = \boldsymbol{\lambda}_r^*(t_B) \\ \boldsymbol{\lambda}_V^*(t) = \boldsymbol{\lambda}_V^*(t_B) - \boldsymbol{\lambda}_r^*(t_B)(t - t_B)\end{cases} \tag{6-17}$$

待定终端时刻 t_B 满足：

$$H(t_B) = 1 + \boldsymbol{\lambda}_V^{*\mathrm{T}}(t_B) W(t_B) \cdot \boldsymbol{\eta}^*(t_B) + \boldsymbol{\lambda}_V^{*\mathrm{T}}(t_B) \cdot \Delta \boldsymbol{V}(t_B) = 0 \tag{6-18}$$

式(6-7)、式(6-8)、式(6-16)、式(6-18)给出 15 个边界条件，它们决定微分方程(6-11)和伴随方程(6-13)的解并确定三个参数 μ_1、μ_2 和 t_B。求解这组方程可应用各种迭代方法。

为了避免迭代计算，可进一步简化。考虑到 $L_V \gg L_r$ 和 $H_V \gg H_r$，且母舱机动时间 $t_B - t_A$ 不长，故在式(6-17)中可近似认为

$$\boldsymbol{\lambda}_V^*(t) = \boldsymbol{\lambda}_V^*(t_B) \tag{6-19}$$

于是得

$$\boldsymbol{\eta}^*(t) = \frac{\mu_1 \boldsymbol{L}_V + \mu_2 \boldsymbol{H}_V}{|\mu_1 \boldsymbol{L}_V + \mu_2 \boldsymbol{H}_V|} \tag{6-20}$$

式中，

$$|\mu_1 \boldsymbol{L}_V + \mu_2 \boldsymbol{H}_V| = [(\mu_1 L_{V_x} + \mu_2 H_{V_x})^2 + (\mu_1 L_{V_y} + \mu_2 H_{V_y})^2 + (\mu_1 L_{V_z} + \mu_2 H_{V_z})^2]^{1/2} \tag{6-21}$$

$$\begin{cases}\boldsymbol{L}_V = (L_{V_x}, L_{V_y}, L_{V_z})^{\mathrm{T}} \\ \boldsymbol{H}_V = (H_{V_x}, H_{V_y}, H_{V_z})^{\mathrm{T}}\end{cases} \tag{6-22}$$

为了根据终端约束条件求待定常数 μ_1、μ_2 和待定终端时刻 t_B，利用布利斯公式，由式(6-11)和式(6-13)可知，在最佳推力方向有

$$[\boldsymbol{\lambda}_r^{\mathrm{T}} \cdot \Delta \boldsymbol{r} + \boldsymbol{\lambda}_V^{\mathrm{T}} \cdot \Delta \boldsymbol{V}]_{t_B} = [\boldsymbol{\lambda}_r^{\mathrm{T}} \cdot \Delta \boldsymbol{r} + \boldsymbol{\lambda}_V^{\mathrm{T}} \cdot \Delta \boldsymbol{V}]_{t_A} + \int_{t_A}^{t_B} \boldsymbol{\lambda}_V^{\mathrm{T}}(\tau) \cdot \dot{W}(\tau) \cdot \boldsymbol{\eta}(\tau) \mathrm{d}\tau \tag{6-23}$$

给定 $\boldsymbol{\lambda}_r(t_B) = \boldsymbol{L}_r(t_B)$, $\boldsymbol{\lambda}_V(t_B) = \boldsymbol{L}_V(t_B)$，式(6-23)等号左端等于 e_{L}，右端第一项因 $\Delta \boldsymbol{r}(t_A) = \mathbf{0}$, $\Delta \boldsymbol{V}(t_A) = \mathbf{0}$ 而为零，右端第二项中忽略 $\boldsymbol{L}_r$，从而 $\boldsymbol{\lambda}_V(t) \approx \boldsymbol{\lambda}_V(t_B)$，于是得到：

$$e_{\mathrm{L}}=\int_{t_A}^{t_B}\dot{W}(\tau)\boldsymbol{L}_V^{\mathrm{T}}\cdot\frac{\mu_1\boldsymbol{L}_V+\mu_2\boldsymbol{H}_V}{\left|\mu_1\boldsymbol{L}_V+\mu_2\boldsymbol{H}_V\right|}\mathrm{d}\tau=\Delta W(t_B)\boldsymbol{L}_V^{\mathrm{T}}\cdot\frac{\mu_1\boldsymbol{L}_V+\mu_2\boldsymbol{H}_V}{\left|\mu_1\boldsymbol{L}_V+\mu_2\boldsymbol{H}_V\right|}\tag{6-24}$$

式中，

$$\Delta W(t_B)=\int_{t_A}^{t_B}\dot{W}(\tau)\mathrm{d}\tau=u_c\ln\frac{T}{T-(t_B-t_A)}\tag{6-25}$$

同样地，给定 $\boldsymbol{\lambda}_r(t_B)=\boldsymbol{H}_r$，$\boldsymbol{\lambda}_V(t_B)=\boldsymbol{H}_V$，可得

$$e_{\mathrm{H}}=\Delta W(t_B)\boldsymbol{H}_V^{\mathrm{T}}\cdot\frac{\mu_1\boldsymbol{L}_V+\mu_2\boldsymbol{H}_V}{\left|\mu_1\boldsymbol{L}_V+\mu_2\boldsymbol{H}_V\right|}\tag{6-26}$$

在所作的简化假定下，式(6-12)可简化为

$$1-\lambda_V^*(t_B)\dot{W}(t_B)=0\tag{6-27}$$

即

$$[(\mu_1L_{V_x}+\mu_2H_{V_x})^2+(\mu_1L_{V_y}+\mu_2H_{V_y})^2+(\mu_1L_{V_z}+\mu_2H_{V_z})^2]^{1/2}\frac{u_c}{T-(t_B-t_A)}=1\tag{6-28}$$

式(6-24)、式(6-26)和式(6-28)是非线性代数方程组。它们的解即所要求的 μ_1、μ_2 和 t_B，除特殊情况外，其求解还得借助于数值方法。

二、母舱摄动制导的关机方程

关机方程的作用是根据分导机动段实际飞行条件相对于标准飞行条件的偏离，调整关机时间，保证子弹头的投放精度。这些实际偏离主要有：①发动机启动前，母舱弹道参数相对标准自由弹道参数的偏差；②发动机特性，如比冲、燃料秒耗量等的偏差；③由于发动机安装误差，母舱姿态控制误差产生的推力方向偏差等。

设目标 P_2 的坐标为(e_{L},e_{H})，制导系统的要求是

$$\begin{cases}\Delta e_{\mathrm{L}}=e_{\mathrm{L}}-\overline{e}_{\mathrm{L}}=0\\ \Delta e_{\mathrm{H}}=e_{\mathrm{H}}-\overline{e}_{\mathrm{H}}=0\end{cases}\tag{6-29}$$

把主动段射程误差和射向误差的公式用于分导机动段，得

$$\Delta e_{\mathrm{L}}=\delta e_{\mathrm{L}}+\dot{e}_{\mathrm{L}}(t_B-\overline{t}_B)\tag{6-30}$$

式中，

$$\begin{cases}\delta e_{\mathrm{L}}=\boldsymbol{L}_V^{\mathrm{T}}\delta\boldsymbol{V}+\boldsymbol{L}_r^{\mathrm{T}}\delta\boldsymbol{r}\\ \dot{e}_{\mathrm{L}}=\boldsymbol{L}_V^{\mathrm{T}}\delta\dot{\boldsymbol{V}}+\boldsymbol{L}_r^{\mathrm{T}}\delta\boldsymbol{V}\approx\boldsymbol{L}_V^{\mathrm{T}}\overline{\dot{W}}(t)\boldsymbol{\eta}^*\end{cases}\tag{6-31}$$

式中，δe_{L} 是标准关机时刻 $\overline{t}_B$ 相对运动参数偏差引起的射程偏差；$\dot{e}_{\mathrm{L}}$ 是标准关机时刻 $\overline{t}_B$ 射程对关机时间的全微分。

同理可得

$$\Delta e_{\mathrm{H}} = \delta e_{\mathrm{H}} + \dot{e}_{\mathrm{H}}(t_B - \overline{t}_B) \tag{6-32}$$

式中，

$$\begin{cases} \delta e_{\mathrm{H}} = \boldsymbol{H}_V^{\mathrm{T}} \delta \boldsymbol{V} + \boldsymbol{H}_r^{\mathrm{T}} \delta \boldsymbol{r} \\ \dot{e}_{\mathrm{H}} = \boldsymbol{H}_V^{\mathrm{T}} \dot{\overline{W}}(t) \boldsymbol{\eta}^* \end{cases} \tag{6-33}$$

由式(6-30)、式(6-32)可见，要使$\Delta e_{\mathrm{L}} = \Delta e_{\mathrm{H}} = 0$，必须有

$$t_B - \overline{t}_B = -\frac{\delta e_{\mathrm{L}}}{\dot{e}_{\mathrm{L}}} = -\frac{\delta e_{\mathrm{H}}}{\dot{e}_{\mathrm{H}}} \tag{6-34}$$

即

$$\frac{\delta e_{\mathrm{L}}}{\dot{e}_{\mathrm{L}}} = \frac{\delta e_{\mathrm{H}}}{\dot{e}_{\mathrm{H}}} \tag{6-35}$$

已知当$\boldsymbol{e}(t_A) = \boldsymbol{0}$，$\Delta \boldsymbol{V}(t_A) = \boldsymbol{0}$时，有

$$e_{\mathrm{L}} = \int_{t_A}^{t_B} \dot{W}(\tau) \boldsymbol{L}_V^{\mathrm{T}} \boldsymbol{\eta} \mathrm{d}\tau \tag{6-36}$$

因此可得

$$\delta e_{\mathrm{L}} = \int_{t_A}^{t_B} \delta \dot{W}(\tau) \boldsymbol{L}_V^{\mathrm{T}} \boldsymbol{\eta}^* \mathrm{d}\tau + \int_{t_A}^{t_B} \dot{\overline{W}}(\tau) \boldsymbol{L}_V^{\mathrm{T}} \delta \boldsymbol{\eta} \mathrm{d}\tau \tag{6-37}$$

同理可得

$$\delta e_{\mathrm{H}} = \int_{t_A}^{t_B} \delta \dot{W}(\tau) \boldsymbol{H}_V^{\mathrm{T}} \boldsymbol{\eta}^* \mathrm{d}\tau + \int_{t_A}^{t_B} \dot{\overline{W}}(\tau) \boldsymbol{H}_V^{\mathrm{T}} \delta \boldsymbol{\eta} \mathrm{d}\tau \tag{6-38}$$

式中，$\delta \dot{W}(\tau) = \dot{W}(\tau) - \dot{\overline{W}}(\tau)$，表示发动机特性偏差和母舱质量偏差产生的视加速度大小变化；$\delta \boldsymbol{\eta} = \boldsymbol{\eta} - \boldsymbol{\eta}^*$，表示推力方向的变化。由式(6-37)和式(6-38)可知，若$\delta \boldsymbol{\eta} = \boldsymbol{0}$，有

$$\frac{\delta e_{\mathrm{L}}}{\delta e_{\mathrm{H}}} = \frac{\boldsymbol{L}_V^{\mathrm{T}} \boldsymbol{\eta}^*}{\boldsymbol{H}_V^{\mathrm{T}} \boldsymbol{\eta}^*} \tag{6-39}$$

于是式(6-35)成立。可见，只有当推力方向严格等于计算方向时，才能通过调整t_B同时使$\Delta e_{\mathrm{L}} = \Delta e_{\mathrm{H}} = 0$。

如果推力方向有偏差，且母舱分导时姿态又不能调整，则这种情况下关机方程应保证落点偏差最小。

设ρ为落点的径向偏差：

$$\rho^2 = \Delta e_{\mathrm{L}}^2 + \Delta e_{\mathrm{H}}^2 \tag{6-40}$$

由式(6-30)和式(6-32)知：

$$\rho^2 = (\delta e_{\rm L} + \dot{e}_{\rm L}\Delta t_B)^2 + (\delta e_{\rm H} + \dot{e}_{\rm H}\Delta t_B)^2 \tag{6-41}$$

选 Δt_B 使 ρ^2 最小，则必有

$$\frac{\partial \rho^2}{\partial \Delta t_B} = 0 \tag{6-42}$$

于是可得

$$\Delta t_B = -\frac{\dot{e}_{\rm L}\delta e_{\rm L} + \dot{e}_{\rm H}\delta e_{\rm H}}{\dot{e}_{\rm L}^2 + \dot{e}_{\rm H}^2} \tag{6-43}$$

为实现式(6-43)，选关机特征量为

$$J = \dot{e}_{\rm L} e_{\rm L} + \dot{e}_{\rm H} e_{\rm H} \tag{6-44}$$

显然，按

$$J(t_B) = \bar{J}(\overline{t_B}) \tag{6-45}$$

关机即可实现式(6-43)。

现在可以按式(6-40)推导关机方程，实际飞行条件下的分导机动弹道如图 6-2 所示。

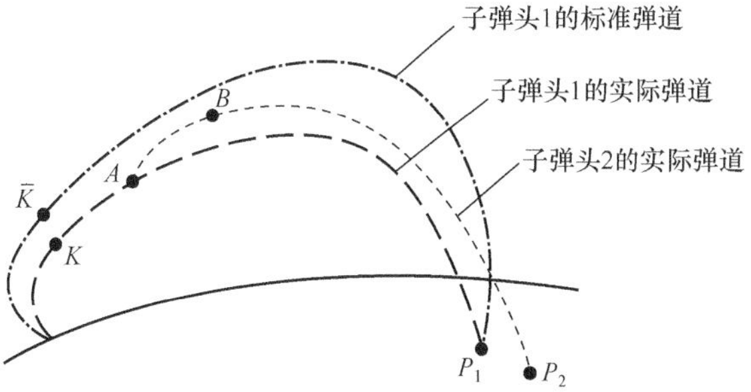

图 6-2　实际飞行条件下的分导机动弹道

$\bar{K}$ 为标准弹道主动段终点；K 为实际弹道主动段终点

母舱相对子弹头 1 标准弹道的相对运动方程(忽略引力加速度摄动)为

$$\begin{cases} \Delta \dot{\boldsymbol{r}} = \Delta \boldsymbol{V} \\ \Delta \dot{\boldsymbol{V}} = \dot{\boldsymbol{W}}(t) \end{cases} \tag{6-46}$$

用布利斯公式得

$$\boldsymbol{\lambda}_V^{\rm T}(t_B)\Delta\boldsymbol{V}(t_B) + \boldsymbol{\lambda}_r^{\rm T}(t_B)\Delta\boldsymbol{r}(t_B) = \boldsymbol{\lambda}_V^{\rm T}(t_A)\Delta\boldsymbol{V}(t_A) + \boldsymbol{\lambda}_r^{\rm T}(t_A)\Delta\boldsymbol{r}(t_A) + \int_{t_A}^{t_B} \boldsymbol{\lambda}_V^{\rm T}(\tau)\dot{\boldsymbol{W}}(\tau)\,{\rm d}\tau \tag{6-47}$$

取

$$
\begin{cases}
\boldsymbol{\lambda}_V(t_A) = \dot{e}_{\mathrm{L}}\boldsymbol{L}_V(t_A) + \dot{e}_{\mathrm{H}}\boldsymbol{H}_V(t_A) \\
\boldsymbol{\lambda}_r(t_A) = \dot{e}_{\mathrm{L}}\boldsymbol{L}_r(t_A) + \dot{e}_{\mathrm{H}}\boldsymbol{H}_r(t_A)
\end{cases} \tag{6-48}
$$

考虑到起始偏差沿自由飞行弹道的传播遵循：

$$
\boldsymbol{\lambda}_r^{\mathrm{T}}(t)\Delta\boldsymbol{r}(t) + \boldsymbol{\lambda}_V^{\mathrm{T}}(t)\Delta\boldsymbol{V}(t) = \text{常数} \tag{6-49}
$$

因此，当伴随方程初始条件如式(6-45)所给时，有

$$
\begin{cases}
\boldsymbol{\lambda}_V(t) = \dot{e}_{\mathrm{L}}\boldsymbol{L}_V(t) + \dot{e}_{\mathrm{H}}\boldsymbol{H}_V(t) \\
\boldsymbol{\lambda}_r(t) = \dot{e}_{\mathrm{L}}\boldsymbol{L}_r(t) + \dot{e}_{\mathrm{H}}\boldsymbol{H}_r(t)
\end{cases} \tag{6-50}
$$

即

$$
\begin{cases}
\boldsymbol{\lambda}_V(t_B) = \dot{e}_{\mathrm{L}}\boldsymbol{L}_V(t_B) + \dot{e}_{\mathrm{H}}\boldsymbol{H}_V(t_B) \\
\boldsymbol{\lambda}_r(t_B) = \dot{e}_{\mathrm{L}}\boldsymbol{L}_r(t_B) + \dot{e}_{\mathrm{H}}\boldsymbol{H}_r(t_B)
\end{cases} \tag{6-51}
$$

将式(6-51)代入式(6-47)，并考虑到：

$$
\begin{cases}
e_{\mathrm{L}} = \boldsymbol{L}_V^{\mathrm{T}}(t_B)\Delta\boldsymbol{V}(t_B) + \boldsymbol{L}_r^{\mathrm{T}}(t_B)\Delta\boldsymbol{r}(t_B) \\
e_{\mathrm{H}} = \boldsymbol{H}_V^{\mathrm{T}}(t_B)\Delta\boldsymbol{V}(t_B) + \boldsymbol{H}_r^{\mathrm{T}}(t_B)\Delta\boldsymbol{r}(t_B)
\end{cases} \tag{6-52}
$$

得

$$
\dot{e}_{\mathrm{L}}e_{\mathrm{L}} + \dot{e}_{\mathrm{H}}e_{\mathrm{H}} = \dot{e}_{\mathrm{L}}(\boldsymbol{L}_r^{\mathrm{T}}\Delta\boldsymbol{r} + \boldsymbol{L}_V^{\mathrm{T}}\Delta\boldsymbol{V})_{t_A} + \dot{e}_{\mathrm{H}}(\boldsymbol{H}_r^{\mathrm{T}}\Delta\boldsymbol{r} + \boldsymbol{H}_V^{\mathrm{T}}\Delta\boldsymbol{V})_{t_A} + \int_{t_A}^{t_B}\boldsymbol{\lambda}_V^{\mathrm{T}}(\tau)\dot{\boldsymbol{W}}(\tau)\mathrm{d}\tau \tag{6-53}
$$

考虑到主动段的关机条件和导引条件，得

$$
J = \dot{e}_{\mathrm{L}}e_{\mathrm{L}} + \dot{e}_{\mathrm{H}}e_{\mathrm{H}} = \int_{t_A}^{t_B}\boldsymbol{\lambda}_V^{\mathrm{T}}(\tau)\dot{\boldsymbol{W}}(\tau)\mathrm{d}\tau \tag{6-54}
$$

解伴随方程组并将结果代入式(6-54)整理得

$$
\begin{aligned}
J = {} & K_1\dot{W}_x(t_B) + K_2\dot{W}_y(t_B) + K_3\dot{W}_z(t_B) + K_4W_x(t_B) + K_5W_y(t_B) + K_6W_z(t_B) \\
& -(t_B - t_A)[K_1W_x(t_B) + K_2W_y(t_B) + K_3W_z(t_B)]
\end{aligned} \tag{6-55}
$$

式(6-55)就是所求的关机方程。按此关机，不要求导航计算，而且在分导机动开始前的长时间内，不需要惯性测量数据，这将避免加速度计误差积累的影响。

第二节　多弹头分导的闭路制导

基于闭路制导的多弹头分导有两种方式：母舱分导和子弹头分别独立制导。母舱分导的实现比较容易，母舱与导弹的前几级共用一套制导系统，母舱的工作过程大致如下：当母舱与导弹前几级分离后抛掉头罩，然后根据预先给出的瞄准

点顺序，用闭路导引方法以各瞄准点为目标逐一进行导引，当某一瞄准点满足关机条件并关机后，通过调姿将母舱调到释放子弹头的最佳方位，同时算出该子弹头再入姿态角，并将其作为子弹头与母舱分离后的调姿指令。母舱给出分离指令将子弹头释放出去，之后子弹头独立地将其姿态调到零攻角再入方向。子弹头分别独立制导中，每一个子弹头都具有一套独立的制导系统。子弹头与母舱分离前，各子弹头制导系统的惯性测量装置需要与主平台进行对准，这里需要解决飞行中的初始对准问题。子弹头具有独立的制导系统对于提高突防能力有很大意义，它可以自行高空和低空机动[3]。

从实现难易程度来看，母舱分导实现比较容易，子弹头独立制导难度较大。从制导方法来看，这两种方式都可以采用闭路制导。闭路制导的相关原理在第三章已进行了详细阐述，这里主要介绍多弹头分导需要解决的几个特殊问题：①释放子弹头时母舱最佳姿态的确定；②最佳再入姿态的确定；③飞行中惯性测量装置的对准问题。

一、释放子弹头时母舱最佳姿态的确定

释放子弹头时分离机构给弹头一定的速度增量，速度增量的方向由释放子弹头时的母舱姿态决定。速度增量的方向不同，造成子弹头的落点偏差也不同。存在一个零偏差线，当速度增量在此直线方向时，速度增量将不造成落点偏差。因此，释放子弹头时先调整母舱的姿态，使释放子弹头方向与零偏差线方向一致，此时母舱的姿态称为最佳释放姿态。

(一) 零偏差线的确定

当速度增量比较小时，零偏差线方向的速度增量应满足：

$$\begin{cases} \dfrac{\partial \boldsymbol{L}}{\partial \boldsymbol{v}} \cdot \Delta \boldsymbol{v} = 0 \\ \dfrac{\partial \boldsymbol{H}}{\partial \boldsymbol{v}} \cdot \Delta \boldsymbol{v} = 0 \end{cases} \tag{6-56}$$

$$\frac{\partial \boldsymbol{L}}{\partial \boldsymbol{v}} = \frac{\partial \boldsymbol{L}}{\partial v_x}\boldsymbol{e}_x + \frac{\partial \boldsymbol{L}}{\partial v_y}\boldsymbol{e}_y + \frac{\partial \boldsymbol{L}}{\partial v_z}\boldsymbol{e}_z \tag{6-57}$$

$$\frac{\partial \boldsymbol{H}}{\partial \boldsymbol{v}} = \frac{\partial \boldsymbol{H}}{\partial v_x}\boldsymbol{e}_x + \frac{\partial \boldsymbol{H}}{\partial v_y}\boldsymbol{e}_y + \frac{\partial \boldsymbol{H}}{\partial v_z}\boldsymbol{e}_z \tag{6-58}$$

从式(6-56)可知，$\Delta \boldsymbol{v}$ 应该在矢量 $\partial \boldsymbol{L} / \partial \boldsymbol{v}$ 与矢量 $\partial \boldsymbol{H} / \partial \boldsymbol{v}$ 所构成平面的法线方向，即零偏差线应与单位矢量

$$U^{\circ}=\left(\frac{\partial \boldsymbol{L}}{\partial \boldsymbol{v}}\times\frac{\partial \boldsymbol{H}}{\partial \boldsymbol{v}}\right)\Bigg/\left|\frac{\partial \boldsymbol{L}}{\partial \boldsymbol{v}}\times\frac{\partial \boldsymbol{H}}{\partial \boldsymbol{v}}\right| \tag{6-59}$$

重合，因此可用单位矢量$\boldsymbol{U}^{\circ}$方向表示零偏差线方向。式(6-59)可改写成：

$$\boldsymbol{U}^{\circ}=u_x^{\circ}\boldsymbol{e}_x+u_y^{\circ}\boldsymbol{e}_y+u_z^{\circ}\boldsymbol{e}_z \tag{6-60}$$

也就是，求零偏差线方向的关键是确定矢量$\partial\boldsymbol{L}/\partial\boldsymbol{v}$与矢量$\partial\boldsymbol{H}/\partial\boldsymbol{v}$，它们是导弹位置、速度的函数，在分导时导弹的速度很大，其位置变化很快。因此，必须规定释放子弹头的时刻，根据导弹当前的位置、速度求出释放时刻导弹的位置、速度，然后根据此位置、速度，用求差法求出$\partial\boldsymbol{L}/\partial\boldsymbol{v}$和$\partial\boldsymbol{H}/\partial\boldsymbol{v}$。

(二) 母舱最佳释放姿态的确定

为了求母舱的最佳释放姿态，必须先知道子弹头相对于母舱的安装方向。假定子弹头的安装方向与母舱的纵轴ox_1一致，则根据弹体坐标系与发射惯性坐标系之间方向余弦矩阵$\boldsymbol{C}_{\mathrm{b}}^{\mathrm{I}}$的定义为

$$\boldsymbol{C}_{\mathrm{b}}^{\mathrm{I}}=\begin{bmatrix}\boldsymbol{e}_x\cdot\boldsymbol{e}_{x1} & \boldsymbol{e}_x\cdot\boldsymbol{e}_{y1} & \boldsymbol{e}_x\cdot\boldsymbol{e}_{z1}\\ \boldsymbol{e}_y\cdot\boldsymbol{e}_{x1} & \boldsymbol{e}_y\cdot\boldsymbol{e}_{y1} & \boldsymbol{e}_y\cdot\boldsymbol{e}_{z1}\\ \boldsymbol{e}_z\cdot\boldsymbol{e}_{x1} & \boldsymbol{e}_z\cdot\boldsymbol{e}_{y1} & \boldsymbol{e}_z\cdot\boldsymbol{e}_{z1}\end{bmatrix} \tag{6-61}$$

可写出

$$\boldsymbol{e}_{x1}=\cos\varphi_{\mathrm{u}}\cos\psi_{\mathrm{u}}\boldsymbol{e}_x+\sin\varphi_{\mathrm{u}}\cos\psi_{\mathrm{u}}\boldsymbol{e}_y-\sin\psi_{\mathrm{u}}\boldsymbol{e}_z \tag{6-62}$$

式中，φ_{u}和ψ_{u}分别为母舱最佳姿态的俯仰角和偏航角，令式(6-60)和式(6-62)相等可求出φ_{u}和ψ_{u}。在式(6-62)中不含滚动角γ，可见γ_{u}可以为任意值。同样，可以根据$\boldsymbol{e}_{x1}=-\boldsymbol{U}^{\circ}$求出另一组$\varphi_{\mathrm{u}}$和$\psi_{\mathrm{u}}$。

二、最佳再入姿态的确定

为了减小子弹头的再入散布，要求子弹头以零攻角再入，使子弹头再入时纵轴ox_1与再入(相对)速度矢量方向一致，因此需要求出再入点相对速度矢量的方向。利用自由飞行弹道解析解可以求出再入点的相对速度。也就是，以已知的任一点k的弹道参数为初值，求出$\boldsymbol{r}=\boldsymbol{r}_s$ ($\boldsymbol{r}_s$为地心至再入点s处矢径)处在当地北天东坐标系内的相对速度分量(v_{xn},v_{yn},v_{zn})及自由飞行时间T_{f}、再入点s与k点相对经差λ_{ks}、再入点地心纬度φ_s。另外，导航计算可以给出k点与发射点o之间的相对经差λ_{ok}。根据上述计算结果，便可以求出相对速度单位矢量在发射惯性坐标系内的分量。首先，求出s点地球半径矢量的单位矢量$\boldsymbol{r}_s^o$在发射惯性坐标系各轴的分量($r_{sx}^o,r_{sy}^o,r_{sz}^o$)：

$$\begin{cases} r_{sx}^{o} = \cos\varphi_s \sin\lambda_{os} \sin A + (\sin\varphi_s - \cos\varphi_s \cos\lambda_{os} \tan B)\Omega_x^0 \\ r_{sy}^{o} = \dfrac{\cos\varphi_s \cos\lambda_{os}}{\cos B} + (\sin\varphi_s - \cos\varphi_s \cos\lambda_{os} \tan B)\Omega_y^0 \\ r_{sz}^{o} = \cos\varphi_s \cos\lambda_{os} \cos A + (\sin\varphi_s - \cos\varphi_s \cos\lambda_{os} \tan B)\Omega_z^0 \end{cases} \tag{6-63}$$

式中，Ω_x^0、Ω_y^0、Ω_z^0 分别表示地球自转角速度单位矢量在发射惯性坐标系 x 轴、y 轴、z 轴上的分量。

根据导弹当前位置在北天东坐标系与发射惯性坐标系之间的坐标变换矩阵，可得

$$\boldsymbol{C}_{\mathrm{N}}^{\mathrm{I}} = \begin{bmatrix} f_{11}/\cos\varphi_s & r_{sx}^0 & f_{31}/\cos\varphi_s \\ f_{12}/\cos\varphi_s & r_{sy}^0 & f_{32}/\cos\varphi_s \\ f_{13}/\cos\varphi_s & r_{sz}^0 & f_{33}/\cos\varphi_s \end{bmatrix} \tag{6-64}$$

式中，

$$\begin{bmatrix} f_{11} \\ f_{12} \\ f_{13} \end{bmatrix} = \begin{bmatrix} \Omega_x^0 \\ \Omega_y^0 \\ \Omega_z^0 \end{bmatrix} - \sin\varphi_s \begin{bmatrix} r_{sx}^0 \\ r_{sy}^0 \\ r_{sz}^0 \end{bmatrix} \tag{6-65}$$

$$\begin{bmatrix} f_{31} \\ f_{32} \\ f_{33} \end{bmatrix} = \begin{bmatrix} 0 & -\Omega_z^0 & \Omega_y^0 \\ \Omega_z^0 & 0 & -\Omega_x^0 \\ -\Omega_y^0 & \Omega_x^0 & 0 \end{bmatrix} \begin{bmatrix} r_{sx}^0 \\ r_{sy}^0 \\ r_{sz}^0 \end{bmatrix} \tag{6-66}$$

相对速度单位矢量在发射惯性坐标系各轴上的分量为

$$\begin{bmatrix} v_x^0 \\ v_y^0 \\ v_z^0 \end{bmatrix} = \boldsymbol{C}_{\mathrm{N}}^{\mathrm{I}} \begin{bmatrix} v_{x\mathrm{n}}^0 \\ v_{y\mathrm{n}}^0 \\ v_{z\mathrm{n}}^0 \end{bmatrix} \tag{6-67}$$

式中，

$$\begin{bmatrix} v_{x\mathrm{n}}^0 \\ v_{y\mathrm{n}}^0 \\ v_{z\mathrm{n}}^0 \end{bmatrix} = \frac{1}{\sqrt{v_{x\mathrm{n}}^2 + v_{y\mathrm{n}}^2 + v_{z\mathrm{n}}^2}} \begin{bmatrix} v_{x\mathrm{n}} \\ v_{y\mathrm{n}} \\ v_{z\mathrm{n}} \end{bmatrix} \tag{6-68}$$

于是便可根据

$$\begin{bmatrix} v_{xn}^{0} \\ v_{yn}^{0} \\ v_{zn}^{0} \end{bmatrix} = \begin{bmatrix} \cos\varphi_{R}\cos\psi_{R} \\ \sin\varphi_{R}\cos\psi_{R} \\ \sin\psi_{R} \end{bmatrix} \tag{6-69}$$

求出最佳再入姿态角 φ_R 和 ψ_R。

三、飞行中惯性测量装置的对准问题

当在导弹的不同飞行阶段采用不同的惯性测量装置时，不同惯性测量装置之间需要进行对准。例如，子弹头的惯性测量装置在其独立工作前需要与母舱的惯性测量装置进行对准；从飞机或潜艇发射的采用惯性制导的导弹在其发射前需要与载体(飞机或潜艇)进行对准。对准的基本原理是，两个测量装置同时敏感导弹的非引力加速度(视加速度) $\dot{\boldsymbol{W}}$ 和导弹的角速度矢量 $\boldsymbol{\omega}$。在讨论初始对准时知道，通过对两个不共线矢量的测量，可以实现两个坐标系的对准。因为在飞行过程中 $\dot{\boldsymbol{W}}$ 的方向是变化的，所以从理论上讲可以根据两个平台上加速度计的输出实现两个平台的对准。当然，平台框架角输出也提供了 $\boldsymbol{\omega}$ 的测量信息，可以综合利用多余测量信息提高对准精度，具体可采用卡尔曼滤波理论对对准的偏差进行辨识。因为此问题与设备关系密切，所以这里不进行具体讨论。

思 考 习 题

1. 简述仅通过母舱机动实现子弹头分导的工作过程。
2. 简述分导机动段实际飞行条件相对标准飞行条件的偏离。
3. 简述多弹头分导摄动制导的基本原理。
4. 简述基于多弹头分导的闭路制导的母舱分导的工作过程。
5. 简述不同惯性测量装置之间进行对准的基本原理。

第七章　再入段制导

再入段是导弹重新进入稠密大气层直至击中目标的一段弹道。导弹再入段飞行过程中，会受到气流、大气参数偏差、弹头特征参数偏差、再入姿态角偏差等因素影响，从而产生落点偏差[13,57]。随着对命中精度要求的不断提高，导弹实施再入段制导是一种非常重要甚至必不可少的方法和手段。另外，随着反导防御系统的不断发展，突防能力在导弹武器系统战术技术指标中的地位日益突显，而再入机动是提高导弹突防能力的一种重要途径和有效措施[58]。根据工作阶段及作用不同，再入段制导可分为再入机动制导和寻的制导。

本章主要介绍导弹再入段制导的相关问题。首先，以再入程序机动为例，介绍再入机动制导的相关理论；然后，介绍寻的制导的定义、特点、工作原理和弹–目运动学模型、导引和现代制导规律等相关知识，并给出其在导弹武器上的部分应用实例。

第一节　再入机动的最佳制导

本节只研究再入程序机动的情况。制导的目的是控制导弹在标准弹道附近运动，使落点偏差在允许范围内。再入机动控制时，要求控制加速度小于弹头所能提供的加速度，并希望制导律计算简单。

下面考虑小发动机姿态控制条件下消耗燃料最少的机动飞行制导律，偏差方程为

$$\begin{cases}\delta\dot{V}_x = b_{11}\delta V_x + b_{12}\delta V_y + b_{13}\delta x + b_{14}\delta y + f_1\delta\alpha \\ \delta\dot{V}_y = b_{21}\delta V_x + b_{22}\delta V_y + b_{23}\delta x + b_{24}\delta y + f_2\delta\alpha \\ \delta\dot{X} = \delta V_x \\ \delta\dot{Y} = \delta V_y \\ \delta\dot{P} = b_{51}\delta V_x + b_{52}\delta V_y + b_{53}\delta x + b_{54}\delta y + f_5\delta\alpha \end{cases} \tag{7-1}$$

式中，$\delta\dot{P}$ 为燃料秒耗量的偏差；$\delta\alpha$ 为攻角偏差。

式(7-1)的伴随方程为

$$
\begin{cases}
\dot{\lambda}_1 = -b_{11}\lambda_1 - b_{21}\lambda_2 - \lambda_3 - b_{51}\lambda_5 \\
\dot{\lambda}_2 = -b_{12}\lambda_1 - b_{22}\lambda_2 - \lambda_4 - b_{52}\lambda_5 \\
\dot{\lambda}_3 = -b_{13}\lambda_1 - b_{23}\lambda_2 - b_{53}\lambda_5 \\
\dot{\lambda}_4 = -b_{14}\lambda_1 - b_{24}\lambda_2 - b_{54}\lambda_5 \\
\dot{\lambda}_5 = 0
\end{cases} \tag{7-2}
$$

终端条件(Ⅰ):

$$
\boldsymbol{\lambda}(\bar{t}_{\mathrm{b}}) = \left(0,0,1,-\frac{\bar{V}_{x_{\mathrm{b}}}}{\bar{V}_{y_{\mathrm{b}}}},0\right)^{\mathrm{T}} \tag{7-3}
$$

终端条件(Ⅱ):

$$
\boldsymbol{\lambda}(\bar{t}_{\mathrm{b}}) = (0,0,0,0,1)^{\mathrm{T}} \tag{7-4}
$$

在终端条件(Ⅰ)下可解得射程偏差的权函数W_1为

$$
W_1 = \lambda_1^1 f_1 + \lambda_2^1 f_2 + \lambda_5^1 f_5 \tag{7-5}
$$

则射程偏差ΔL为

$$
\Delta L = \int_{t_0}^{t_{\mathrm{b}}} W_1 \delta\alpha \mathrm{d}t + (\lambda_1^1 \delta V_x + \lambda_2^1 \delta V_y + \lambda_3^1 \delta x + \lambda_4^1 \delta y)|_{t=t_0} \tag{7-6}
$$

在终端条件(Ⅱ)下可解得燃料秒耗量偏差的权函数W_{p}为

$$
W_{\mathrm{p}} = \lambda_1^{\mathrm{p}} f_1 + \lambda_2^{\mathrm{p}} f_2 + \lambda_5^{\mathrm{p}} f_5 \tag{7-7}
$$

当不考虑初始条件偏差时，燃料秒耗量偏差ΔP为

$$
\Delta P = \int_{t_0}^{t_{\mathrm{b}}} W_{\mathrm{p}} \delta\alpha \mathrm{d}t \tag{7-8}
$$

直接考虑ΔP为最小值比较困难，因此考虑

$$
\upsilon = \int_{t_0}^{t_{\mathrm{b}}} W_{\mathrm{p}}^2 \delta\alpha^2 \mathrm{d}t \tag{7-9}
$$

为最小值的问题。

这样，问题的提法变为选择$\delta\alpha$，使得在控制$\alpha = \bar{\alpha} + \delta\alpha$下，满足条件:

$$
\begin{cases}
\Delta L = \int_{t_0}^{t_{\mathrm{b}}} W_l \delta\alpha \mathrm{d}t + (\lambda_1^1 \delta V_x + \lambda_2^1 \delta V_y + \lambda_3^1 \delta x + \lambda_4^1 \delta y)|_{t=t_0} = 0 \\
\upsilon = \int_{t_0}^{t_{\mathrm{b}}} W_p^2 \delta\alpha^2 \mathrm{d}t = \text{最小值}
\end{cases} \tag{7-10}
$$

式中，α为标准弹道的攻角；t_0为测量偏差δV_x、δV_y、δx、δy的时刻。

这是个条件极值的变分问题，可作泛函：

$$I = \upsilon + \mu_1 \Delta L \tag{7-11}$$

式中，μ_1为待定常数。

求I的变分，得

$$\delta I = \int_{t_0}^{t_b} [2\delta\alpha W_p^2 + \mu_1 W_1] dt \tag{7-12}$$

对于任意的$\delta\alpha$，为使$\delta I = 0$，必须使：

$$2\delta\alpha W_p^2 + \mu_1 W_1 = 0 \tag{7-13}$$

故

$$\delta\alpha = -\frac{\mu_1 W_1}{2W_p^2} \tag{7-14}$$

将式(7-14)代入式(7-10)得

$$\int_{t_0}^{t_b} W_1 \frac{W_1}{2W_p^2}(-\mu_1) dt + \left(\sum_{i=1}^{4} \lambda_i^1 \delta\xi_i\right)_{t=t_0} = 0 \tag{7-15}$$

式中，$\delta\xi_i = \delta V_x$，δV_y，δx，δy。解得

$$\mu_1 = \frac{\left(\sum_{i=1}^{4} \lambda_i^1 \delta\xi_i\right)_{t=t_0}}{\int_{t_0}^{t_b} \frac{1}{2} \frac{W_1^2}{W_p^2} dt} \tag{7-16}$$

将式(7-16)代入式(7-14)得

$$\delta\alpha = -\frac{W_1}{W_p^2 \int_{t_0}^{t_b} \frac{W_1^2}{W_p^2} dt} \left(\sum_{i=1}^{4} \lambda_i^1 \delta\xi_i\right)_{t=t_0} \tag{7-17}$$

整理为

$$\delta\alpha = C_1' \delta V_x + C_2' \delta V_y + C_3 \delta x + C_4 \delta y \tag{7-18}$$

式中，

$$C_1' = \tilde{A}\lambda_1^1; \quad C_2' = \tilde{A}\lambda_2^1; \quad C_3 = \tilde{A}\lambda_3^1; \quad C_4 = \tilde{A}\lambda_4^1$$

$$\tilde{A} = -\frac{W_1}{W_p^2 \int_{t_0}^{t_b} \frac{W_1^2}{W_p^2} dt}$$

具体实现时，须调节小发动机的流量$\dot{G}$：

$$\dot{G} = a_0^{\varphi}\Delta\varphi + K_{\mathrm{u}}^{\varphi}u_{\varphi} \tag{7-19}$$

加入u_{φ}后，可改变俯仰角φ，使$\alpha = \alpha + \delta\alpha$。于是，$u_{\varphi}$取为

$$u_{\varphi} = (\varphi - \overline{\varphi}) - (\delta\theta + \delta\alpha) \tag{7-20}$$

式中，

$$\delta\theta = -\frac{\sin\overline{\theta}}{\overline{V}}\delta V_x + \frac{\cos\overline{\theta}}{\overline{V}}\delta V_y \tag{7-21}$$

再根据$\delta V_x \approx \delta W_x$等关系，可得

$$u_{\varphi} = (\varphi - \overline{\varphi}) - \left(C_1\delta W_x + C_2\delta W_y + C_3\int_{t_0}^{t}\delta W_x \mathrm{d}\tau + C_4\int_{t_0}^{t}\delta W_y \mathrm{d}\tau\right) \tag{7-22}$$

式中，

$$C_1 = C_1' - \frac{\sin\overline{\theta}}{\overline{V}};\quad C_2 = C_2' + \frac{\cos\overline{\theta}}{\overline{V}}$$

式(7-22)便是最终的导引信号。

第二节　寻的制导

寻的制导是由弹上导引头(或称“目标跟踪器”)接收来自目标的辐射或反射能量，自动捕获目标并形成制导指令，导引和控制导弹飞向目标的一种制导方式[59]。寻的制导直接跟踪目标信息进行制导，因此制导精度较高，但作用距离较近。寻的制导除可单独应用于近程导弹外，还可与其他制导系统组成复合制导系统用于中远程导弹制导。在寻的制导中，制导精度除与导引头的测量精度有关外，还与导弹特征、机动能力、导引规律和控制回路等其他因素有关[10,60-61]。

一、寻的制导工作原理

按照工作原理的不同，寻的制导可分为主动式寻的制导、半主动式寻的制导和被动式寻的制导三种类型[62]。

(一) 主动式寻的制导

主动式寻的制导中，照射目标的能源发射装置位于导弹上，并由导引头接收来自目标的反射能量。主动式寻的制导有雷达和声呐等形式。主动式寻的制导如图 7-1 所示。

主动式寻的制导由于在导弹上可以完成目标的主动探测和信息获取，因此可

以实现“发射后不管(fire and forget)”，在远距离空空导弹、反舰导弹中得到广泛应用。例如，法国的亚音速超低空掠海飞行“飞鱼(Exocet)”反舰导弹，末段采用单脉冲雷达寻的制导；美国的 RGM-84“捕鲸叉(Harpoon，又称‘鱼叉’)”舰舰导弹，末段采用主动式雷达寻的制导。

(二) 半主动式寻的制导

半主动式寻的制导中，照射目标的能源发射装置不在导弹上，可设在导弹发射点或其他地点，包括地面、水面和空中。半主动式寻的制导主要有雷达和激光两种。半主动式寻的制导如图 7-2 所示。

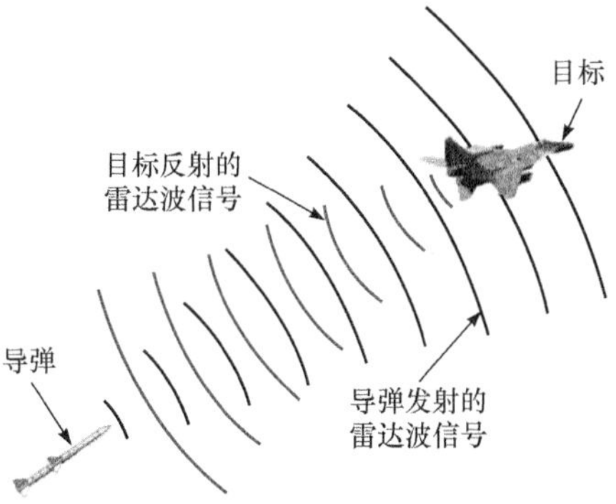

图 7-1　主动式寻的制导示意图

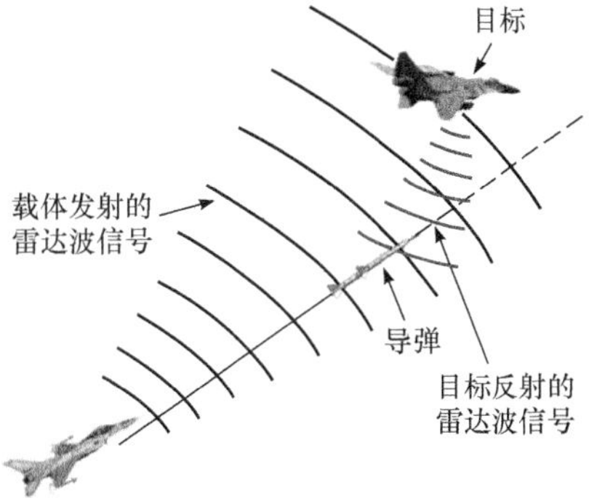

图 7-2　半主动式寻的制导示意图

半主动式寻的制导需要辅助设备对目标进行探测照射，通常采用大功率连续波照射雷达，该雷达安放在导弹发射点。半主动式寻的制导主要用于地空导弹、中距空空导弹、近距反坦克导弹，因而不能实现“发射后不管”。例如，美国的“霍克(Hawk)”地空导弹采用连续波雷达半主动式寻的制导，AIM-7“麻雀(Sparrow)”空空导弹、AGM-114“地狱火(Hellfire，又称‘海尔法’)”反坦克导弹等都采用半主动式寻的制导。值得一提的是，世界上生产数量最大、应用最广泛的美国“宝石路(Paveway，又称‘铺路爪’)”系列激光制导炸弹，采用的是激光半主动式寻的制导，已发展出Ⅰ、Ⅱ、Ⅲ三代，其编号中“GBU”表示“制导炸弹装置(guided bomb unit)”。

(三) 被动式寻的制导

被动式寻的制导中，由弹上导引头直接感受目标辐射能量，将目标的不同物理特征作为制导跟踪的信息来源。被动式寻的制导有雷达、红外、声呐等方式。被动式寻的制导如图 7-3 所示。

显然，被动式寻的制导似“顺藤摸瓜”，直取目标，可以实现“发射后不管”，但只能对付有特定能量辐射的目标。例如，美国的 AIM-9B“响尾蛇(Sidewinder)”系列空空导弹，采用被动式红外寻的制导，接收敌机的热辐射；美国的高速反辐射导弹“哈姆(HARM)”则是采用被动式雷达寻的制导。

二、弹-目运动学模型

在导弹制导中，制导设备必须根据每瞬时导弹的实际飞行弹道与要求弹道间的位置偏差形成制导指令，以平稳、准确地控制导弹飞向目标或预定区域。那么，如何确定要求弹道呢？所谓要求弹道，即理想弹道，是根据目标、导弹的位置和运动参数，以及预先确定的导弹、目标间的运动学关系来确定的。其中，每一瞬间目标、导弹的位置和运动参数，由观测跟踪装置测得。导弹、目标间的运动学关系，则由选定的导引方法决定。因此，导引方法就是导弹按照预先选定的运动学关系(或规律)飞向目标的方法。这里所说的运动学关系，一般是指导弹、目标在同一坐标系中的位置关系或相对运动关系。

寻的制导系统中，在测量坐标系内确定导弹、目标间的运动学关系[63-64]。为简化讨论，设导弹、目标只在铅垂平面内运动，如图 7-4 所示。

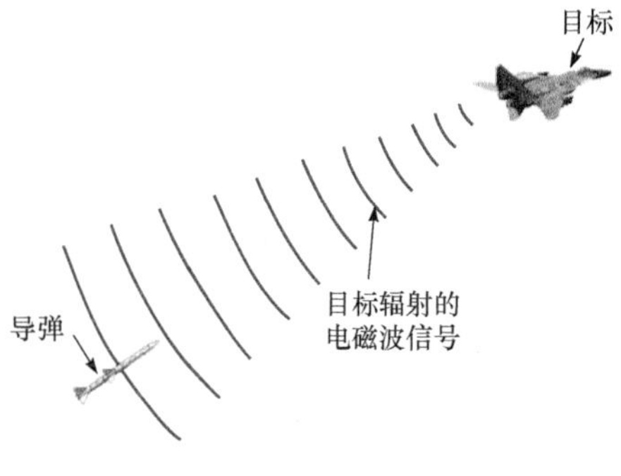

图 7-3　被动式寻的制导示意图

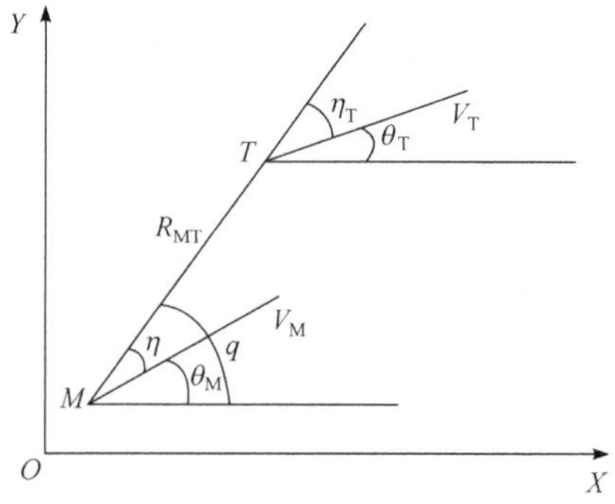

图 7-4　弹-目相对运动关系

图 7-4 中，导弹所处位置用 M 表示，目标所处位置用 T 表示；导弹运动速度为 V_M，目标运动速度为 V_T；导弹与目标之间的连线 MT 称为目标视线；导弹与目标之间的距离用 R_{MT} 表示；目标视线和参考轴 OX 的夹角称为目标视线角，用 q 表示；导弹质心运动速度与目标视线之间的夹角称为导弹运动的前置角，用 η 表示；θ_T 表示目标运动速度与 OX 轴的夹角；θ_M 表示导弹运动速度与 OX 轴的夹角；目标运动速度 V_T 与目标视线之间的夹角称为目标运动的前置角，用 η_T 表示。图 7-4 中所表示的角度均为它们的正方向。导弹在向目标飞行过程中，两者之间的距离 R_{MT} 在不断地发生变化。根据运动学理论可知，导弹与目标之间距离的变化率应为导弹速度矢量 $\boldsymbol{V}_M$ 和目标速度矢量 $\boldsymbol{V}_T$ 在目标视线上投影的代数

和，即

$$\dot{R}_{MT}=\frac{dR_{MT}}{dt}=V_T\cos\eta_T-V_M\cos\eta \tag{7-23}$$

导弹在飞向目标过程中，除导弹和目标之间的距离发生变化外，目标视线角 q 也发生变化。目标视线转动角速度 $\dot{q}$ 应为导弹运动和目标运动分别引起的目标视线转动角速度的代数和，即

$$\dot{q}=\frac{dq}{dt}=\frac{V_M\sin\eta-V_T\sin\eta_T}{R_{MT}} \tag{7-24}$$

由图 7-4 及上述弹-目运动学方程可知，导弹和目标之间的相对运动关系是通过导弹和目标之间的距离 R_{MT} 和目标视线角 q 这两个参数来描述的。也就是说，通过将一个距离参数和一个角度参数作为坐标来描述，相应坐标系就是数学上所说的极坐标系。因此，描述导弹和目标之间相对运动的坐标系，就是由距离 R_{MT} 和目标视线角 q 组成的极坐标系。

依据以上最基本的运动学约束关系，结合导弹的运动特性、目标的运动特性、环境和制导设备的性能，以及使用要求，可以设计不同的导引方法或导引律。

导引律是描述导弹质心运动应遵循的准则，以确定导弹质心空间运动轨迹。在导弹制导控制系统分析与设计中，导引律研究将解决导弹飞行并命中目标的运动学问题。导弹飞行与如下两个方面相关：一是导弹必须击中目标，即理论上讲导弹质心运动轨迹应与目标质心运动轨迹在某一瞬时相交，故导弹质心运动特性与目标质心运动规律相关；二是导弹要能够击中目标，必须在制导控制系统作用下飞行，因此导弹质心运动又与制导控制系统的性能相关。可见，研究导弹导引律不仅要建立导弹运动学和动力学方程，而且必须引入描述上述两个约束条件的数学模型，通常称之为制导方程。

导引律分类方法虽然很多，但是按照研究方法可划分为经典导引律与现代导引律；按照导引方法可划分为位置导引和速度导引两大类。位置导引主要用于遥控制导，速度导引主要用于寻的制导，因为这两种类型导引律具有一定相似性，所以这里一并进行介绍。位置导引主要有三点法(重合法)和前置角法；速度导引包括追踪法、平行接近法和比例导引法[10,65]。

三、位置导引

(一) 三点法导引

三点法又称视线角法或重合法，是指在导弹飞向目标过程中，使导弹、目标和地面制导站始终保持在一条直线上的导引方法，故导弹与目标的高低角和方位

角必须相等。若已知目标运动特性(V_T, θ_T)和导弹运动特性(V_M, θ_M)，并假定制导站固定，则容易得到三点法导引时导弹在铅垂平面内的运动学方程组，同时容易利用图解法绘制出导弹的理想弹道。图 7-5 为设目标平直等速飞行时，按三点法导引的理想弹道。

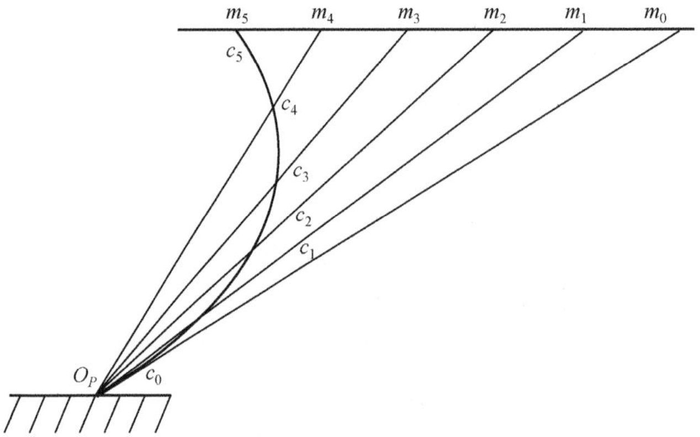

图 7-5　按三点法导引的理想弹道

图 7-5 中，制导站在制导导弹过程中相对地面是不动的，用 O_P 表示；$m_1, m_2, m_3 \cdots$ 和 $c_1, c_2, c_3 \cdots$ 则分别表示同一时间目标和导弹在空间所处的位置。当然，在三点法导引中，制导站可以是相对地面固定的，也可以是活动的。三点法导引的优点是技术上易实现，抗电子干扰能力好，打击慢速移动目标效果好；缺点是弹道弯曲严重，即导弹需用过载大，机动性能要求高，有可能导致脱靶，特别是地空导弹在迎击低空高速目标时，这一缺点更为严重。因此，三点法通常用于打击低速($V_T \leqslant 300$m/s)目标。

一些制导系统采用光学或电视观测器时，为了避免导弹“遮住”目标，在高低角方向有意使导弹向上偏离目标线，此时，该方法称为修正的三点法。同时，有些拦截低空目标的地空导弹，如完全按三点法导引，则导弹飞行的初始段可能因高度太低而有触地(海)面的危险。为此，采用小高度重合法，即在导引的初始段将导弹抬高到目标视线上，而后导弹高度逐渐降低，在距制导站较远时，导弹才按三点法飞向目标。

(二) 前置角法导引

在目标飞行方向上，使导弹超前目标视线一个角度的导引方法称为前置角法。其意思是使导弹总处于制导站和目标连线的前方，也就是使制导站与导弹之间的连线超前制导站与目标连线一个角度 ε 。前置角法如图 7-6 所示。

图 7-6 中，O、M、T 分别为某一瞬时制导站、导弹和目标所处的位置。导弹和目标之间的距离用 R_{MT} 表示。要使导弹直接命中目标，就需要在导弹和目标之间的距离 R_{MT} 接近零时，ε 也应为零，故导弹超前角 ε 取如下变化规律：

$$\varepsilon = q_M - q_T = CR_{MT} \tag{7-25}$$

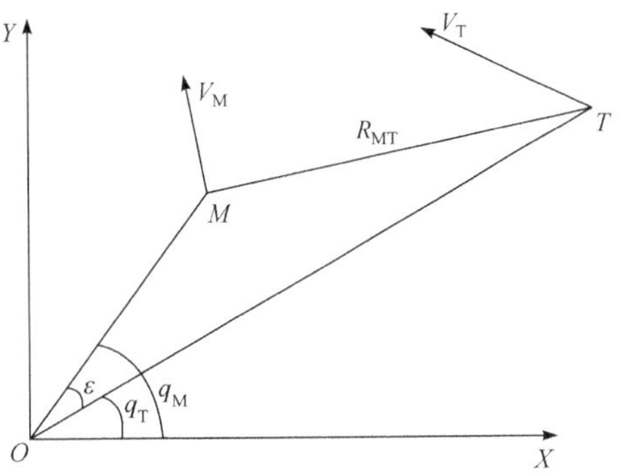

图 7-6　前置角法示意图

式中，C 可以为常数，也可以为时间函数。当 C 为常数时(不为零)，形成的导引方法称为常系数前置角法，用于某些遥控式导弹拦截特定高速目标的情况。因为适当地选择导引系数 C，可使导弹有一个初始前置角，所以其弹道比三点法平直。当导引系数为给定的时间函数时，可得到全前置角法和半前置角法。

由于采用前置角法时导弹的横向加速度比重合法时小，对目标的角加速度不敏感，因此在中程遥控导弹中得到较多应用，如“奈基-2”“SA-2”等地空导弹。应用前置角法一方面要求制导设备必须有形成前置角的装置，另一方面要求观测跟踪装置的观测视场比三点法大。因而，制导设备要求高，结构相对复杂。由于形成前置角时，还需要目标的距离信息，所以制导设备的抗干扰能力变差。

四、速度导引

寻的制导中，目标的观测跟踪装置在弹上，因此，根据每个瞬时目标、导弹在同一坐标系中的相对运动关系来确定导引律，主要采用基于速度导引的方法。经典导引律包括追踪法、平行接近法和比例导引法。

(一) 追踪法

追踪法又称追踪曲线法或追逐法，是指导弹在飞向目标过程中速度矢量始终指向目标的一种导引方法。显然，追踪法要求导弹速度矢量与目标视线重合，也就是说，导弹在飞行过程中前置角 η 应始终为零。其导引方程为

$$\eta = q - \theta_M = 0 \tag{7-26}$$

如果 $\eta \neq 0$，则为有前置角追踪法。η 可为常数或变量，但通常取为常数。图 7-7 为追踪法导引(或有前置角追踪法)示意图，图 7-8 为追踪法导引弹道示意图。

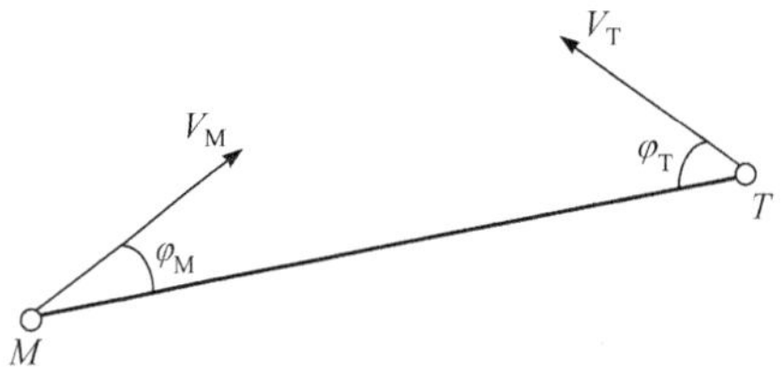

图 7-7　追踪法导引示意图

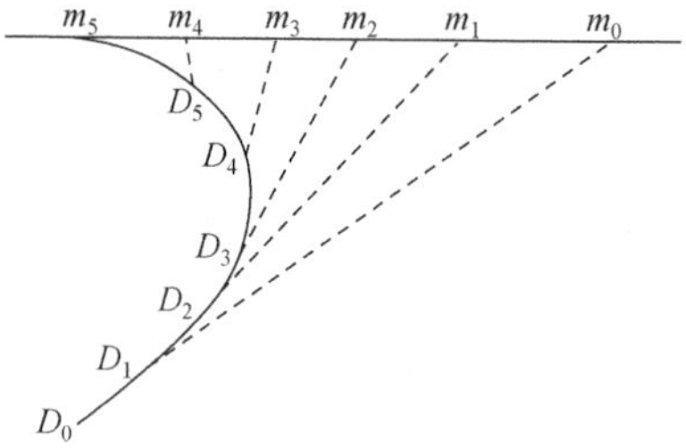

图 7-8　追踪法导引弹道示意图

可以看出，利用追踪法导引时，导弹的相对速度总是落后于目标视线，且总要绕到目标正后方攻击，从而它的弹道弯曲，要求导弹有较高的机动性，故不能实现全向攻击。由于受命中过载限制，速度比 $P=V_M/V_T$ 被限制为 $1\leqslant P\leqslant 2$ ，因此限制了其应用。

(二) 平行接近法

为了克服上述追踪法的缺点，研究人员提出平行接近法，又称平移接近法。这是一种导弹在攻击目标过程中，目标视线在空间保持平移的导引方法。按照这种导引方法，要求在导弹制导飞行过程中，始终保持目标视线转动角速度 $\dot{q}$ 为零。也就是说，必须使导弹速度矢量 $\boldsymbol{V}_M$ 和目标速度矢量 $\boldsymbol{V}_T$ 在目标视线垂直方向上的投影始终相等。这样，可得到平行接近法的导引方程形式：

$$\dot{q}=\frac{\mathrm{d}q}{\mathrm{d}t}=\frac{V_M\sin\eta-V_T\sin\eta_T}{R_{MT}}=0 \tag{7-27}$$

简化后得

$$\sin\eta=\frac{V_T}{V_M}\sin\eta_T \tag{7-28}$$

也就是说，导弹飞行过程中前置角 η 取决于目标飞行速度 V_T 与导弹飞行速度 V_M 的比值和目标飞行的前置角 η_T 。

同时，当目标做机动飞行，且导弹速度也不断变化时，如果速度比 $P=V_M/V_T$ 为常数，则采用平行接近法导引。此时，导弹所需的法向过载总是比目标的过载小，或者说，导弹弹道的弯曲程度比目标航迹的弯曲程度小，对导弹机动性的要求就可以小于目标的机动性，这一点可以通过理论推导证明。图 7-9 为平行接近法弹道示意图。图中，目标做匀速运动，弹道 1 是导弹做加速运动时的弹道，弹道 2 是导弹做减速运动时的弹道。

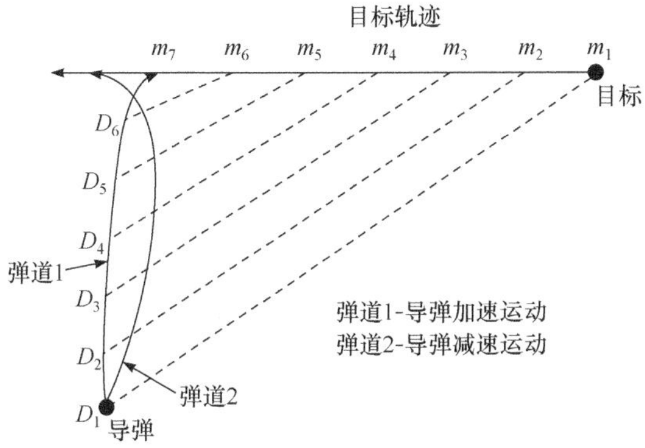

图 7-9　平行接近法弹道示意图

平行接近法要求制导系统在每一瞬时都要精确地测量目标和导弹的速度和前置角，并严格保持平行接近法的导引关系，这对制导系统提出了很高要求，工程实现难度较大。

(三) 比例导引法

比例导引法是保持导弹速度矢量的转动角速度 $\dot{\theta}$ 与目标视线的转动角速度 $\dot{q}$ 成一定比例的导引方法。比例导引法的实质在于抑制目标视线的旋转，即

$$\dot{\theta}=\frac{\mathrm{d}\theta}{\mathrm{d}t}=K\dot{q} \tag{7-29}$$

式中，K 为比例系数。

从式(7-29)可以看出，在比例系数一定的条件下，如果目标视线的转动角速度 $\dot{q}$ 较小，就可以使 $\dot{\theta}$ 也较小，即可以使导弹的飞行弹道比较平直。由几何关系 $q=\eta+\theta$ 可求得

$$\dot{q}=\dot{\eta}+\dot{\theta} \tag{7-30}$$

将式(7-30)代入式(7-29)可得

$$\dot{\eta}=\frac{1-K}{K}\dot{\theta} \tag{7-31}$$

式中，若 $K=1$，则 $\dot{\eta}=0$，实质上就是 $\eta=0$ 情况下的追踪法；若 $K\to\infty$，则 $\dot{\eta}=-\dot{\theta}$，也就是说 $\dot{q}=0$，这就是平行接近法。

由此可见，比例导引法的弹道特性介于平行接近法与追踪法之间，比例系数 K 一般为 3～6，此时弹道特性比较好。由于比例接近法具有飞行弹道比较平直和技术上容易实现的优点，因此目前广泛应用于导弹的寻的制导中。

在各类导引律中，追踪法简单易行，适用于被动制导，但是存在理论脱靶量

不为零的缺陷，只能用于对精度要求不高的场合。平行接近法有很好的理论性能，如弹道平直、需用法向过载比较小、可以实现全向攻击，但其缺点是对目标的运动学信息要求较多，需要较多精确的测量信息，系统结构复杂，抗电子干扰性能差，实际应用上有困难。比例导引法性能优异、实现简单，因此得到了比较充分的研究，经典导引律中用得最多的是比例导引法。比例导引法使导弹速度矢量的旋转角速度(或弹道法向过载)与目标视线的旋转角速度成正比。其优点是弹道前段较弯曲，能充分利用导弹的机动能力；弹道后段较平直，使导弹具有较富裕的机动能力，能实现全向攻击，技术上容易实现，并且导引精度高，因此至今仍然被广泛应用。

比例导引法本质上是在目标不机动、系统无延时、控制能量不受约束情况下，产生零脱靶量和控制量的平方积最小的最优导引律，在拦截无机动目标时具有非常好的性能。但是大量的研究结果表明，在攻击有对抗性、大机动的目标时比例导引法在理论上存在缺陷，不能保证目标视线稳定，因此脱靶量大。

五、现代导引律

经典导引律是基于线性、定常系统的经典控制理论，仍然被广泛应用在导弹的控制与制导中，并发挥着巨大的作用。然而，导弹控制系统本身是一个非线性并受到各种随机干扰的复杂系统，随着现代战争方式的改变，要求导弹具有高精度、强突防、快速机动的能力，这些经典的制导方法越来越不能满足需要，人们日益广泛地运用现代控制理论和微分对策理论研究新的制导和控制方式。

20 世纪 60 年代到 70 年代中期，随着现代控制理论的逐步成熟，现代导引律的研究得到了普遍重视。它的基本思想是，把导弹拦截目标过程中的终端脱靶量状态约束、控制约束、噪声等因素用某一个指标函数来表示，通过对这一函数的优化可获得满意的导引律，能够从根本上克服经典导引律的固有缺陷。现代导引律的具体形式取决于研究中所采用的数学工具和对目标机动形式的假设，目前主要有最优制导、微分对策、变结构、自适应、H_2 等导引律[4,66-67]。其主要考虑使导弹在飞行过程中过载最小、终端脱靶量最小，以及导弹的一些特定要求等。在研究导引律时，应结合具体的型号设计，改进经典的导引律和应用现代控制理论，求得适合于实际应用的各种导引律。

(一) 最优导引律

最优导引律就是根据战术技术指标要求，引入性能指标(通常表征导弹的脱靶量和控制能量)，把导弹或导弹与目标的固有运动方程视为一组约束方程，加上边界约束条件后，应用极小值原理推导出的导引律[68]。最优导引律虽然在理论上可以实现零脱靶量，但是这种导引律形式复杂，需要信息多，而且对信息误差相当敏感，较大的信息测量或估计误差反而会使其性能低于比例导引律。

最优导引律可分为两大类，一类是线性最优导引律，另一类是非线性最优导引律。前者主要是在导弹与目标的非线性拦截几何关系线性化基础上，以二次型性能指标推导出来的。它是以状态反馈的形式给出的，易于实现。但是在有些情况下，这种线性模型与实际模型存在较大差异。近年来，在理论上对最优导引律研究给予了很大的重视，并提出了多种非线性最优导引律。但是，由于非线性最优导引律在工程应用中遇到了很大的困难，因此也提出了许多准最优导引律。在目标高速机动、制导武器对目标的加速度优势较小、要求制导武器以有利的碰撞姿态角击中目标、要求限制能量等情况下，采用最优导引律是比较好的解决办法。

(二) 微分对策导引律

微分对策导引律将现代最优控制与对策论相结合，与最优导引律相比，是一种真正的双方动态控制，并从静态竞争发展到动态竞争，更加符合实战，性能更加优越[69]。微分对策导引律与最优导引律的不同在于，最优导引律要求精确地知道目标加速度，而微分对策导引律不需要知道目标机动加速度的精确信息，只需要知道目标的机动能力，即最大加速度，只要目标的加速度小于它的机动能力，无论采取什么样的机动方式，都能取得保证的性能指标[70]。因此，微分对策导引律和最优导引律相比具有更强的鲁棒性。但目前微分对策导引律还存在形式复杂、需要信息多等问题。首先，求解微分对策问题是一个两点边值问题，不但求解复杂，不利于实时实现，而且常碰到奇异控制，此时就更难求解了，因此微分对策导引律只能用于简单的模型。其次，控制系统测得的信息常常被噪声破坏或受到各种干扰，是不精确的，有时甚至是错误的，这便增加了微分对策导引律实现的难度。再次，现代作战往往是超视距的，如法国要求其未来服役的导弹都具有防区外作战的能力。这种超视距的情况由微分对策理论定性分析可知，作战双方皆处于相持区，使作战无法继续进行，这显然是不符合事实的。最后，目前对微分对策导引律的研究很少涉及人的经验在其中的作用。其实人的经验对导引律的设计是很有借鉴意义的。例如，微分对策导引律认为作战双方皆使用最优策略，这在对策论中是合理的。但对导引律来说，一方失误总是难免的，如果作战的另一方不能抓住对方的失误，继续采用最优策略，效果反而较差。

(三) 变结构导引律

对于实际的导弹来说，由于飞行中所受空气动力的变化，以及关于目标信息测量和估计的误差，系统参数存在不确定性。另外，系统参数不可避免地会受到扰动的影响。这就要求导引律对于不确定性应具有鲁棒性。由于变结构控制理论在理论上具有无可争辩的优势，特别是对参数摄动和外部扰动的鲁棒性，因此变结构控制理论在许多制导问题上获得了应用[71-72]。

变结构制导(variable structure guidance，VSG)是 20 世纪 50 年代提出的，具有快速响应、对参数及外扰动变化不敏感、物理实现简单等许多本质上的优点。这些优点使 VSG 极适用于弹体控制，但 VSG 有一个重要的缺陷——抖振，这是因为 VSG 系统的高鲁棒性、高收敛速度是以过大的控制动作为代价而实现的。

变结构制导的运动大致可分为两个阶段：达到滑动模态前的运动(称为“趋近段”)和达到滑动模态后的运动。变结构制导的滑动模态具有完全的鲁棒性，即对系统的摄动和外界的干扰具有完全自适应性。导弹制导的准确度主要决定于滑动模态上的运动。对于进入滑动模态前的运动，可以通过增益参数的选择来实现自适应。由于变结构制导的滑动模态具有完全的自适应性，因此不必面面俱到地研究系统的各种摄动及干扰，只需要考虑高速机动目标的特点：一是机动，二是高速(包括速度的变化)。只要对这两者实现自适应，对其他各种干扰和偏差的影响在有关的增益系统上适当地加以考虑就行。

最后需要指出的是，制导方法选择和导引律设计是一个很复杂的系统工程，必须综合考虑如下主要问题，并以此作为前提和约束，进行充分论证、计算，以达到最优。

(1) 导弹武器的战术技术要求(包括制导方式、作战空域等)。

(2) 导弹测量系统特性(包括可观测状态变量、可探测空域和视场角等)。

(3) 导弹性能(包括导弹最大速度和可用过载、导弹初始发射的散布度等)。

(4) 目标特性(包括目标机动能力、弹-目速度比等)。

(5) 对制导系统的要求(包括制导精度、制导系统的工程实现等)。

(6) 费效比分析。

思 考 习 题

1. 简述再入机动最佳制导的基本思路。

2. 简述寻的制导的含义、特点及其制导精度的影响因素。

3. 简述主动式寻的、半主动式寻的、被动式寻的三种寻的制导类型的主要特点，并举例说明各自应用。

4. 结合弹-目运动学模型图推导弹-目运动学方程，解释各符号含义。

5. 简述导引律的分类及主要导引方法。

6. 结合弹-目运动学模型图，分析三点法、前置角法的基本原理。

7. 结合弹-目运动学模型图，分析追踪法、平行接近法、比例导引法的基本原理，并推导其导引方程。

8. 分析比较追踪法、平行接近法和比例导引法的优缺点。

9. 简述现代导引律的基本思想。

参 考 文 献

[1] 徐延万, 余显昭, 王永平. 控制系统(上)[M]. 北京: 宇航出版社, 1989.
[2] 陈坚, 廖守亿, 刘志国, 等. 导弹控制原理[M]. 西安: 西安交通大学出版社, 2016.
[3] 陈世年, 李连仲, 王京武, 等. 控制系统设计[M]. 北京: 宇航出版社, 1996.
[4] 熊芬芬, 单家元, 王佳楠, 等. 飞行器制导控制方法及其应用[M]. 北京: 北京理工大学出版社, 2021.
[5] 杨小冈, 王雪梅, 王宏力, 等. 精确制导技术与应用[M]. 西安: 西北工业大学出版社, 2020.
[6] 刘洁瑜, 余志勇, 汪立新, 等. 导弹惯性制导技术[M]. 西安: 西北工业大学出版社, 2010.
[7] 吕沧海, 冯艳, 师海涛. 中远程导弹组合导航技术[M]. 北京: 国防工业出版社, 2014.
[8] 杨博, 樊子辰, 于贺. 制导与控制原理[M]. 北京: 北京航空航天大学出版社, 2021.
[9] 王顺宏, 魏诗卉. 地地弹道导弹制导技术与命中精度[M]. 北京: 国防工业出版社, 2009.
[10] 王鹏. 导弹制导控制原理[M]. 北京: 北京航空航天大学出版社, 2021.
[11] 鲜勇, 李刚, 苏娟. 导弹制导理论与技术[M]. 北京: 国防工业出版社, 2015.
[12] 陈克俊, 刘鲁华, 孟云鹤. 远程火箭飞行动力学与制导[M]. 北京: 国防工业出版社, 2014.
[13] 张毅, 王顺宏. 弹道导弹弹道学[M]. 2 版.长沙: 国防科技大学出版社, 2005.
[14] 许志, 张迁, 唐硕. 固体火箭自主制导理论[M]. 北京: 中国宇航出版社, 2020.
[15] 泮斌峰. 航天器制导理论与方法[M]. 北京: 科学出版社, 2023.
[16] 胡昌华, 郑建飞, 马清亮. 导弹测试与发射控制技术[M]. 3 版. 北京: 国防工业出版社, 2023.
[17] 程国采. 弹道导弹制导方法与最优控制[M]. 长沙: 国防科技大学出版社, 1987.
[18] 马宝林. 地球扰动引力场对弹道导弹制导精度影响的分析及补偿方法研究[D]. 长沙: 国防科技大学, 2017.
[19] 胡昌华, 周涛, 郑建飞. 自主航行技术[M]. 西安: 西北工业大学出版社, 2014.
[20] 王宏力, 何星, 陆敬辉, 等. 惯性测量组合智能故障诊断及预测技术[M]. 北京: 国防工业出版社, 2017.
[21] 刘洁瑜, 徐军辉, 熊陶. 导弹惯性导航技术[M]. 北京: 国防工业出版社, 2016.
[22] 秦永元. 惯性导航[M]. 3 版. 北京: 科学出版社, 2020.
[23] 黄纬禄. 弹道导弹总体与控制入门[M]. 北京: 中国宇航出版社, 2006.
[24] 全伟, 刘百奇, 宫晓琳, 等. 惯性/天文/卫星组合导航技术[M]. 北京: 国防工业出版社, 2011.
[25] 付兴建, 侯明. 惯性导航技术[M]. 北京: 清华大学出版社, 2021.
[26] 秦红磊, 丛丽, 金天. 全球卫星导航系统原理、进展及应用[M]. 北京: 高等教育出版社, 2019.
[27] ALABASTER C. 脉冲多普勒雷达: 原理、技术与应用[M]. 张伟, 刘宏亮, 译. 北京: 电子工业出版社, 2016.
[28] 戴永吉, 刘平, 白建中. 奥米伽导航模拟仿真系统研究[C]. 2003 年导航学术年会, 大连, 2003: 172-173.
[29] 徐兵. 增强罗兰导航技术发展研究[J]. 现代导航, 2019(6): 395-399.
[30] 周振国. 塔康系统关键技术的研究与塔康测位的实现[D]. 西安: 西安电子科技大学, 2012.
[31] 王宏力, 陆敬辉, 崔祥祥. 大视场星敏感器星光制导技术及应用[M]. 北京: 国防工业出版社, 2015.
[32] 刘刚, 张丹. 红外成像制导技术[M]. 北京: 科学出版社, 2018.
[33] 杨小冈, 陈世伟, 席建祥. 飞行器异源景像匹配制导技术[M]. 北京: 科学出版社, 2016.
[34] 王宏力, 由四海, 许强, 等. X 射线脉冲星导航理论[M]. 北京: 科学出版社, 2023.
[35] 邓彬, 王宏强, 杨琪, 等. 太赫兹雷达成像技术[M]. 北京: 科学出版社, 2022.
[36] 卞鸿巍, 李安, 覃方君, 等. 现代信息融合技术在组合导航中的应用[M]. 北京: 国防工业出版社, 2010.

[37] 刘兴堂, 周自全, 李为民, 等. 现代导航、制导与测控技术[M]. 北京: 科学出版社, 2010.
[38] 胡生亮, 贺静波, 刘忠. 精确制导技术[M]. 北京: 国防工业出版社, 2015.
[39] 王新龙, 杨洁, 赵雨. 捷联惯性/天文组合导航技术[M]. 北京: 北京航空航天大学出版社, 2020.
[40] 王宏力, 许强, 何星, 等. 基于强跟踪滤波的单脉冲星/惯性/星光组合导航算法[J]. 兵器装备工程学报, 2018, 39(12): 101-105.
[41] 黄超. 雷达/红外复合制导属性信息融合技术研究[D]. 西安: 西安电子科技大学, 2023.
[42] 孙婷婷. 弹载SINS/GPS/SAR组合导航算法的研究[D]. 哈尔滨: 哈尔滨工程大学, 2019.
[43] 李洪儒, 李辉, 李永军, 等. 导弹制导与控制原理[M]. 北京: 科学出版社, 2016.
[44] 林雪原, 李荣冰, 高青伟. 组合导航及其信息融合方法[M]. 北京: 国防工业出版社, 2017.
[45] 房建成, 宁晓琳, 刘劲. 航天器自主天文导航原理与方法[M]. 2版.北京: 国防工业出版社, 2017.
[46] 王宏力, 何贻洋, 陆敬辉, 等. 星敏感器安装误差的三位置法地面标定方法[J]. 红外与激光工程, 2016, 45(11): 327-332.
[47] 刘珂, 王宏力, 何星, 等. 基于空间平面快速构建弹载导航星表的方法[J]. 兵器装备工程学报, 2020, 41(4): 133-137.
[48] 何贻洋, 王宏力, 冯磊, 等. 星敏感器星图的高精度星点提取方法[J]. 哈尔滨工业大学学报, 2019, 51(4): 99-106.
[49] 张洪波, 赵依, 吴杰. 弹道导弹星光/惯性复合制导技术[M]. 北京: 科学出版社, 2021.
[50] 李言俊, 张科. 景象匹配与目标识别技术[M]. 西安: 西北工业大学出版社, 2009.
[51] 田金文, 田甜. 图像匹配导航定位技术[M]. 武汉: 华中科技大学出版社, 2021.
[52] 郎丰铠, 杨杰. 极化SAR影像噪声抑制理论与方法[M]. 北京: 科学出版社, 2018.
[53] 赵耀, 熊智, 田世伟, 等. 基于SAR图像匹配结果可信度评价的INS/SAR自适应Kalman滤波算法[J]. 航空学报, 2019, 40(8): 211-222.
[54] 范瑞祥, 张兵, 张曙辉. 国外战略导弹多弹头分导技术及其发展[J]. 导弹与航天运载技术, 2013(5): 26-31.
[55] 梅春波, 秦永元, 游金川. 全导式多弹头分导子系统初始对准算法研究[J]. 西北工业大学学报, 2014, 32(4): 651-657.
[56] 徐晓东, 赵建亭, 许春雷. 分导式多弹头导弹弹道并行计算技术研究[J]. 弹箭与制导学报, 2013, 33(4): 152-154.
[57] 张冉, 李惠峰. 再入飞行器制导律设计与评估技术[M]. 北京: 中国宇航出版社, 2017.
[58] 窦从浩. 再入弹头螺旋机动、制导与控制一体化设计研究[D]. 哈尔滨: 哈尔滨工业大学, 2019.
[59] 蔡庆宇, 刘德忠, 宋洁, 等. 实用探测制导系统数据处理教程[M]. 北京: 电子工业出版社, 2019.
[60] 李士勇, 章钱. 智能制导: 寻的导弹自适应导引律[M]. 哈尔滨: 哈尔滨工业大学出版社, 2011.
[61] 雷虎民, 李炯, 胡小江. 导弹制导与控制原理[M]. 2版. 北京: 国防工业出版社, 2016.
[62] 付强, 朱永峰, 宁志勇, 等. 精确制导概览[M]. 长沙: 国防科技大学出版社, 2017.
[63] 任章. 智能自寻的导引技术[M]. 北京: 国防工业出版社, 2021.
[64] SIOURIS G M. 导弹制导与控制系统[M]. 张天光, 王丽霞, 宋振峰, 等译. 北京: 国防工业出版社, 2010.
[65] YANUSHEVSKY R. 现代导弹制导[M]. 韦建明, 王宏, 刘方, 译. 2版. 北京: 国防工业出版社, 2022.
[66] 方洋旺, 伍友利, 王洪强, 等. 导弹先进制导与控制理论[M]. 北京: 国防工业出版社, 2015.
[67] 张翔, 闫俊良, 刘满国. 寻的制导与寻的制导仿真技术的发展现状和展望[C]. 第三十三届中国仿真大会, 北京, 2021: 205-212.
[68] 祝月, 徐俊艳, 王晓东, 等. 大交会角约束下非线性系统三维能量最优制导律[J]. 现代防御技术, 2022, 50(3):

47-54.
[69] 李登峰. 微分对策及其应用[M]. 北京: 国防工业出版社, 2000.
[70] 张全. 大机动目标跟踪与微分对策制导律研究[D]. 哈尔滨: 哈尔滨工程大学, 2018.
[71] 候冰. 基于变结构制导律的制导指令校正算法研究[J]. 电子技术与软件工程, 2023(5): 148-153.
[72] 王若涵. 基于姿态反馈的空–地导弹变结构制导律研究[D]. 哈尔滨: 哈尔滨工程大学, 2022.

附　　录

附录 A　常用坐标系及其变换

一、常用坐标系

（一）发射坐标系

发射坐标系 $Oxyz$ 的坐标原点取于导弹发射点 O；Oy 轴取过发射点的铅垂线，向上为正；Ox 轴与 Oy 轴垂直，且指向瞄准方向；Oz 轴与 Ox 轴、Oy 轴构成右手直角坐标系。发射坐标系如图 A-1 所示。

常将 xOy 平面称为射击平面，简称射面。

依据定义，发射坐标系为动坐标系。只有当不计地球旋转时，它才能成为发射惯性坐标系，又称为初始发射坐标系。

需要强调的是，由于真实地球近似为一椭球，因此发射坐标系的 Oy 轴与发射点处的法线并不重合，只有在忽略垂线偏差时，Oy 轴才沿该点的法线方向。此外，Oy 轴的延长线也并不通过地心 O_e，这是由地球质量相对于包含发射点地心矢径在内的平面分布不对称和因地球旋转产生的牵连惯性力所引起的。

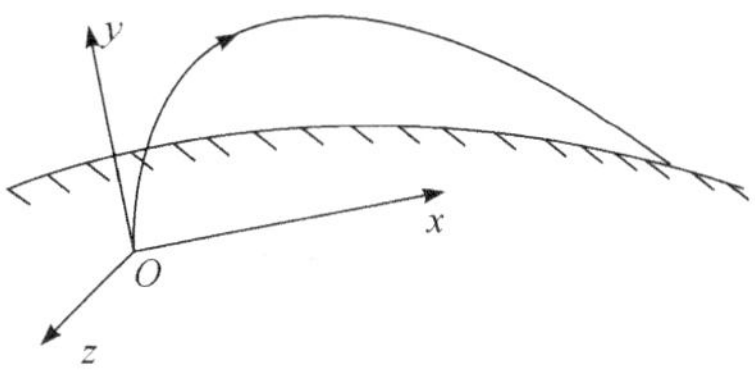

图 A-1　发射坐标系

有了发射坐标系后，就可较方便地描述运动中导弹质心在任一时刻相对地球的位置和速度，同时也可描述地球对导弹的吸引力问题。

（二）弹体坐标系

为描述飞行导弹相对地球的运动姿态，引进一个固连于弹体且随导弹一起运动的直角坐标系 $O_z x_1 y_1 z_1$，该坐标系称为弹体坐标系。

弹体坐标系的坐标原点取在导弹质心 O_z 上；$O_z x_1$ 轴与弹体纵对称轴一致，指向弹头方向；$O_z y_1$ 轴垂直于 $O_z x_1$ 轴，且位于导弹纵对称面(在导弹发射瞬间与射击平面重合的平面)内，指向上方；$O_z z_1$ 轴与 $O_z x_1$ 轴、$O_z y_1$ 轴构成右手直角坐标系。弹体坐标系如图 A-2 所示。

弹体坐标系的引入，不但便于描述飞行导弹相对地球的运动姿态，而且用来描述推力和控制力也十分简便。

由于弹道导弹是垂直发射的，因此在发射时必须对其进行发射定向工作。按照发射时“导弹纵对称面须在射击平面内”的要求，理想情况下，在发射瞬间导弹纵轴 O_zx_1 与发射坐标系的 Oy 轴重合；弹体坐标系的 O_zy_1 轴则应指向射击瞄准方向的反向；至于 O_zz_1 轴，则与 Oz 轴同向，初始发射坐标系与弹体坐标系的关系如图 A-3 所示。

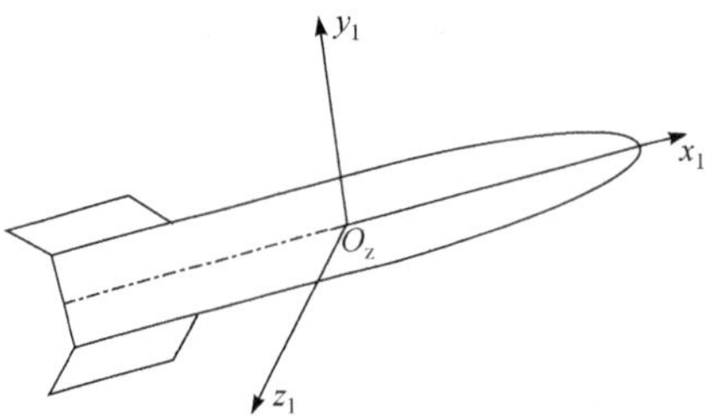

图 A-2　弹体坐标系

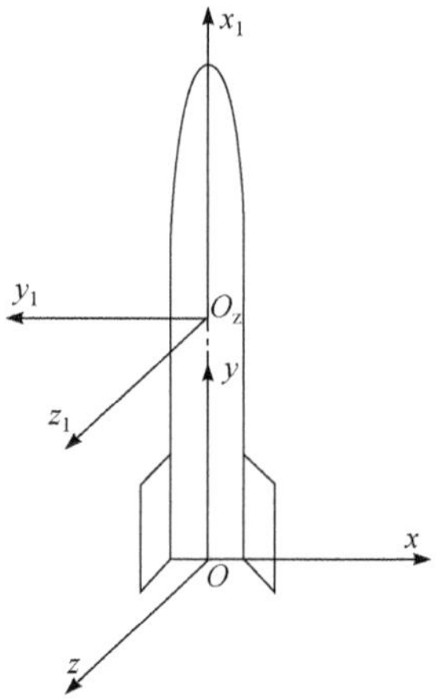

图 A-3　初始发射坐标系与弹体坐标系的关系

(三) 速度坐标系

导弹在飞行中，速度矢量 $\boldsymbol{V}$ 是空间矢量。为确定该矢量在空间的方位和研究作用于导弹上的空气动力，需要引入以速度矢量 $\boldsymbol{V}$ 为参考的速度坐标系 $O_zx_cy_cz_c$。

速度坐标系的坐标原点取在导弹质心 O_z；O_zx_c 轴与导弹速度矢量 $\boldsymbol{V}$ 一致；O_zy_c 轴在导弹纵对称面内，垂直于 O_zx_c 轴，指向上方；O_zz_c 轴与 O_zx_c 轴、O_zy_c 轴构成右手直角坐标系。速度坐标系如图 A-4 所示。

(四) 轨迹坐标系

在研究导弹质心运动时，有时在轨迹坐标系 $O_zx_2y_2z_2$ 中建立运动方程更方便。

轨迹坐标系又称半速度坐标系，其坐标原点仍取在导弹质心 O_z 上；O_zx_2 轴与导弹速度矢量 $\boldsymbol{V}$ 一致；O_zy_2 轴位于射击平面 xOy 内，垂直于 O_zx_2 轴，指向上方；O_zz_2 轴与 O_zx_2 轴、O_zy_2 轴构成右手直角坐标系。轨迹坐标系如图 A-5 所示。

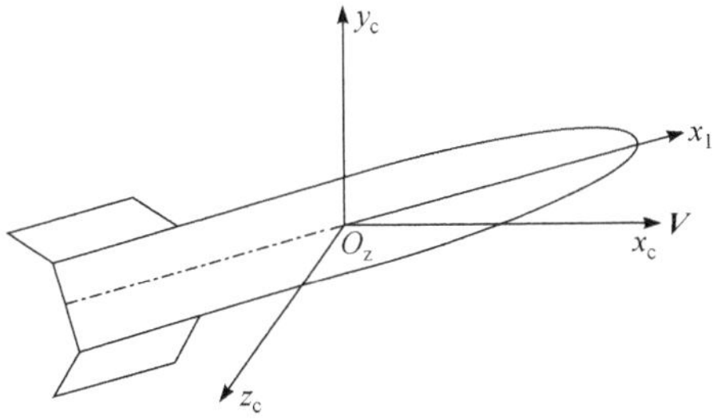

图 A-4　速度坐标系

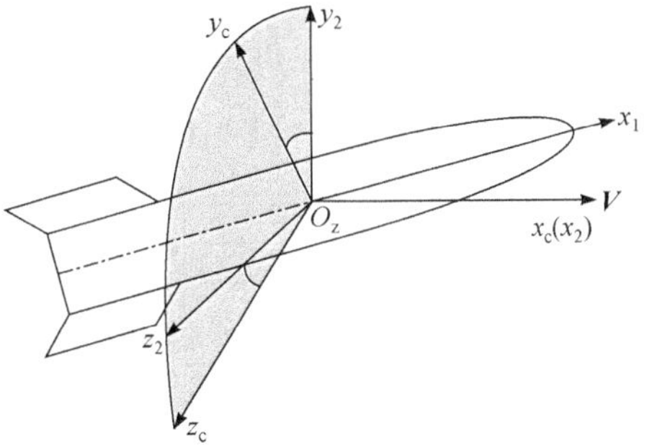

图 A-5　轨迹坐标系

二、坐标系间变换

(一) 发射坐标系与弹体坐标系的关系

在建立发射坐标系与弹体坐标系之间关系时，认为弹体坐标系是由在发射瞬时与发射坐标系重合的辅助发射坐标系平移(这种平移并不影响发射坐标系相对弹体坐标系的方位姿态，仅仅是发射坐标系的原点改变)到导弹质心后，经过三次连续旋转得到的(图 A-6)，即

$$O_z xyz \xrightarrow{(\text{绕}z\text{轴逆旋转}\varphi)} O_z x'y'z' \xrightarrow{(\text{绕}y'\text{轴逆旋转}\psi)} O_z x''y''z'' \xrightarrow{(\text{绕}x''\text{轴逆旋转}\gamma)} O_z x_1 y_1 z_1$$

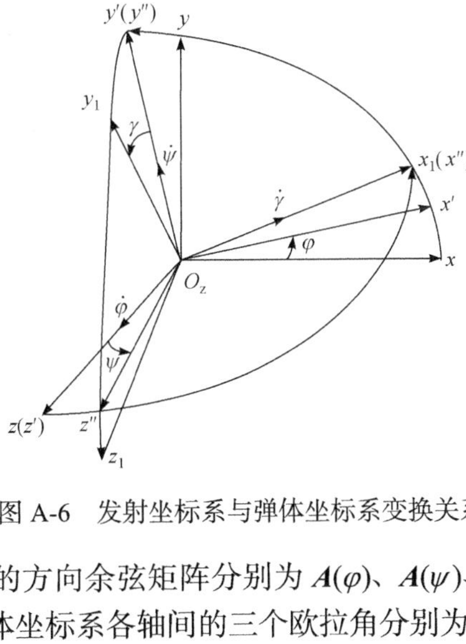

图 A-6　发射坐标系与弹体坐标系变换关系

相应两坐标系间的方向余弦矩阵分别为 $\boldsymbol{A}(\varphi)$、$\boldsymbol{A}(\psi)$、$\boldsymbol{A}(\gamma)$。很显然，平移后的发射坐标系与弹体坐标系各轴间的三个欧拉角分别为 φ、ψ、γ。

可得发射坐标系与弹体坐标系间的方向余弦矩阵式为

$$\begin{bmatrix} x_1 \\ y_1 \\ z_1 \end{bmatrix} = \boldsymbol{A}(\gamma)\boldsymbol{A}(\psi)\boldsymbol{A}(\varphi)\begin{bmatrix} x \\ y \\ z \end{bmatrix} = \boldsymbol{A}_{\mathrm{b}}^{\mathrm{g}}\begin{bmatrix} x \\ y \\ z \end{bmatrix} \tag{A-1}$$

式中，

$$\boldsymbol{A}_{\mathrm{b}}^{\mathrm{g}} = \begin{bmatrix} \cos\varphi\cos\psi & \sin\varphi\cos\psi & -\sin\psi \\ -\sin\varphi\cos\gamma + \cos\varphi\sin\psi\sin\gamma & \cos\varphi\cos\gamma + \sin\varphi\sin\psi\sin\gamma & \cos\psi\sin\gamma \\ \sin\varphi\sin\gamma + \cos\varphi\sin\psi\cos\gamma & -\cos\varphi\sin\gamma + \sin\varphi\sin\psi\cos\gamma & \cos\psi\cos\gamma \end{bmatrix}$$

由于发射坐标系与弹体坐标系均为正交坐标系，因此它们间的坐标方向余弦矩阵为正交矩阵。根据正交矩阵“逆矩阵等于其转置矩阵”的特性，不难得出弹体坐标系与发射坐标系间的矩阵式：

$$\begin{bmatrix} x \\ y \\ z \end{bmatrix} = \boldsymbol{A}_{\mathrm{g}}^{\mathrm{b}}\begin{bmatrix} x_1 \\ y_1 \\ z_1 \end{bmatrix} \tag{A-2}$$

式中，$\boldsymbol{A}_{\mathrm{g}}^{\mathrm{b}}$ 为 $\boldsymbol{A}_{\mathrm{b}}^{\mathrm{g}}$ 的转置矩阵，即

$$\begin{aligned} \boldsymbol{A}_{\mathrm{g}}^{\mathrm{b}} &= (\boldsymbol{A}_{\mathrm{b}}^{\mathrm{g}})^{\mathrm{T}} \\ &= \begin{bmatrix} \cos\varphi\cos\psi & -\sin\varphi\cos\gamma + \cos\varphi\sin\psi\sin\gamma & \sin\varphi\sin\gamma + \cos\varphi\sin\psi\cos\gamma \\ \sin\varphi\cos\psi & \cos\varphi\cos\gamma + \sin\varphi\sin\psi\sin\gamma & -\cos\varphi\sin\gamma + \sin\varphi\sin\psi\cos\gamma \\ -\sin\psi & \cos\psi\sin\gamma & \cos\psi\cos\gamma \end{bmatrix} \end{aligned}$$

描述发射坐标系与弹体坐标系间关系的角度 φ、ψ、γ 分别称为俯仰角、偏航角、滚动角，其定义如下。

(1) 俯仰角 φ：俯仰角是指导弹纵向对称轴 O_zx_1 在 xO_zy 平面内的投影与 O_zx 轴之间的夹角，且规定：当纵轴 O_zx_1 在射面 xO_zy 内的投影在 O_zx 轴的上方时，定义为正，反之为负。由此可知，俯仰角 φ 实质上是描述导弹相对地面下俯(弹体低头)或上仰(弹体抬头)程度的一个物理量。

(2) 偏航角 ψ：偏航角是指导弹纵向对称轴 O_zx_1 与 xO_zy 平面间的夹角，且规定：当纵轴 O_zx_1 在 xO_zy 平面左边(顺 O_zx 轴正方向看去)时，定义为正，反之为负。由此可知，偏航角 ψ 实质上是描述导弹偏离射面程度的一个物理量。

(3) 滚动角 γ：滚动角是指导弹横轴 O_zz_1 与 x_1O_zz 平面间的夹角，且规定，当横轴 O_zz_1 在 x_1O_zz 平面之下时，定义为正，反之为负。由此可知，滚动角 γ 实质上是描述弹体绕其纵轴 O_zx_1 滚转程度的一个物理量。

(二) 发射坐标系与速度坐标系间的关系

建立发射坐标系与速度坐标系间的关系和建立发射坐标系与弹体坐标系间关系的方法类似，即认为速度坐标系是平移于导弹质心的发射坐标系经过三次旋转而得到的(图 A-7)，即

$$O_z xyz \xrightarrow{\text{(绕}z\text{轴逆旋转}\theta)} O_z x'y'z' \xrightarrow{\text{(绕}y'\text{轴逆旋转}\sigma)} O_z x''y''z'' \xrightarrow{\text{(绕}x''\text{轴逆旋转}\gamma_c)} O_z x_c y_c z_c$$

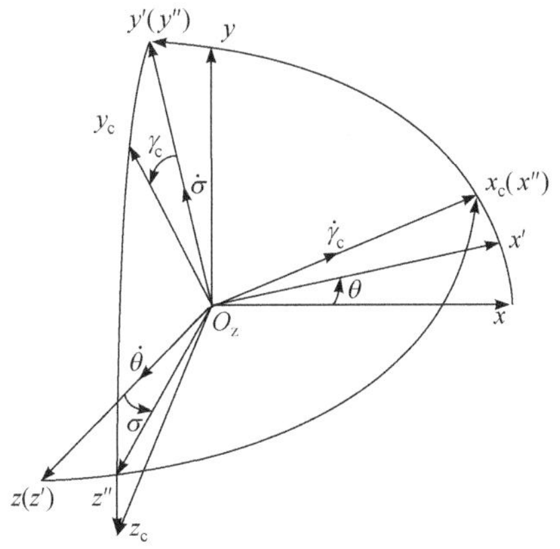

图 A-7　发射坐标系与速度坐标系变换关系

由于发射坐标系与速度坐标系间的关系和发射坐标系与弹体坐标系间的关系完全一样，因此只要将式(A-2)中的角度φ、ψ、γ分别换成角度θ、σ、γ_c，即可得到以下类似的发射坐标系与速度坐标系间的坐标变换式：

$$\begin{bmatrix} x \\ y \\ z \end{bmatrix} = \boldsymbol{C}_g^c \begin{bmatrix} x_c \\ y_c \\ z_c \end{bmatrix} \tag{A-3}$$

式中，

$$\boldsymbol{C}_g^c = \begin{bmatrix} \cos\theta\cos\sigma & -\sin\theta\cos\gamma_c + \cos\theta\sin\sigma\sin\gamma_c & \sin\theta\sin\gamma_c + \cos\theta\sin\sigma\cos\gamma_c \\ \sin\theta\cos\sigma & \cos\theta\cos\gamma_c + \sin\theta\sin\sigma\sin\gamma_c & -\cos\theta\sin\gamma_c + \sin\theta\sin\sigma\cos\gamma_c \\ -\sin\sigma & \cos\sigma\sin\gamma_c & \cos\sigma\cos\gamma_c \end{bmatrix}$$

描述发射坐标系与速度坐标系间关系的角度θ、σ、γ_c分别称为弹道倾角、弹道偏角、倾斜角，其定义如下。

(1) 弹道倾角θ：速度矢量$\boldsymbol{V}$在xO_zy平面(射面)内的投影与O_zx轴间的夹角，且规定：当投影在O_zx轴上方时，θ为正，反之为负。弹道倾角θ是衡量导弹速度矢量$\boldsymbol{V}$相对发射点水平面倾斜程度的一个物理量。

(2) 弹道偏角σ：速度矢量$\boldsymbol{V}$与xO_zy平面间的夹角，且规定：当速度矢量

$\boldsymbol{V}$ 在 xO_zy 平面左边(顺 O_zx 轴正方向看去)时，σ 为正，反之为负。弹道偏角 σ 是衡量导弹速度矢量偏离射面程度的物理量。

(3) 倾斜角 γ_c：O_zz_c 轴与 x_cO_zz 平面间的夹角，且规定：当 O_zz_c 轴在平面 x_cO_zz 下方时，γ_c 为正，反之为负。倾斜角 γ_c 是衡量处于导弹纵对称面内的 O_zy_c 轴相对射面倾斜程度的一个物理量。

(三) 弹体坐标系与速度坐标系间的关系

从速度坐标系定义可知，O_zy_c 轴在导弹纵对称面 $x_1O_zy_1$ 内，这样弹体坐标系和速度坐标系间关系只需用两个欧拉角来描述。换言之，速度坐标系只要按照一定顺序旋转两次便可得到弹体坐标系(图 A-8)，即

$$O_zx_cy_cz_c \xrightarrow{(绕y_c轴逆旋转\beta)} O_zx_c'y_c'z_c' \xrightarrow{(绕z_1轴逆旋转\alpha)} O_zx_1y_1z_1$$

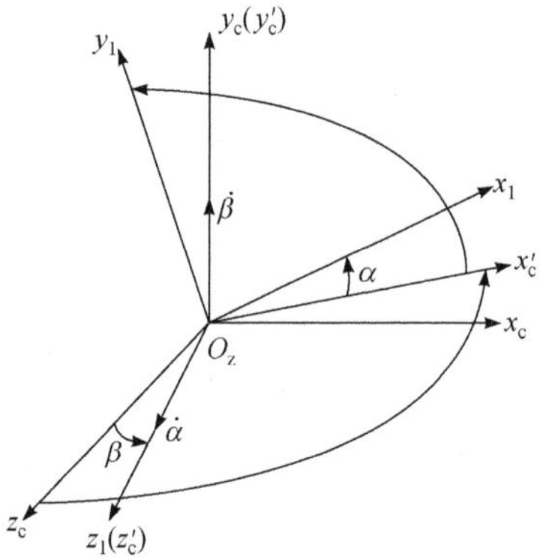

图 A-8　弹体坐标系与速度坐标系变换关系

根据图 A-8，弹体坐标系与速度坐标系间的坐标变换式为

$$\begin{bmatrix} x_1 \\ y_1 \\ z_1 \end{bmatrix} = \boldsymbol{C}_b^c \begin{bmatrix} x_c \\ y_c \\ z_c \end{bmatrix} \tag{A-4}$$

式中，

$$\boldsymbol{C}_b^c = \begin{bmatrix} \cos\alpha\cos\beta & \sin\alpha & -\sin\beta\cos\alpha \\ -\sin\alpha\cos\beta & \cos\alpha & \sin\alpha\sin\beta \\ \sin\beta & 0 & \cos\beta \end{bmatrix}$$

欧拉角 α、β 分别称为冲角(或攻角)和侧滑角，其定义及几何意义如下所述。

(1) 攻角 α：导弹速度矢量 $\boldsymbol{V}$ 在导弹纵对称面 $x_1O_zy_1$ 内的投影与弹体轴 O_zx_1 间的夹角。当其投影在 O_zx_1 轴下方时，攻角 α 为正，反之为负。攻角 α 是衡量

导弹速度矢量 $\boldsymbol{V}$ 相对弹体轴 $O_z x_1$ 上下倾斜程度的一个物理量。

(2) 侧滑角 β：导弹速度矢量 $\boldsymbol{V}$ 与弹体纵对称面 $x_1 O_z y_1$ 间的夹角。当速度矢量 $\boldsymbol{V}$ 在纵对称面右边(顺 $O_z x_1$ 轴正方向看去)时，侧滑角 β 为正，反之为负。侧滑角 β 是衡量导弹速度矢量相对纵对称面左右偏离程度的一个物理量。

(四) 速度坐标系与轨迹坐标系间的关系

根据速度坐标系与轨迹坐标系的定义，两个坐标系的 x 轴重合，均与导弹速度矢量 $\boldsymbol{V}$ 一致，因此只需将轨迹坐标系绕 $O_z x_2$ 轴旋转一次就可使两坐标系重合。两个坐标系间也只有一个欧拉角，即倾斜角 γ_c。因此，两坐标系间的坐标变换式为

$$\begin{bmatrix} x_c \\ y_c \\ z_c \end{bmatrix} = \boldsymbol{C}_c^e \begin{bmatrix} x_2 \\ y_2 \\ z_2 \end{bmatrix} \tag{A-5}$$

式中，

$$\boldsymbol{C}_c^e = \begin{bmatrix} 1 & 0 & 0 \\ 0 & \cos\gamma_c & \sin\gamma_c \\ 0 & -\sin\gamma_c & \cos\gamma_c \end{bmatrix}$$

(五) 发射坐标系与轨迹坐标系间的关系

由前文可知，发射坐标系与速度坐标系间存在 θ、σ、γ_c 三个欧拉角，而轨迹坐标系与速度坐标系间却只有一个欧拉角 γ_c，因此，γ_c 为零时的发射坐标系与速度坐标系间的关系矩阵就是发射坐标系与轨迹坐标系间的关系矩阵。根据式(A-3)可得两坐标系间的坐标变换式为

$$\begin{bmatrix} x \\ y \\ z \end{bmatrix} = \boldsymbol{C}_g^e \begin{bmatrix} x_2 \\ y_2 \\ z_2 \end{bmatrix} \tag{A-6}$$

式中，

$$\boldsymbol{C}_g^e = \begin{bmatrix} \cos\theta\cos\sigma & -\sin\theta & \cos\theta\sin\sigma \\ \sin\theta\cos\sigma & \cos\theta & \sin\theta\sin\sigma \\ -\sin\sigma & 0 & \cos\sigma \end{bmatrix}$$

(六) 弹体坐标系与轨迹坐标系间的关系

根据弹体坐标系与速度坐标系的坐标变换式(A-4)和速度坐标系与轨迹坐标

系间的坐标变换式(A-5)，可得弹体坐标系与轨迹坐标系间的坐标变换式为

$$\begin{bmatrix} x_1 \\ y_1 \\ z_1 \end{bmatrix} = \boldsymbol{C}_b^e \begin{bmatrix} x_2 \\ y_2 \\ z_2 \end{bmatrix} \tag{A-7}$$

式中，

$$\begin{aligned} \boldsymbol{C}_b^e &= \boldsymbol{C}_b^c \boldsymbol{C}_c^e \\ &= \begin{bmatrix} \cos\alpha\cos\beta & \sin\alpha\cos\gamma_c + \cos\alpha\sin\beta\sin\gamma_c & \sin\alpha\sin\gamma_c - \cos\alpha\sin\beta\cos\gamma_c \\ -\sin\alpha\cos\beta & \cos\alpha\cos\gamma_c - \sin\alpha\sin\beta\sin\gamma_c & \cos\alpha\sin\gamma_c + \sin\alpha\sin\beta\cos\gamma_c \\ \sin\beta & -\cos\beta\sin\gamma_c & \cos\beta\cos\gamma_c \end{bmatrix} \end{aligned}$$

附录 B 四元数简介

一、四元数的定义、性质和运算法则

设有一个复数：

$$\boldsymbol{Q} = q_0 + q\mathbf{i}$$

式中，q_0 为 $\boldsymbol{Q}$ 的实数部分；$q\mathbf{i}$ 为 $\boldsymbol{Q}$ 的虚数部分。

如果将 $q\mathbf{i}$ 扩展到三维空间，即

$$\boldsymbol{Q} = q_0 + q_1\mathbf{i} + q_2\mathbf{j} + q_3\mathbf{k} = q_0 + \boldsymbol{q} \tag{B-1}$$

则称 $\boldsymbol{Q}$ 为四元数，或称超复数；**i**、**j**、**k** 为单位矢量；q_0、q_1、q_2、q_3 均为实数。换句话说，四元数是由一个实数单位和三个虚数单位组成的数。

有时可将四元数 $\boldsymbol{Q}$ 表示成

$$\boldsymbol{Q} = q_0 + \boldsymbol{q} \tag{B-2}$$

或

$$\boldsymbol{Q} = [q_0, q_1, q_2, q_3]^{\mathrm{T}} \tag{B-3}$$

四元数运算法则如下所述。

(1) 加法运算适合交换率和结合率。

设有两个四元数：

$$\boldsymbol{Q} = q_0 + \boldsymbol{q}$$

$$\boldsymbol{P} = p_0 + \boldsymbol{p}$$

则

$$\boldsymbol{Q}+\boldsymbol{P}=\boldsymbol{P}+\boldsymbol{Q}$$

(2) 乘法运算适合结合率、分配率，但不适合交换率。

为了求出四元数的乘积，先给出乘法规则：顺时针相乘为正，逆时针相乘为负，即

$$\begin{cases}\mathbf{i}\circ\mathbf{j}=\mathbf{k}=-\mathbf{j}\circ\mathbf{i}\\ \mathbf{j}\circ\mathbf{k}=\mathbf{i}=-\mathbf{k}\circ\mathbf{j}\\ \mathbf{k}\circ\mathbf{i}=\mathbf{j}=-\mathbf{i}\circ\mathbf{k}\\ \mathbf{i}\circ\mathbf{i}=\mathbf{j}\circ\mathbf{j}=\mathbf{k}\circ\mathbf{k}=-1\end{cases}$$

注意，四元数的乘法规则不同于矢量代数中的点积和矢积，即

$$\begin{cases}\mathbf{i}\times\mathbf{i}=\mathbf{j}\times\mathbf{j}=\mathbf{k}\times\mathbf{k}=0\\ \mathbf{i}\cdot\mathbf{i}=\mathbf{j}\cdot\mathbf{j}=\mathbf{k}\cdot\mathbf{k}=1\end{cases}$$

这是必须予以区别的，否则就会出错。

若有两个四元数：

$$\boldsymbol{Q}=q_0+q_1\mathbf{i}+q_2\mathbf{j}+q_3\mathbf{k}=q_0+\boldsymbol{q}$$

$$\boldsymbol{P}=p_0+p_1\mathbf{i}+p_2\mathbf{j}+p_3\mathbf{k}=p_0+\boldsymbol{p}$$

则

$$\boldsymbol{Q}\circ\boldsymbol{P}=(q_0+q_1\mathbf{i}+q_2\mathbf{j}+q_3\mathbf{k})\circ(p_0+p_1\mathbf{i}+p_2\mathbf{j}+p_3\mathbf{k})$$

展开并整理可得

$$\begin{aligned}\boldsymbol{Q}\circ\boldsymbol{P}&=(q_0p_0-q_1p_1-q_2p_2-q_3p_3)+\mathbf{i}(q_0p_1+q_1p_0+q_2p_3-q_3p_2)\\&\quad+\mathbf{j}(q_0p_2+q_2p_0+q_3p_1-q_1p_3)+\mathbf{k}(q_0p_3+q_3p_0+q_1p_2-q_2p_1)\\&=q_0p_0+q_0\boldsymbol{p}+p_0\boldsymbol{q}-(\boldsymbol{q}\cdot\boldsymbol{p})+(\boldsymbol{q}\times\boldsymbol{p})\end{aligned}$$

而

$$\boldsymbol{P}\circ\boldsymbol{Q}=p_0q_0+p_0\boldsymbol{q}+q_0\boldsymbol{p}-(\boldsymbol{p}\cdot\boldsymbol{q})+(\boldsymbol{p}\times\boldsymbol{q})$$

因为

$$\boldsymbol{q}\times\boldsymbol{p}\neq\boldsymbol{p}\times\boldsymbol{q}$$

所以

$$\boldsymbol{Q}\circ\boldsymbol{P}\neq\boldsymbol{P}\circ\boldsymbol{Q}$$

四元数乘积的矩阵形式可表示为

$$\boldsymbol{Q}\circ\boldsymbol{P}=\begin{bmatrix} q_0 & -q_1 & -q_2 & -q_3 \\ q_1 & q_0 & -q_3 & q_2 \\ q_2 & q_3 & q_0 & -q_1 \\ q_3 & -q_2 & q_1 & q_0 \end{bmatrix}\begin{bmatrix} p_0 \\ p_1 \\ p_2 \\ p_3 \end{bmatrix} \tag{B-4}$$

矩阵

$$\boldsymbol{V}(\boldsymbol{Q})=\begin{bmatrix} q_0 & -q_3 & q_2 \\ q_3 & q_0 & -q_1 \\ -q_2 & q_1 & q_0 \end{bmatrix} \tag{B-5}$$

称为核矩阵。

四元数连乘可以直接写成矩阵形式，如：

$$\boldsymbol{Q}\circ\boldsymbol{P}\circ\boldsymbol{R}=\begin{bmatrix} q_0 & -q_1 & -q_2 & -q_3 \\ q_1 & q_0 & -q_3 & q_2 \\ q_2 & q_3 & q_0 & -q_1 \\ q_3 & -q_2 & q_1 & q_0 \end{bmatrix}\begin{bmatrix} p_0 & -p_1 & -p_2 & -p_3 \\ p_1 & p_0 & -p_3 & p_2 \\ p_2 & p_3 & p_0 & -p_1 \\ p_3 & -p_2 & p_1 & p_0 \end{bmatrix}\begin{bmatrix} r_0 \\ r_1 \\ r_2 \\ r_3 \end{bmatrix} \tag{B-6}$$

式中，r_0、r_1、r_2、r_3为四元数$\boldsymbol{R}$的 4 个分量。

四元数乘法的两个特例如下：

① 四元数和它的共轭四元数的乘积：

$$\boldsymbol{Q}\circ\boldsymbol{Q}^*=q_0^2+q_1^2+q_2^2+q_3^2=\|\boldsymbol{Q}\|$$

对于规范四元数$\|\boldsymbol{Q}\|=1$，则$\boldsymbol{Q}\circ\boldsymbol{Q}^*=1$。

② 具有零标量四元数的乘积：

$$\boldsymbol{Q}\circ\boldsymbol{P}=\begin{bmatrix} 0 & -q_1 & -q_2 & -q_3 \\ q_1 & 0 & -q_3 & q_2 \\ q_2 & q_3 & 0 & -q_1 \\ q_3 & -q_2 & q_1 & 0 \end{bmatrix}\begin{bmatrix} 0 \\ p_1 \\ p_2 \\ p_3 \end{bmatrix}=-\boldsymbol{q}\cdot\boldsymbol{p}+\boldsymbol{q}\times\boldsymbol{p} \tag{B-7}$$

(3) 四元数单元、零元和负元。

四元数单元：

$$\boldsymbol{I}=1+0\mathbf{i}+0\mathbf{j}+0\mathbf{k}$$

四元数零元：

$$\mathbf{0}=0+0\mathbf{i}+0\mathbf{j}+0\mathbf{k}$$

四元数负元：

$$-\boldsymbol{Q}=-q_0-q_1\mathbf{i}-q_2\mathbf{j}-q_3\mathbf{k}$$

(4) 四元数逆元。

四元数 $\boldsymbol{Q}$ 的逆元以 $\boldsymbol{Q}^{-1}$ 表示，即

$$\boldsymbol{Q}^{-1}=\frac{1}{q_0+q_1\mathbf{i}+q_2\mathbf{j}+q_3\mathbf{k}}=\frac{\boldsymbol{Q}^*}{N^2(\boldsymbol{Q})} \tag{B-8}$$

式中，

$$\boldsymbol{Q}^*=q_0-q_1\mathbf{i}-q_2\mathbf{j}-q_3\mathbf{k}$$

$$N(\boldsymbol{Q})=\sqrt{q_0^2+q_1^2+q_2^2+q_3^2}$$

$\boldsymbol{Q}^*$ 称为四元数 $\boldsymbol{Q}$ 的共轭四元数，$N(\boldsymbol{Q})$ 称为四元数 $\boldsymbol{Q}$ 的范数。

若 $N(\boldsymbol{Q})=1$，则

$$\boldsymbol{Q}^{-1}=\boldsymbol{Q}^*$$

也就是，逆元数等于它的共轭元数。这时四元数 $\boldsymbol{Q}$ 是正则的，称为规范四元数。

(5) 除法。

由于四元数乘法是不可交换的，因此四元数除法分为左除和右除。

例如，$\boldsymbol{Q}$、$\boldsymbol{P}$、$\boldsymbol{X}$ 为 3 个四元数，若

$$\boldsymbol{Q}\circ\boldsymbol{X}=\boldsymbol{P}$$

左乘以 $\boldsymbol{Q}^{-1}$：

$$\boldsymbol{X}=\boldsymbol{Q}^{-1}\circ\boldsymbol{P}$$

若

$$\boldsymbol{X}\circ\boldsymbol{Q}=\boldsymbol{P}$$

右乘以 $\boldsymbol{Q}^{-1}$：

$$\boldsymbol{X}=\boldsymbol{P}\circ\boldsymbol{Q}^{-1}$$

因 $\boldsymbol{Q}^{-1}\circ\boldsymbol{P}\neq\boldsymbol{P}\circ\boldsymbol{Q}^{-1}$，故两个 $\boldsymbol{X}$ 不相等。

(6) 四元数的主要性质。

① 四元数之和的共轭四元数等于共轭四元数之和：

$$(\boldsymbol{Q}+\boldsymbol{P}+\boldsymbol{I})^*=\boldsymbol{Q}^*+\boldsymbol{P}^*+\boldsymbol{I}^* \tag{B-9}$$

② 四元数之积的共轭四元数等于共轭四元数以相反顺序相乘之积：

$$(\boldsymbol{Q}\circ\boldsymbol{P}\circ\boldsymbol{I})^*=\boldsymbol{I}^*\circ\boldsymbol{P}^*\circ\boldsymbol{Q}^* \tag{B-10}$$

③ 四元数之积的逆等于其四元数之逆以相反顺序相乘之积：

$$(\boldsymbol{Q}\circ\boldsymbol{P}\circ\boldsymbol{I})^{-1}=\boldsymbol{I}^{-1}\circ\boldsymbol{P}^{-1}\circ\boldsymbol{Q}^{-1} \tag{B-11}$$

④ 四元数之积的范数等于其乘数范数之积：

$$\|\boldsymbol{I}_1 \circ \boldsymbol{I}_2 \circ \cdots \circ \boldsymbol{I}_n\| = \|\boldsymbol{I}_1\| \times \|\boldsymbol{I}_2\| \times \cdots \times \|\boldsymbol{I}_n\| \tag{B-12}$$

⑤ 仅在乘数中的一个等于零时，两四元数之积才等于零。

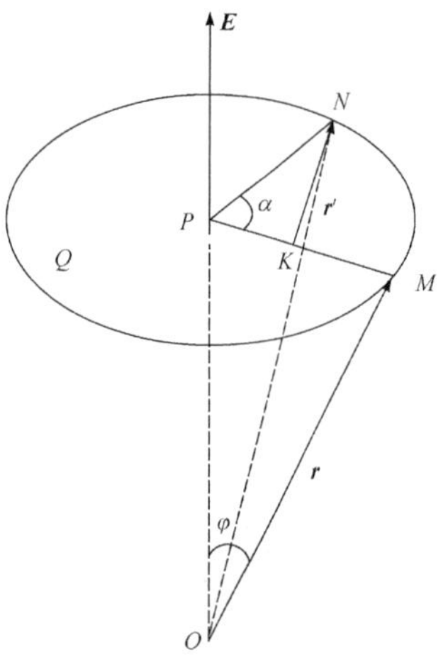

图 B-1　空间矢量旋转关系

φ为 **OM** 与瞬时欧拉轴 **E** 的夹角

二、空间定点旋转的四元数旋转变换表示

图 B-1 中，矢量 $\boldsymbol{r}$ 绕定点 O 旋转至 $\boldsymbol{r}'$，设 $\boldsymbol{E}$ 为矢量 $\boldsymbol{r}$ 绕定点 O 旋转的瞬时欧拉轴，其旋转角为 α，α 在垂直于 $\boldsymbol{E}$ 轴的平面 Q 上，P 为 $\boldsymbol{E}$ 轴与平面 Q 的交点，图中 $\boldsymbol{OM}=\boldsymbol{r}$，作 $\boldsymbol{KN}\perp\boldsymbol{MP}$，则

$$\boldsymbol{r}' = \boldsymbol{ON} = \boldsymbol{OM} + \boldsymbol{MK} + \boldsymbol{KN} \tag{B-13}$$

而

$$\begin{aligned}|\boldsymbol{MK}| &= |\boldsymbol{MP}| - |\boldsymbol{KP}| \\ &= |\boldsymbol{MP}| - |\boldsymbol{NP}|\cos\alpha \\ &= |\boldsymbol{MP}|(1-\cos\alpha)\end{aligned}$$

则

$$\boldsymbol{MK} = (1-\cos\alpha)(\boldsymbol{OP}-\boldsymbol{OM}) \tag{B-14}$$

由于

$$\boldsymbol{OP} = \left(\boldsymbol{r}\cdot\frac{\boldsymbol{E}}{|\boldsymbol{E}|}\right)\frac{\boldsymbol{E}}{|\boldsymbol{E}|} = (\boldsymbol{r}\cdot\boldsymbol{E})\frac{\boldsymbol{E}}{|\boldsymbol{E}|^2} \tag{B-15}$$

$\boldsymbol{KN}$ 矢量方向与 $\boldsymbol{OP}\times\boldsymbol{OM}$ 矢量方向相同，其长度为

$$|\boldsymbol{KN}| = |\boldsymbol{NP}|\sin\alpha = |\boldsymbol{r}|\sin\varphi\sin\alpha$$

故

$$\boldsymbol{KN} = \left(\frac{\boldsymbol{E}}{|\boldsymbol{E}|}\times\boldsymbol{r}\right)\sin\alpha$$

则有

$$\boldsymbol{r}' = \boldsymbol{r}\cos\alpha + (1-\cos\alpha)(\boldsymbol{r}\cdot\boldsymbol{E})\frac{\boldsymbol{E}}{|\boldsymbol{E}|^2} + \left(\frac{\boldsymbol{E}}{|\boldsymbol{E}|}\times\boldsymbol{r}\right)\sin\alpha \tag{B-16}$$

根据矢量 $\boldsymbol{E}$ 和角 α 定义一个四元数：

$$\boldsymbol{Q} = |\boldsymbol{E}|\left(\cos\frac{\alpha}{2} + \frac{\boldsymbol{E}}{|\boldsymbol{E}|}\sin\frac{\alpha}{2}\right) \tag{B-17}$$

研究四元数变换：

$$\boldsymbol{Q}\circ\boldsymbol{r}\circ\boldsymbol{Q}^{-1}=\left[|\boldsymbol{E}|\left(\cos\frac{\alpha}{2}+\frac{\boldsymbol{E}}{|\boldsymbol{E}|}\sin\frac{\alpha}{2}\right)\right]\circ\boldsymbol{r}\circ\left[|\boldsymbol{E}|\left(\cos\frac{\alpha}{2}-\frac{\boldsymbol{E}}{|\boldsymbol{E}|}\sin\frac{\alpha}{2}\right)\frac{1}{|\boldsymbol{E}|^2}\right]$$

经过推导可得

$$\boldsymbol{Q}\circ\boldsymbol{r}\circ\boldsymbol{Q}^{-1}=\boldsymbol{r}\cos\alpha+(1-\cos\alpha)(\boldsymbol{r}\cdot\boldsymbol{E})\frac{\boldsymbol{E}}{|\boldsymbol{E}|^2}+\left(\frac{\boldsymbol{E}}{|\boldsymbol{E}|}\times\boldsymbol{r}\right)\sin\alpha \tag{B-18}$$

比较式(B-16)和式(B-18)，发现两者完全相同，因此有

$$\boldsymbol{r}'=\boldsymbol{Q}\circ\boldsymbol{r}\circ\boldsymbol{Q}^{-1} \tag{B-19}$$

即 $\boldsymbol{r}$ 与其绕 $\boldsymbol{E}$ 轴旋转 α 角后所得 $\boldsymbol{r}'$ 之间的关系可用式(B-19)表示，$\boldsymbol{Q}$ 为 $\boldsymbol{r}'$ 对 $\boldsymbol{r}$ 的四元数，$\boldsymbol{Q}^{-1}$ 为 $\boldsymbol{r}$ 对 $\boldsymbol{r}'$ 的四元数。

反之，$\boldsymbol{r}'$ 绕 $-\boldsymbol{E}$ 轴旋转角 α 必然得 $\boldsymbol{r}$，则同理得

$$\boldsymbol{r}'=\boldsymbol{r}\cos\alpha+(1-\cos\alpha)(\boldsymbol{r}\cdot\boldsymbol{E})\frac{\boldsymbol{E}}{|\boldsymbol{E}|^2}+\left(\frac{\boldsymbol{E}}{|\boldsymbol{E}|}\times\boldsymbol{r}\right)\sin\alpha$$

当旋转四元数 $\boldsymbol{Q}$ 为规范四元数，即 $\boldsymbol{Q}^{-1}=\boldsymbol{Q}^*$ 时，则有

$$\boldsymbol{r}'=\boldsymbol{Q}\circ\boldsymbol{r}\circ\boldsymbol{Q}^* \tag{B-20}$$

若 $\boldsymbol{r}$ 绕 $\boldsymbol{E}$ 轴旋转 α 角后得 $\boldsymbol{r}'$，$\boldsymbol{r}'$ 对 $\boldsymbol{r}$ 的规范四元数为 $\boldsymbol{Q}$，$\boldsymbol{r}'$ 再绕 N 轴旋转 β 角后得 $\boldsymbol{r}''$，$\boldsymbol{r}''$ 对 $\boldsymbol{r}'$ 的规范四元数为 $\boldsymbol{P}$，$\boldsymbol{r}''$ 对 $\boldsymbol{r}$ 的规范四元数为 $\boldsymbol{R}$，则

$$\boldsymbol{r}''=\boldsymbol{P}\circ\boldsymbol{r}'\circ\boldsymbol{P}^*=\boldsymbol{P}\circ\boldsymbol{Q}\circ\boldsymbol{r}\circ\boldsymbol{Q}^*\circ\boldsymbol{P}^*=\boldsymbol{P}\circ\boldsymbol{Q}\circ\boldsymbol{r}\circ(\boldsymbol{P}\circ\boldsymbol{Q})^*=\boldsymbol{R}\circ\boldsymbol{r}\circ\boldsymbol{R}^* \tag{B-21}$$

式中，$\boldsymbol{R}=\boldsymbol{P}\circ\boldsymbol{Q}$。

设矢量 $\boldsymbol{r}$ 与弹体坐标系 $Ox_1y_1z_1$ 固连，坐标为(x_1,y_1,z_1)。$Oxyz$ 为惯性坐标系，矢量 $\boldsymbol{r}'$ 与它固连，其坐标为(x,y,z)。当 $Oxyz$ 转到与 $Ox_1y_1z_1$ 重合时，$\boldsymbol{r}'$ 与 $\boldsymbol{r}$ 重合，那么由式 $\boldsymbol{r}'=\boldsymbol{Q}\circ\boldsymbol{r}\circ\boldsymbol{Q}^*$ 得

$$\boldsymbol{r}'=\boldsymbol{Q}\circ\boldsymbol{r}\circ\boldsymbol{Q}^*=(q_0+\mathbf{i}q_1+\mathbf{j}q_2+\mathbf{k}q_3)\circ(0+\mathbf{i}x_1+\mathbf{j}y_1+\mathbf{k}z_1)\circ(q_0-\mathbf{i}q_1-\mathbf{j}q_2-\mathbf{k}q_3)$$

即

$$\begin{bmatrix}0\\x\\y\\z\end{bmatrix}=\begin{bmatrix}q_0&-q_1&-q_2&-q_3\\q_1&q_0&-q_3&q_2\\q_2&q_3&q_0&-q_1\\q_3&-q_2&q_1&q_0\end{bmatrix}\begin{bmatrix}0&-x_1&-y_1&-z_1\\x_1&0&-z_1&y_1\\y_1&z_1&0&-x_1\\z_1&-y_1&x_1&0\end{bmatrix}\begin{bmatrix}q_0\\-q_1\\-q_2\\-q_3\end{bmatrix}$$

经展开和整理，其矩阵表达式可写成：

$$\begin{bmatrix} x \\ y \\ z \end{bmatrix} = \boldsymbol{a} \begin{bmatrix} x_1 \\ y_1 \\ z_1 \end{bmatrix} \tag{B-22}$$

式中，

$$\boldsymbol{a} = \begin{bmatrix} q_0^2 + q_1^2 - q_2^2 - q_3^2 & 2(q_1 q_2 - q_0 q_3) & 2(q_0 q_2 + q_1 q_3) \\ 2(q_1 q_2 - q_0 q_3) & q_0^2 + q_2^2 - q_1^2 - q_3^2 & 2(q_2 q_3 - q_0 q_1) \\ 2(q_1 q_3 - q_0 q_2) & 2(q_2 q_3 + q_0 q_1) & q_0^2 + q_3^2 - q_1^2 - q_2^2 \end{bmatrix}$$

如果 ΔW_x、ΔW_y、ΔW_z 为导弹相对惯性坐标系各轴的视速度增量，ΔW_{x1}、ΔW_{y1}、ΔW_{z1} 为导弹相对弹体坐标系各轴的视速度增量，则由式(B-22)可得

$$\begin{bmatrix} \Delta W_x \\ \Delta W_y \\ \Delta W_z \end{bmatrix} = \boldsymbol{a} \begin{bmatrix} \Delta W_{x1} \\ \Delta W_{y1} \\ \Delta W_{z1} \end{bmatrix} \tag{B-23}$$

反过来可得

$$\begin{bmatrix} \Delta W_{x1} \\ \Delta W_{y1} \\ \Delta W_{z1} \end{bmatrix} = \boldsymbol{a}^{\mathrm{T}} \begin{bmatrix} \Delta W_x \\ \Delta W_y \\ \Delta W_z \end{bmatrix} \tag{B-24}$$

式中，$\boldsymbol{a}^{\mathrm{T}}$ 为 $\boldsymbol{a}$ 矩阵的转置矩阵。

附录 C　伴随定理与布利斯公式及其应用

伴随函数又称共轭函数，是制导方法研究中经常用到的工具。下面首先给出伴随函数的定义和对应的伴随定理(包括布利斯公式)，然后通过两个具体例子说明其应用。

一、伴随系统定义

对于线性系统：

$$\begin{cases} \dot{\boldsymbol{x}}(t) = \boldsymbol{F}(t)\boldsymbol{x}(t) + \boldsymbol{B}(t)\boldsymbol{u}(t) \\ \boldsymbol{x}(t_0) = \boldsymbol{x}_0 \qquad\qquad (t_0 \leqslant t \leqslant t_{\mathrm{f}}) \\ \boldsymbol{y}(t) = \boldsymbol{C}(t)\boldsymbol{x}(t) \end{cases} \tag{C-1}$$

式中，$\boldsymbol{F}(t)$ 为系统矩阵；$\boldsymbol{B}(t)$ 为输入矩阵；$\boldsymbol{C}(t)$ 为输出矩阵；$\boldsymbol{u}(t)$ 为 $r\times 1$ 输入矢量；$\boldsymbol{y}(t)$ 为 $m\times 1$ 输出矢量；$\boldsymbol{x}(t)$ 为 $n\times 1$ 状态矢量。

其伴随系统定义为

$$\begin{cases}\dot{\boldsymbol{\lambda}}=-\boldsymbol{F}^{\mathrm{T}}(t)\boldsymbol{\lambda}(t)+\boldsymbol{C}^{\mathrm{T}}\boldsymbol{\mu}(t)\\ \boldsymbol{\lambda}(t_{\mathrm{f}})=\boldsymbol{\lambda}_0 \qquad (t_0\leqslant t\leqslant t_{\mathrm{f}})\\ \boldsymbol{\eta}(t)=\boldsymbol{B}^{\mathrm{T}}(t)\boldsymbol{\lambda}(t)\end{cases} \tag{C-2}$$

式中，$\boldsymbol{\lambda}(t)$ 为伴随系统的状态矢量，称为伴随函数矢量(又称“共轭矢量”)；$\boldsymbol{\mu}(t)$ 为伴随系统的输入矢量；$\boldsymbol{\eta}(t)$ 为伴随系统的输出矢量。

为说明伴随系统和原始系统的关系，考察下面的例子。

有一个变参数线性系统，其输入、输出关系为

$$\begin{cases}\dfrac{\mathrm{d}^2y}{\mathrm{d}x^2}+t\dfrac{\mathrm{d}y}{\mathrm{d}x}+y=u\\ y(0)=\dot{y}(0)=0\end{cases} \tag{C-3}$$

用状态方程表示：

$$\frac{\mathrm{d}}{\mathrm{d}x}\begin{bmatrix}x_1\\x_2\end{bmatrix}=\begin{bmatrix}0 & 1\\-1 & -t\end{bmatrix}\begin{bmatrix}x_1\\x_2\end{bmatrix}+\begin{bmatrix}0\\1\end{bmatrix}u \tag{C-4}$$

$$y=\begin{bmatrix}1 & 0\end{bmatrix}\begin{bmatrix}x_1\\x_2\end{bmatrix},\quad x_1(0)=x_2(0)=0 \qquad (t\geqslant 0) \tag{C-5}$$

对应的伴随系统为

$$\frac{\mathrm{d}}{\mathrm{d}x}\begin{bmatrix}\lambda_1\\\lambda_2\end{bmatrix}=-\begin{bmatrix}0 & -1\\1 & -t\end{bmatrix}\begin{bmatrix}\lambda_1\\\lambda_2\end{bmatrix}+\begin{bmatrix}1\\0\end{bmatrix}u \tag{C-6}$$

$$\eta=\begin{bmatrix}0 & 1\end{bmatrix}\begin{bmatrix}\lambda_1\\\lambda_2\end{bmatrix},\quad \lambda_1(t_{\mathrm{f}})=\lambda_2(t_{\mathrm{f}})=0 \qquad (t\leqslant t_{\mathrm{f}}) \tag{C-7}$$

二、伴随定理及布利斯公式

这里不加证明地给出伴随定理。

若原始系统方程如式(C-8)所示：

$$\dot{\boldsymbol{x}}(t)=\boldsymbol{F}(t)\boldsymbol{x}(t)+\boldsymbol{B}(t)\boldsymbol{u}(t) \tag{C-8}$$

对应的伴随系统为

$$\dot{\boldsymbol{\lambda}}(t)=-\boldsymbol{F}^{\mathrm{T}}(t)\boldsymbol{\lambda}(t)+\boldsymbol{\Gamma}(t)\boldsymbol{\mu}(t) \tag{C-9}$$

则有

$$\boldsymbol{\lambda}^{\mathrm{T}}(t_{\mathrm{f}})\boldsymbol{x}(t_{\mathrm{f}})-\boldsymbol{\lambda}^{\mathrm{T}}(t_0)\boldsymbol{x}(t_0)=\int_{t_0}^{t_{\mathrm{f}}}\left[\boldsymbol{\lambda}^{\mathrm{T}}(t)\boldsymbol{B}(t)\boldsymbol{u}(t)+\boldsymbol{\mu}^{\mathrm{T}}(t)\boldsymbol{\Gamma}^{\mathrm{T}}(t)\boldsymbol{x}(t)\right]\mathrm{d}t \tag{C-10}$$

利用伴随定理，通过巧妙地选定 $\boldsymbol{\lambda}(t_{\mathrm{f}})$ 和 $\boldsymbol{\Gamma}(t)\boldsymbol{\mu}(t)$ ，可简化制导系统分析和设计问题。

下面，讨论伴随定理的几种特殊情况。

(一) 原始系统和伴随系统都是齐次系统

当 $\boldsymbol{u}(t)=\boldsymbol{0}$, $\boldsymbol{\mu}(t)=\boldsymbol{0}$ 时，由式(C-10)可知：

$$\boldsymbol{\lambda}^{\mathrm{T}}(t_{\mathrm{f}})\boldsymbol{x}(t_{\mathrm{f}})=\boldsymbol{\lambda}^{\mathrm{T}}(t_0)\boldsymbol{x}(t_0)=\text{常数} \tag{C-11}$$

或者用分量表示：

$$\sum_{i=1}^{n}\lambda_i(t_{\mathrm{f}})x_i(t_{\mathrm{f}})=\sum_{i=1}^{n}\lambda_i(t_0)x_i(t_0) \tag{C-12}$$

若选伴随方程组终端条件为

$$\lambda_i(t_{\mathrm{f}})=\delta_{im}=\begin{cases}0 & (i\neq m)\\ 1 & (i=m)\end{cases}$$

则有

$$x_m(t_{\mathrm{f}})=\sum_{i=1}^{n}\lambda_i(t_0)x_i(t_0) \tag{C-13}$$

这里，可以将 $x_i(t)$ 理解为由摄动方程给出的状态偏差，因此式(C-13)中，$\lambda_i(t_0)$ ($i=1,2,\cdots,n$)表示起始状态偏差 $x_i(t_0)$ 对终端状态偏差 $x_m(t_{\mathrm{f}})$ 的影响系数，这个结果常用于制导系统误差分析。

(二) 原始系统非齐次而伴随系统齐次

这时式(C-10)化为

$$\boldsymbol{\lambda}^{\mathrm{T}}(t_{\mathrm{f}})\boldsymbol{x}(t_{\mathrm{f}})=\boldsymbol{\lambda}^{\mathrm{T}}(t_0)\boldsymbol{x}(t_0)+\int_{t_0}^{t_{\mathrm{f}}}\boldsymbol{\lambda}^{\mathrm{T}}(t)\boldsymbol{B}(t)\boldsymbol{u}(t)\mathrm{d}t \tag{C-14}$$

或者

$$\sum_{i=1}^{n}\lambda_i(t_{\mathrm{f}})x_i(t_{\mathrm{f}})=\sum_{i=1}^{n}\lambda_i(t_0)x_i(t_0)+\int_{t_0}^{t_{\mathrm{f}}}\lambda_i(t)\left(\sum_{j=1}^{r}b_{ij}u_j(t)\right)\mathrm{d}t \tag{C-15}$$

式(C-15)就是著名的布利斯(Bliss)公式，把扰动作用与状态变分联系起来。式中等号右端第一项是初始状态变分的影响，第二项是外界扰动作用的影响。但是，布利斯公式与摄动方程的一般解不同，它的意义不在于建立 $x_i(t_{\mathrm{f}})$ 本身与 $x_i(t_0)$ 、 $u_j(t)$ 的关系，而在于通过对伴随方程加上适当的终端条件，建立感兴趣的某个性能指标变分(泛函变分)与扰动作用或控制变分的关系，换言之，就是建立状态矢量变分的某个线性变换与扰动或控制作用的关系。

可见，伴随函数的意义随所选的终端条件而变化，应用伴随定理的关键是根据具体研究目的引入不同的终端条件。

三、利用伴随定理解线性微分方程组的应用实例

已知方程组和初始条件：

$$\begin{cases}\dot{x}-y=\cos t\\ \dot{y}+x=-\sin t\\ x(t_0)=y(t_0)=0\end{cases} \tag{C-16}$$

选择共轭方程的终端条件，使得 $t=t_K$ 时：

$$z_1(t_K)x(t_K)+z_2(t_K)y(t_K)=(t_K-t_0)^2 \tag{C-17}$$

式中，$z_1(t_K)$ 和 $z_2(t_K)$ 为共轭方程组的解。

将方程组(C-16)写成矩阵形式：

$$\frac{\mathrm{d}\boldsymbol{x}}{\mathrm{d}t}=\boldsymbol{A}\boldsymbol{x}+\boldsymbol{F} \tag{C-18}$$

式中，

$$\boldsymbol{x}^{\mathrm{T}}=[x,y]$$

$$\boldsymbol{F}^{\mathrm{T}}=[\cos t,-\sin t]$$

$$\boldsymbol{A}=\begin{bmatrix}0 & 1\\ -1 & 0\end{bmatrix}$$

那么，共轭方程矩阵形式为

$$\frac{\mathrm{d}z}{\mathrm{d}t}=-\boldsymbol{A}^{\mathrm{T}}z \tag{C-19}$$

方程(C-19)的解为

$$z_1=c_1\sin t+c_2\cos t$$

$$z_2=c_1\cos t-c_2\sin t$$

由布利斯公式(C-15)得

$$z_1(t_K)x(t_K)+z_2(t_K)y(t_K)=\int_{t_0}^{t_K}c_2\mathrm{d}t=c_2(t_K-t_0) \tag{C-20}$$

根据 $t=t_K$ 时的终端条件，则有

$$c_2=t_K-t_0$$

此时 c_1 任意选择，当 $c_1=0$ 时，共轭方程的终端条件为

$$\begin{cases} z_1(t_K)=(t_K-t_0)\cos t_K \\ z_2(t_K)=-(t_K-t_0)\sin t_K \end{cases} \tag{C-21}$$

四、伴随定理在摄动制导方程设计中的应用实例

在制导方程设计问题中，可以利用伴随定理把关机或导引控制函数的计算化为求加速度计输出积分的线性组合，这就避免了复杂的实时导航计算。

下面以简化的平面制导关机方程推导为例，说明伴随定理在摄动制导方程设计中的应用。

由关机条件 $\Delta L^{(1)}=0$ 得出，关机时导弹参数必须满足下面的关机方程：

$$J(t_K)=a_1V_x(t_K)+a_2V_y(t_K)+a_3x(t_K)+a_4y(t_K)+a_5t_K=\tilde{J}(\tilde{t}_K) \tag{C-22}$$

式中，$a_1,a_2,\cdots,a_5$ 是按标准弹道标准关机点参数计算的射程偏导数，且式中弹道参数满足下列微分方程：

$$\begin{cases} \dot{V}_x=\dot{W}_x+g_x \\ \dot{V}_y=\dot{W}_y+g_y \\ \dot{x}=V_x \\ \dot{y}=V_y \\ \dot{t}=1 \end{cases} \tag{C-23}$$

式中，$g_x=-GM\dfrac{x}{r^3}$；$g_y=-GM\dfrac{R_0+y}{r^3}$，$R_0$ 为地球赤道半径；$r=\sqrt{x^2+(y+R_0)^2}$。

初始条件取：

$$V_x(0)=V_{x0},\quad V_y(0)=x(0)=y(0)=0$$

为了用视加速度及其积分的线性组合表示关机特征量 $J(t_K)$，简单起见，假设 $g_x=\tilde{g}_x$，$g_y=\tilde{g}_y$，即忽略 (x,y) 坐标摄动导致的引力加速度变化，则式(C-23)写成状态方程形式为

$$\begin{bmatrix} \dot{V}_x \\ \dot{V}_y \\ \dot{x} \\ \dot{y} \\ \dot{t} \end{bmatrix}=\begin{bmatrix} 0 & 0 & 0 & 0 & 0 \\ 0 & 0 & 0 & 0 & 0 \\ 1 & 0 & 0 & 0 & 0 \\ 0 & 1 & 0 & 0 & 0 \\ 0 & 0 & 0 & 0 & 0 \end{bmatrix}\begin{bmatrix} V_x \\ V_y \\ x \\ y \\ t \end{bmatrix}+\begin{bmatrix} \dot{W}_x+\tilde{g}_x \\ \dot{W}_y+\tilde{g}_y \\ 0 \\ 0 \\ 1 \end{bmatrix} \tag{C-24}$$

式(C-24)的伴随方程具有如下形式：

$$\begin{bmatrix}\dot{\lambda}_1\\ \dot{\lambda}_2\\ \dot{\lambda}_3\\ \dot{\lambda}_4\\ \dot{\lambda}_5\end{bmatrix}=-\begin{bmatrix}0&0&1&0&0\\0&0&0&1&0\\0&0&0&0&0\\0&0&0&0&0\\0&0&0&0&0\end{bmatrix}\begin{bmatrix}\lambda_1\\ \lambda_2\\ \lambda_3\\ \lambda_4\\ \lambda_5\end{bmatrix} \tag{C-25}$$

若选取伴随方程的终端条件如下：

$$\lambda_1(t_K)=a_1,\ \lambda_2(t_K)=a_2,\ \lambda_3(t_K)=a_3,\ \lambda_4(t_K)=a_4,\ \lambda_5(t_K)=a_5$$

则由布利斯公式得到：

$$J(t_K)=\lambda_1(0)V_x(0)+\int_0^{t_K}\left[\lambda_1(\tau)(\dot{W}_x+\tilde{g}_x)+\lambda_2(\tau)(\dot{W}_y+\tilde{g}_y)+\lambda_5(\tau)\right]\mathrm{d}\tau \tag{C-26}$$

式(C-26)的伴随函数可根据终端条件由伴随方程解出，得

$$\begin{cases}\lambda_1(t)=a_1-a_3(t-t_K)=\dfrac{\partial L}{\partial V_x}-\dfrac{\partial L}{\partial x}(t-t_K)\\ \lambda_2(t)=a_2-a_4(t-t_K)=\dfrac{\partial L}{\partial V_y}-\dfrac{\partial L}{\partial y}(t-t_K)\\ \lambda_3(t)=a_3\\ \lambda_4(t)=a_4\\ \lambda_5(t)=a_5\end{cases} \tag{C-27}$$

注意 $\lambda_1(t)$、$\lambda_2(t)$ 与实际关机时刻 t_K 有关，为了反映这一事实，将 $\lambda_1(t)$、$\lambda_2(t)$ 表示为 $\lambda_1(t_K,t)$、$\lambda_2(t_K,t)$。希望式(C-26)中积分号内视加速度的系数是已知的时变系数，为此将 $\lambda_1(t_K,t)$、$\lambda_2(t_K,t)$ 按参数变量 t_K 相对 $\tilde{t}_K$ 展开为泰勒级数，则有

$$\lambda_1(t)=\lambda_1(t_K,t)=\lambda_1(\tilde{t}_K,t)+\frac{\mathrm{d}\lambda_1(t_K,t)}{\mathrm{d}t_K}(t_K-\tilde{t}_K)=a_1-a_3(t-\tilde{t}_K)+a_3(t_K-\tilde{t}_K) \tag{C-28}$$

$$\lambda_2(t)=\lambda_2(t_K,t)=a_2-a_4(t-\tilde{t}_K)+a_4(t_K-\tilde{t}_K) \tag{C-29}$$

将式(C-28)、式(C-29)代入式(C-27)，得

$$J(t_K)=\int_0^{t_K}\left[\lambda_1(\tilde{t}_K,\tau)\dot{W}_x(\tau)+\lambda_2(\tilde{t}_K,\tau)\dot{W}_y(\tau)\right]\mathrm{d}\tau+K_0(t_K) \tag{C-30}$$

式中，

$$\begin{aligned}K_0(t_K)=&\lambda_1(0)V_x(0)+\int_0^{t_K}\left[\lambda_1(\tilde{t}_K,\tau)\tilde{g}_x+\lambda_2(\tilde{t}_K,\tau)\tilde{g}_y+a_5\right]\mathrm{d}\tau\\&+(t-\tilde{t}_K)\int_0^{t_K}\left(a_3\dot{W}_x+a_4\dot{W}_y+a_3\tilde{g}_x+a_4\tilde{g}_y\right)\mathrm{d}\tau\end{aligned} \tag{C-31}$$

式中，积分号内的 $\dot{W}_x$、$\dot{W}_y$ 用标准弹道参数 $\tilde{\dot{W}}_x$、$\tilde{\dot{W}}_y$ 代替，不会产生显著误差。这样，可以认为 $K_0(t_K)$ 是已知时间函数的积分，积分上限为实际关机时刻 t_K，在标准关机特征量 $\tilde{J}_1(\tilde{t}_K)$ 中扣除 $K_0(t_K)$ 所对应的标准值，则关机特征量变成下面的形式：

$$J_1(t_K)=\int_0^{t_K}\left[\lambda_1(\tilde{t}_K,\tau)\dot{W}_x(\tau)+\lambda_2(\tilde{t}_K,\tau)\dot{W}_y(\tau)\right]\mathrm{d}\tau+f(\Delta t)\quad(\Delta t=t-\tilde{t}_K)\quad\text{(C-32)}$$

附录 D 球面三角及其基本定理

一、球面角和球面三角形

(一) 球面角

球面上两个大圆弧相交构成的角称为球面角，大圆弧称为球面角的边，大圆弧的交点称为球面角的顶点。球面角的大小由两个大圆平面构成的二面角确定，如图 D-1 所示。

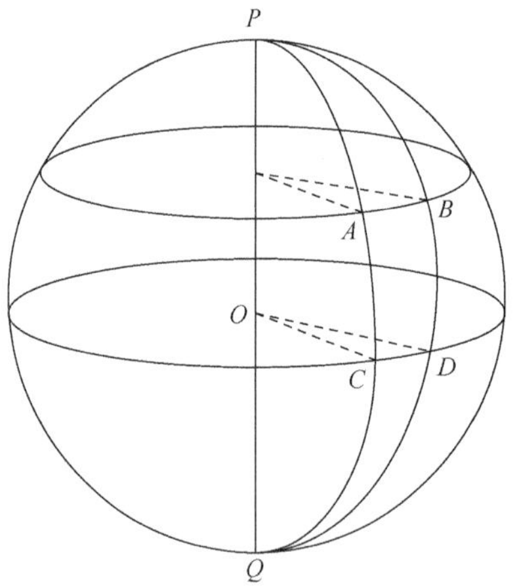

图 D-1 球面角

由立体几何知，二面角是由其平面角度量的，故只要是两个大圆平面二面角的平面角都可度量球面角的大小。如图 D-1 中所示，设两个大圆弧 $\overset{\frown}{PC}$、$\overset{\frown}{PD}$ 相交于 P，构成球面角 $\angle DPC$。大圆 CD 为顶点 P 的极线。

度量球面角的常用方法有以下三种：

(1) 用球心角 $\angle DOC$ 度量，这是因为 DO 和 CO 都垂直于两个大圆平面的交线，$\angle DOC$ 为两大圆平面所构成二面角的平面角。

(2) 用顶点 P 的极线弧长 $\overset{\frown}{CD}$ 度量，这是因为 $\overset{\frown}{CD}$ 与 $\angle DOC$ 同度。

(3) 过顶点 P 作两个大圆的切线，用两切线间的夹角度量，这是因为两条切线都垂直于两大圆平面的交线，两切线间夹角为两大圆平面所构成二面角的平面角。

(二) 球面三角形

与平面三角形一样，球面三角形也由三条边和三个夹角组成，统称为球面三角形的六个元素。但是，球面三角形是球面的一部分，而且它的三条边不是直线而是大圆弧，如图 D-1 中 $\overset{\frown}{PC}$ 、$\overset{\frown}{PD}$ 和 $\overset{\frown}{CD}$ 三条大圆弧所构成的图形即为球面三角形。球面三角形的边、角具有以下基本性质。

(1) 边的基本性质：球面三角形三边之和大于 0°，小于 360°；球面三角形两边之和大于第三边，两边之差小于第三边。

(2) 角的基本性质：球面三角形三角之和大于 180°，小于 540°；球面三角形两角之和减去第三角小于 180°。

(3) 边、角间的基本性质：边、角存在对应关系，等边对等角，等角对等边，大角对大边，大边对大角。

二、球面三角基本定理和公式

把球面上的三个点用三个大圆弧连接起来，所围成的图形称为球面三角形。这三个大圆弧称为球面三角形的边，通常用小写字母 a、b、c 表示；这三个大圆弧所构成的角称为球面三角形的角，通常用大写字母 A、B、C 表示，并且规定：A 角和 a 边相对，B 角和 b 边相对，C 角和 c 边相对，如图 D-2 所示。三条边和三个角合称球面三角形的六个元素。

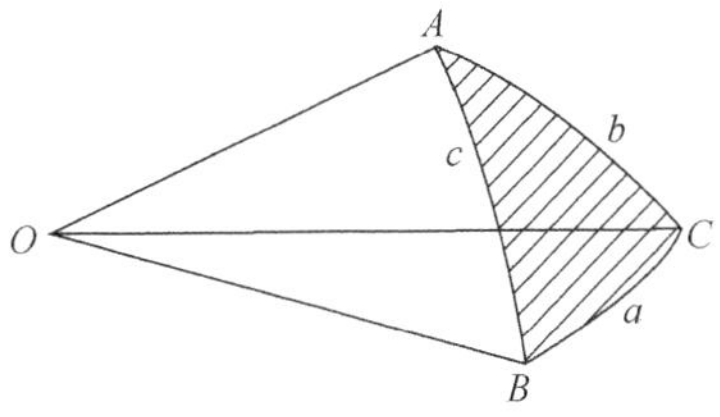

图 D-2　球面三角形

球面三角形的任何一条边都可视作角，即在球心测得的相邻顶点之间的角距离。球面三角形的边与其所对应球心三面角的平面角同度。

下面不加证明地给出球面三角的几个基本定理或公式。

(1) 正弦定理：球面三角形各边的正弦和对角的正弦成正比，即

$$\frac{\sin A}{\sin a}=\frac{\sin B}{\sin b}=\frac{\sin C}{\sin c} \tag{D-1}$$

(2) 边的余弦定理：球面三角形任意边的余弦等于其他两边余弦的乘积加上这两边的正弦及其夹角余弦的连乘积，即

$$\begin{cases}\cos a=\cos b\cos c+\sin b\sin c\cos A\\ \cos b=\cos a\cos c+\sin a\sin c\cos B\\ \cos c=\cos a\cos b+\sin a\sin b\cos C\end{cases} \tag{D-2}$$

(3) 角的余弦定理：球面三角形任一角的余弦等于其他两角余弦的乘积冠以负号后加上这两角的正弦及其夹边余弦的连乘积，即

$$\begin{cases} \cos A = -\cos B\cos C + \sin B\sin C\cos a \\ \cos B = -\cos A\cos C + \sin A\sin C\cos b \\ \cos C = -\cos A\cos B + \sin A\sin B\cos c \end{cases} \tag{D-3}$$

(4) 第一五元素公式：

$$\begin{cases} \sin a\cos B = \cos b\sin c - \sin b\cos c\cos A \\ \sin a\cos C = \cos c\sin b - \sin c\cos b\cos A \\ \sin b\cos A = \cos a\sin c - \sin a\cos c\cos B \\ \sin b\cos C = \cos c\sin a - \sin c\cos a\cos B \\ \sin c\cos A = \cos a\sin b - \sin a\cos b\cos C \\ \sin c\cos B = \cos b\sin a - \sin b\cos a\cos C \end{cases} \tag{D-4}$$

(5) 第二五元素公式：

$$\begin{cases} \sin A\cos b = \cos B\sin C + \sin B\cos C\cos a \\ \sin A\cos c = \cos C\sin B + \sin C\cos B\cos a \\ \sin B\cos a = \cos A\sin C + \sin A\cos C\cos b \\ \sin B\cos c = \cos C\sin A + \sin C\cos A\cos b \\ \sin C\cos a = \cos A\sin B + \sin A\cos B\cos c \\ \sin C\cos b = \cos B\sin A + \sin B\cos A\cos c \end{cases} \tag{D-5}$$

(6) 四元素公式：

$$\begin{cases} \cot A\sin B = -\cos B\cos c + \sin c\cot a \\ \cot A\sin C = -\cos C\cos b + \sin b\cot a \\ \cot B\sin C = -\cos C\cos a + \sin a\cot b \\ \cot B\sin A = -\cos A\cos c + \sin c\cot b \\ \cot C\sin A = -\cos A\cos b + \sin b\cot c \\ \cot C\sin B = -\cos B\cos a + \sin a\cot c \end{cases} \tag{D-6}$$

如果已知球面三角形六元素(三条边和三个夹角)中的任意三个值，通过以上定理或公式以及它们的导出式便可推导出球面三角形的其他三个未知值。